판매량으로 증명된 **위생사** 합격 교재

도서 판매율 1위

위생사 수험생이라면, 필독서!

YES24 기준

[위생사 월별 베스트]에서

2023년 1, 2, 3, 4, 5, 6, 7, 8, 9, 10, 12월에

1위를 하였습니다.

이 책의 구성과 특징

2024 SD에듀 위생사 최종모의고사

국가고시 완벽분석

출제키워드로 보는 2023년 제45회 위생사 국가고시

공중위생학

비공식조직
- 현실상의 조직, 자연발생적 조직, 내면적 조직이다.
- 인간관계가 중심과제이다.
- 부분적인 질서를 강조한다.
- 감정의 원리에 따라 구성된다.
- 구성원 상호 간의 양해와 승인으로 권한이 얻어진다.

감수성 지수(접촉감염 지수)
두창 · 홍역(95%) · 백일해(60~80%) · 성홍열(40%) · 디프테리아(10%) · 소아마비(0.1%)

풍 진
- 병인 : 풍진 바이러스(Rubella virus)
- 전파 : 호흡기 분비물로부터 배출된 비말을 통해 사람 간 전파된다.
- 증상 : 임신 초기 감염 시 태아 감염 및 선천성 기형을 유발한다.

임산부의 정기 건강진단 실시기준
- 임신 28주까지 : 4주마다 1회
- 임신 29주에서 36주까지 : 2주마다 1회
- 임신 37주 이후 : 1주마다 1회

생명표
현재의 사망 수준이 그대로 지속된다는 가정하에서, 어떤 출생 집단이 나이가 많아지면서 연령별로 몇 세까지 살 수 있는가를 정리한 통계표이다. 생존수, 사망수, 생존율, 사망률, 사력, 평균여명으로 구성된다.

부양비와 노령화지수
- 총부양비 : (유소년인구 + 고령인구) ÷ 생산연령인구 × 100
- 유소년부양비 : 유소년인구 ÷ 생산연령인구 × 100
- 노년부양비 : 노년인구 ÷ 생산연령인구 × 100
- 노령화지수 : 노년인구 ÷ 유소년인구 × 100

장티푸스
- 병원체 : 장티푸스균(Salmonella typhi)
- 급성 전신성 열성질환으로, 장티진 · 오한 · 두통 · 발열 등이 나타난다.
- 백혈구, 특히 호산구 감소가 특징적이다.

출제키워드로 보는 2023년 45회 위생사 국가고시

2023년 45회 시험을 철저히 분석하여 출제 키워드 68개를 수록하였습니다. 출제키워드의 세부내용까지 합치면 상당한 양의 이론으로, 최근 시험 출제경향을 파악할 수 있습니다.

시험 전에 보는 핵심요약

빨리보는 간단한 키워드

1과목 환경위생학

☑ **이산화탄소(CO₂)**
- 실내공기의 오염 정도를 나타내는 지표
- 성상 : 무색, 무취, 비독성, 약산성
- 서한량 : 0.1%(6시간 기준), 평상시에는 0.1~1.5%
 ※ 서한량 : 실내공기의 오염이나 환기의 양부를 결정하는 척도로 어떤 경우에도 넘어서는 안 되는 경계량
- 1인이 1시간 동안 배출하는 양은 약 20L
- 용도 : 소화제, 청량음료, Dry Ice, 실내공기 오염도 기준물질
- 농도 : 대기의 CO₂ 농도(5~6%)
 – 3% 이상 : 불쾌감
 – 5% : 호흡수 증가
 – 7% : 호흡 곤란
 – 10% 이상 : 의식상실과 사망
- CO₂ 정량법 : Ba(OH)₂법, NaOH법 및 검지관법 사용
- 피해 : 온실효과(지구 온도 상승)

☑ **일산화탄소(CO)**
- 발생 : 물체가 타기 시작할 때와 꺼질 때, 불완전 연소 시 발생
- 서한량 : 0.01%(100ppm, 8시간 기준)
- 성상 : 무색, 무취, 무자극성, 맹독성 가스
- 담배연기 중의 CO양 : 0.5~1.5%
- CO의 이중 작용 : Hb+O₂의 결합 방해, 저산소증 초래
- Hb와 결합력 : 산소(O₂)에 비해 CO의 결합력이 200~300배(약 250배) 강함
- 신경증독, 반성중독 일으킴
- 혈중 COHb량과 중독 증상
 – 10% 미만 : 무증상
 – 50% : 구토증
 – 60% : 혼수
 – 70% 이상 : 사망
- 치료법 : 고압산소요법(100% 산소, 2기압)

빨리보는 간단한 키워드

역대 위생사 시험을 분석하여, 자주 출제되는 이론과 출제 가능성이 높은 중요한 이론만 모았습니다. 전 과목을 단시간에 정리할 수 있으며, 시험장에 가서도 자투리 시간을 활용하여 훑어보시길 바랍니다.

최종모의고사 5회분

역대 위생사 시험의 난이도, 유형, 이론 등을 분석하여 만든 모의고사입니다. 실제 시험시간은 마킹 시간을 포함한 1교시 90분, 2교시 65분, 3교시 40분이기 때문에 이 책에서는 그보다 적은 시간 안에 푸는 연습을 하시길 바랍니다.

정답 및 해설

문제와 해설을 분권화하여 편리하게 정답과 해설을 확인할 수 있습니다. 여러 문제를 푸는 것보다 효과적인 학습방법은 한 문제의 해설을 정확하게 이해하는 것입니다. 왜 이 보기가 정답인지, 왜 다른 보기는 정답이 아닌지를 정확히 확인하시길 바랍니다.

시험안내

시험일정

구 분	일 정	비 고
응시원서접수	• 인터넷 접수 : 2024년 8월경 • 국시원 홈페이지 [원서접수] • 외국대학 졸업자로 응시자격 확인서류를 제출하여야 하는 자는 위의 접수기간 내에 반드시 국시원 별관에 방문하여 서류확인 후 접수가능함	• 응시수수료 : 88,000원 • 접수시간 : 해당 시험직종 접수 시작일 09:00부터 접수 마감일 18:00까지
시험시행	• 일시 : 2024년 11월경 • 국시원 홈페이지 [시험안내] → [위생사] → [시험장소(필기/실기)]	응시자 준비물 : 응시표, 신분증, 필기도구 지참 ※ 컴퓨터용 흑색 수성사인펜은 지급함
최종합격자 발표	• 2024년 12월경 • 국시원 홈페이지 [합격자조회]	휴대전화번호가 기입된 경우에 한하여 SMS 통보

※ 정확한 시험일정은 시행처에서 확인하시길 바랍니다.

응시자격

1. 다음의 자격이 있는 자가 응시할 수 있습니다.

➡ 전문대학이나 이와 같은 수준 이상에 해당된다고 교육부장관이 인정하는 학교(보건복지부장관이 인정하는 외국의 학교를 포함한다. 이하 같다)에서 보건 또는 위생에 관한 교육과정을 이수한 사람

➡ 학점인정 등에 관한 법률 제8조에 따라 전문대학을 졸업한 사람과 같은 수준 이상의 학력이 있는 것으로 인정되어 같은 법 제9조에 따라 보건 또는 위생에 관한 학위를 취득한 사람

➡ 보건복지부장관이 인정하는 외국의 위생사 면허 또는 자격을 가진 사람

2. 다음에 해당하는 자는 응시할 수 없습니다.

➡ 정신건강복지법 제3조 제1호에 따른 정신질환자. 다만, 전문의가 위생사로서 적합하다고 인정하는 사람은 제외
➡ 마약 · 대마 또는 향정신성 의약품 중독자
➡ 공중위생관리법, 감염병예방법, 검역법, 식품위생법, 의료법, 약사법, 마약류관리법 또는 보건범죄단속법을 위반하여 금고 이상의 실형을 선고받고 그 집행이 끝나지 아니하거나 그 집행을 받지 아니하기로 확정되지 아니한 사람

응시원서 접수

1. 인터넷 접수 대상자

방문접수 대상자를 제외하고 모두 인터넷 접수만 가능

※ 방문접수 대상자 : 보건복지부장관이 인정하는 외국대학 졸업자 중 국가시험에 처음 응시하는 경우

2. 응시수수료 결제

➡ **결제 방법** : 국시원 홈페이지 [응시원서 작성 완료] → [결제하기] → [응시수수료 결제] → [시험선택] → [온라인 계좌이체/가상계좌이체/신용카드] 중 선택
➡ **마감 안내** : 인터넷 응시원서 등록 후, 접수 마감일 18:00까지 결제하지 않았을 경우 미접수로 처리

3. 응시원서 기재사항 수정

➡ **방법** : 국시원 홈페이지 [시험안내 홈] → [마이페이지] → [응시원서 수정]
➡ **기간** : 시험 시작일 하루 전까지만 가능
➡ **수정 가능 범위**
  ① 응시원서 접수기간 : 아이디, 성명, 주민등록번호를 제외한 나머지 항목
  ② 응시원서 접수기간~시험장소 공고 7일 전 : 응시지역
  ③ 마감~시행 하루 전 : 비밀번호, 주소, 전화번호, 전자 우편, 학과명 등
  ④ 단, 성명이나 주민등록번호는 개인정보(열람, 정정, 삭제, 처리정지) 요구서와 주민등록초본 또는 기본 증명서, 신분증 사본을 제출하여야만 수정 가능

※ 국시원 홈페이지 [시험안내 홈]-[시험선택]-[서식모음]에서 「개인정보(열람, 정정, 삭제, 처리정지) 요구서」 참고

4. 응시표 출력

➡ **방법** : 국시원 홈페이지 [시험안내 홈] → [응시표 출력]
➡ **기간** : 시험장 공고일부터 시험 시행일 아침까지 가능
➡ **기타** : 흑백으로 출력하여도 관계없음

시험안내

시험과목

시험종별	과목수	문제수	배 점	총 점	문제형식
필 기	5	180	1점/1문제	180점	객관식 5지선다형
실 기	1	40		40점	

시험시간표

구 분	시험과목(문제수)	교시별 문제수	시험형식	입장시간	시험시간
1교시	위생관계법령(25) 환경위생학(50) 위생곤충학(30)	105	객관식	~ 08:30	09:00 ~ 10:30 (90분)
2교시	공중보건학(35) 식품위생학(40)	75		~ 10:50	11:00 ~ 12:05 (65분)
3교시	실기시험(40)	40		~ 12:25	12:35 ~ 13:15 (40분)

※ 위생관계법령 : 공중위생관리법, 식품위생법, 감염병의 예방 및 관리에 관한 법률, 먹는물관리법, 폐기물관리법 및 하수도법과 그 하위 법령

합격기준

1. 합격자 결정

➜ 합격자 결정은 필기시험에 있어서는 매 과목 만점의 40% 이상, 전 과목 총점의 60% 이상 득점한 자를 합격자로 하고, 실기시험에 있어서는 총점의 60% 이상 득점한 자를 합격자로 합니다.

➜ 응시자격이 없는 것으로 확인된 경우에는 합격자 발표 이후에도 합격을 취소합니다.

2. 합격자 발표

➜ 합격자 명단은 다음과 같이 확인할 수 있습니다.
   ① 국시원 홈페이지 [합격자조회]
   ② 국시원 모바일 홈페이지

➜ 휴대전화번호가 기입된 경우에 한하여 SMS로 합격 여부를 알려드립니다.

※ 휴대전화번호가 010으로 변경되어, 기존 01* 번호를 연결해 놓은 경우 반드시 변경된 010 번호로 입력(기재)하여야 합니다.

합격률

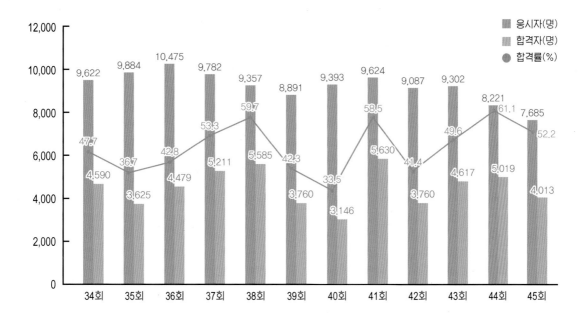

회 차	응시자	합격자	합격률(%)
34	9,622	4,590	47.7
35	9,884	3,625	36.7
36	10,475	4,479	42.8
37	9,782	5,211	53.3
38	9,357	5,585	59.7
39	8,891	3,760	42.3
40	9,393	3,146	33.5
41	9,624	5,630	58.5
42	9,087	3,760	41.4
43	9,302	4,617	49.6
44	8,221	5,019	61.1
45	7,685	4,013	52.2

국가고시 완벽분석

출제키워드로 보는 2023년 제45회 위생사 국가고시

 공중위생학

비공식조직
- 현실상의 조직, 자연발생적 조직, 내면적 조직이다.
- 인간관계가 중심과제이다.
- 부분적인 질서를 강조한다.
- 감정의 원리에 따라 구성된다.
- 구성원 상호 간의 양해와 승인으로 권한이 얻어진다.

감수성 지수(접촉감염 지수)
두창 · 홍역(95%) > 백일해(60~80%) > 성홍열(40%) > 디프테리아(10%) > 소아마비(0.1%)

풍 진
- 병인 : 풍진 바이러스(Rubella virus)
- 전파 : 호흡기 분비물로부터 배출된 비말을 통해 사람 간 전파된다.
- 증상 : 임신 초기 감염 시 태아 감염 및 선천성 기형을 유발한다.

임산부의 정기 건강진단 실시기준
- 임신 28주까지 : 4주마다 1회
- 임신 29주에서 36주까지 : 2주마다 1회
- 임신 37주 이후 : 1주마다 1회

생명표
현재의 사망 수준이 그대로 지속된다는 가정하에서, 어떤 출생 집단이 나이가 많아지면서 연령별로 몇 세까지 살 수 있는가를 정리한 통계표이다. 생존수, 사망수, 생존율, 사망률, 사력, 평균여명으로 구성된다.

부양비와 노령화지수
- 총부양비 : (유소년인구 + 고령인구) ÷ 생산연령인구 × 100
- 유소년부양비 : 유소년인구 ÷ 생산연령인구 × 100
- 노년부양비 : 노년인구 ÷ 생산연령인구 × 100
- 노령화지수 : 노년인구 ÷ 유소년인구 × 100

장티푸스
- 병원체 : 장티푸스균(Salmonella typhi)
- 급성 전신성 열성질환으로, 장미진 · 오한 · 두통 · 발열 등이 나타난다.
- 백혈구, 특히 호산구 감소가 특징적이다.

질병관리청장이 고시하는 생물테러감염병
탄저, 보툴리눔독소증, 페스트, 마버그열, 에볼라열, 라싸열, 두창, 야토병

교육환경보호구역
- 절대보호구역 : 학교출입문으로부터 직선거리로 50m까지인 지역(학교설립예정지의 경우 학교경계로부터 직선거리 50m까지인 지역)
- 상대보호구역 : 학교경계등으로부터 직선거리로 200m까지인 지역 중 절대보호구역을 제외한 지역

혈 압
- 정상 : 수축기 혈압 120mmHg 미만 그리고 이완기 혈압 80mmHg 미만
- 1기 고혈압 : 수축기 혈압 140~159mmHg 또는 이완기 혈압 90~99mmHg
- 2기 고혈압 : 수축기 혈압 160mmHg 이상 또는 이완기 혈압 100mmHg 이상

평균여명
생명표의 구성요소로, 특정 연령의 사람이 앞으로 생존할 것으로 기대되는 평균연수이다. 0세 아이의 평균여명을 평균수명이라고 한다.

환경위생학

지구온난화 지수
이산화탄소와 비교했을 때 다른 온실가스가 가둘 수 있는 상대적인 열의 양을 나타내는 지수로, 보통 20년, 50년, 100년에 걸친 기간의 자료로 계산한다.

물의 특성
- 밀도 : 4℃에서 최대이다.
- 점성 : 수온이 낮아지면 점성이 증가한다.
- 부피 : 액체 → 고체로 변하면 부피가 증가한다.
- 표면장력 : 물분자 사이의 수소결합으로 표면장력이 크다.
- 비열 : 분자량이 유사한 다른 화합물에 비해 비열이 크다.

수소이온농도(pH)
- 용액 1L 속에 존재하는 수소이온의 몰수를 의미한다.
- 산성(pH 7 미만), 중성(pH 7), 염기성(pH 7 초과)
- pH 1의 차이는 실제 수소이온의 수가 10배 차이를 보이는 것이다.

BIP(Biological Index of Pollution)
- 수중에 생존하는 생물을 관찰하여 수질을 판정하는 방법이다.
- 일반적으로 엽록체 생물은 청정한 수역에 많고, 무엽록체 생물은 오탁수역에 많이 살고 있다는 사실로부터 전(全) 생물수에 대한 무엽록체 생물수의 백분율을 나타내는 것으로, 값이 클수록 오염이 심하다.

인공조명 사용 시 고려사항
- 조명도를 균등히 유지할 것
- 경제적이며 취급이 용이할 것
- 폭발성 또는 발화성이 없으며 유해가스를 발생하지 않을 것
- 가급적 간접조명이 되도록 설치할 것
- 광색은 주광색에 가까울 것

멕시코 포자리카 사건
- 원인 : 공장에서 황화수소(H_2S) 가스가 대량으로 누출되어 마을주민 다수가 급성중독으로 사망
- 증상 : 기침, 호흡곤란

기온역전
대류권의 공기는 보통 위로 갈수록 기온이 낮아지나 경우에 따라서는 위로 갈수록 기온이 높아지는 경우도 있다. 이처럼 기온이 위로 갈수록 높아지는 현상을 기온역전이라 한다.

폼알데하이드
무색의 자극적인 냄새가 나는 기체이다. 건축자재에서 방출되어 두통, 피로, 호흡곤란, 천식, 비염, 피부염 등의 증상을 나타내는 새집증후군을 유발하고, 아토피 피부염의 원인물질로 작용한다.

부영양화
강이나 바다에 생활하수나 산업폐수, 가축의 배설물 등의 유기물질이 유입되어 물속의 질소와 인과 같은 영양물질이 많아진다. 영양물질이 늘어나면 영양소의 순환속도가 빨라져 조류(algae)의 광합성량이 급격히 증가하여 그 성장과 번식이 매우 빠르게 진행되고 최종적으로 대량증식하게 되는데, 이 현상을 부영양화라 한다.

산업폐수
생활하수·축산폐수와 함께 수질오염을 일으키는 3대 점오염원 가운데 하나로, 생활하수 다음으로 높은 비율을 차지한다. 생활하수보다 더 강한 독성이나 오염도를 보이며, 생산공정에 따라 고농도의 중금속이 함유될 수 있다.

퇴비화
폐기물을 퇴적하여 인위적으로 조절된 조건에서 호기성 미생물을 이용하여 재료 중에 함유된 불안정한 유기물질, 악취성분, 생육 저해물질 등을 분해시키며 성분적으로는 안정화, 무해화하는 부숙 과정이다. 유기물이 분해되는 과정에서 열을 발생시키며 가스도 나오기도 한다.

병리계폐기물
시험·검사 등에 사용된 배양액, 배양용기, 보관균주, 폐시험관, 슬라이드, 커버글라스, 폐배지, 폐장갑

손상성폐기물
주사바늘, 봉합바늘, 수술용 칼날, 한방침, 치과용침, 파손된 유리재질의 시험기구

감압병(잠함병)
물속 깊이 잠수했다가 감압(주변의 압력이 감소하는 현상) 없이 급격히 상승할 때 기압차 때문에 발생하는 병을 말한다. 보통 감압 없이 상승할 때 발생하므로, 이를 예방하기 위해서는 물속에서 천천히 상승하면서 감압하는 과정이 반드시 필요하다.

강도율
발생한 재해의 강도를 나타내는 것으로, 근로시간 1,000시간당 재해에 의해 상실된 근로손실일수를 말한다.

식품위생학

Enterococcus속
- 그람양성, 구균이다.
- 냉동식품과 건조식품의 오염지표균이다.

파튤린(Patulin)
- 푸른곰팡이(Penicillium)가 생산하는 신경독이다.
- 사과의 부패곰팡이인 Penicillium expansum으로부터 대량으로 생산되어, 부패한 과실이나 그 가공품인 과실주스에서 검출 예가 보고되고 있다.

킬로그레이(kGy)
「식품공전」상 식품조사처리(방사선조사) 기준의 '허용대상 식품별 흡수선량'에 사용되는 단위이다.

식품공전에 따른 살균법
- 저온 장시간 살균법 : 63~65℃에서 30분간
- 고온 단시간 살균법 : 72~75℃에서 15~20초간
- 초고온 순간 처리법 : 130~150℃에서 0.5~5초간

표준평판법
표준한천배지에 검체를 혼합 응고시켜 배양 후 발생한 세균 집락수를 계수하여 검체 중의 생균수를 산출하는 방법이다.

요 충
- 자가감염, 집단감염으로 발생한다.
- 성충은 장에서 나와 항문 주위에 산란하는데 주로 밤에 출몰한다(주로 맹장 주위에 기생).
- 증상 : 항문 주위의 가려움, 긁힘, 습진, 피부염, 불면증, 신경증
- 스카치테이프 검출법을 사용한다.

탄 저
- 병원체 : Bacillus anthracis
- 증상 : 발열, 패혈증
- 감염경로 : 감염된 고기 섭취, 상처 및 호흡기

국가고시 완벽분석

Q 열
- 병원체 : Coxiella burnetii
- 증상 : 고열, 오한, 두통
- 제3급감염병이다.

살모넬라 식중독균
그람음성, 무포자, 간균, 주모성 편모, 통성혐기성

콜레라균
그람음성, 무포자, 간균, 단모성 편모, 통성혐기성

보툴리누스 식중독
- 원인균 : Clostridium botulinum
  - 그람양성, 간균, 주모성 편모, 내열성의 포자 형성, 편성혐기성
  - 신경독소(neurotoxin) 생성
- 세균성 식중독 중 치사율이 가장 높다.

일일 섭취허용량(ADI ; Acceptable Daily Intake)
인간이 한평생 매일 먹어도 영향이 없다고 생각되는 화학물질의 1일 섭취량으로, 몸무게 1킬로그램당 밀리그램으로 나타낸다. 식품첨가물, 농약, 동물용 약품과 같이 의도적으로 사용한 화학물질에 널리 사용되며 실험동물의 만성 독성 시험으로부터 구한 최대무작용량을 안전계수로 나누어 결정한다.

위해요소
- 생물학적 : 바이러스, 식중독균, 곰팡이독, 기생충 등
- 화학적 : 잔류농약, 살균소독제 등
- 물리적 : 유리조각, 금속성 이물 등

위생곤충학

파리목(쌍시목)
- 장각아목 : 모기과, 깔따구과, 먹파리과, 나방파리과, 등에모기과
- 단각아목 : 등에과, 노랑등에과
- 환봉아목 : 집파리과, 쉬파리과, 체체파리과, 검정파리과

지네강(순각강)
왕지네목, 돌지네목, 땅지네목 등

불쾌곤충(뉴슨스)

질병을 매개하지 않고 단순히 사람에게 불쾌감, 혐오감, 공포감을 주는 곤충으로, 뉴슨스로 취급하는 것은 사람마다 주관적이다. 후진국보다는 선진국에서 관심이 높으며, 방제평가가 쉽지 않은 것이 특징이다.

벼 룩

- 완전변태를 한다.
- 성충 암수 모두 기생성으로 포유류를 흡혈하며, 수명은 6개월이다.
- 암수 모두 흡혈하지만 이(Lice)처럼 숙주와의 관계가 밀접하지 않아 숙주특이성이 없는 편이다.
- 성충은 직장세포가 발달하여 배설물의 수분을 완전히 재흡수할 수 있어 건조에 견딜 수 있다.

흡혈노린재

불완전변태를 하며, 암수 모두 주로 야간에 흡혈한다. 배설물에서 나온 병원체가 손상된 피부를 침입하여 아메리카 수면병을 일으킨다.

독나방

- 머리는 작고 구기는 퇴화되었으며, 촉각은 익모상이다.
- 성충은 연 1회(7월 중순~8월 상순) 발생한다.
- 독모는 유충 때 생성되며 피부염을 유발한다.
- 성충은 젖은 휴지로 덮어서 잡는다.
- 우리나라는 흰독나방과 황다리독나방이 대표적이다.

집파리

체색은 진한 회색빛을 띠고 흉부는 진한 회색에 4개의 검은 종선을 중흉배판에 가지고 있다. 복부는 넓은 난형이고 회색 바탕에 엷은 오렌지색 무늬가 있다.

독일바퀴

전국적으로 분포하며, 10~15mm의 소형 바퀴이다. 전흉배판에는 두 줄의 흑색 종대가 있으며, 성충의 수명은 100일 정도이다.

⊕ 위생관계법령

위생관리등급 공표(공중위생관리법 제14조 제1항)

시장 · 군수 · 구청장은 위생서비스평가의 결과에 따른 위생관리등급을 해당 공중위생영업자에게 통보하고 이를 공표 하여야 한다.

공중위생영업(공중위생관리법 제2조 제1항 제1호)

다수인을 대상으로 위생관리서비스를 제공하는 영업으로서 숙박업 · 목욕장업 · 이용업 · 미용업 · 세탁업 · 건물위생관 리업을 말한다.

국가고시 완벽분석

판매 등이 금지되는 병든 동물 고기 등(식품위생법 시행규칙 제4조)
- 축산물 위생관리법 시행규칙에 따라 도축이 금지되는 가축전염병
- 리스테리아병, 살모넬라병, 파스튜렐라병 및 선모충증

식품위생교육 및 위생관리책임자에 대한 교육의 내용(식품위생법 시행규칙 제51조 제2항)
식품위생, 개인위생, 식품위생시책, 식품의 품질관리 등으로 한다.

제4급감염병(감염병예방법 제2조 제5호)
제1급감염병부터 제3급감염병까지의 감염병 외에 유행 여부를 조사하기 위하여 표본감시 활동이 필요한 감염병을 말한다.

내성균 관리대책(감염병예방법 제8조의3 제1항)
보건복지부장관은 내성균 발생 예방 및 확산 방지 등을 위하여 감염병관리위원회의 심의를 거쳐 내성균 관리대책을 5년마다 수립 · 추진하여야 한다.

먹는물공동시설(먹는물관리법 제3조 제6호)
여러 사람에게 먹는물을 공급할 목적으로 개발했거나 저절로 형성된 약수터, 샘터, 우물 등을 말한다.

조직물류폐기물(폐기물관리법 시행령 별표 2)
인체 또는 동물의 조직 · 장기 · 기관 · 신체의 일부, 동물의 사체, 혈액 · 고름 및 혈액생성물(혈청, 혈장, 혈액제제)

실 기

먹는물 수질기준 중 소독제 및 소독 부산물
잔류염소(유리잔류염소), 총트리할로메탄, 클로로포름, 브로모디클로로메탄, 디브로모클로로메탄, 클로랄하이드레이트, 디브로모아세토니트릴, 디클로로아세토니트릴, 트리클로로아세토니트릴, 할로아세틱에시드, 포름알데히드

불쾌지수 산출공식
DI = (건구온도℃ + 습구온도℃) × 0.72 + 40.6
  = (건구온도℉ + 습구온도℉) × 0.40 + 15.0

베크렐(Bq)
방사성 원자핵이 방사선을 방출하며 붕괴하는 비율을 나타내는 단위로 1초 동안에 물질 중 하나의 방사성 핵종이 붕괴되어 다른 핵종으로 바뀔 때 1Bq이라고 한다. 방사능 농도는 단위 부피에 포함된 해당 원소의 방사능으로 Bq/m^3의 단위를 사용한다.

휘발성 염기질소(VBN)
단백질 식품은 신선도 저하와 함께 아민이나 암모니아 등을 생성한다. 어육과 식육의 신선도를 나타내는 지표로 이용되며 초기부패 어육에서는 30~40mg%이 검출된다.

생물학적 산소요구량(Biochemical Oxygen Demand ; BOD)

물속의 유기물질이 호기성 미생물에 의해 분해되어 안정화되는 데 소비하는 산소량을 말한다. 실험실에서는 관습적으로 20℃에서 5일간 시료를 배양했을 때 소모된 산소량을 측정하며 그 값을 5일 BOD 또는 BOD_5라고 하며 mg/L(ppm) 단위로 표시한다.

브루셀라증

불규칙한 발열이 특징으로, 파상열이라도 하며, 가축 유산의 원인이 되기도 한다.

장염비브리오균

그람음성, 간균, 단모균, 통성혐기성, 호염성

에탄올(에틸알코올)

70% 용액의 살균력이 가장 강하며, 손이나 주사 부위의 소독에 사용된다.

백금이

세균 배양에 사용되는 도구로, 배양한 균을 긁어모아 새로운 배지에 이식하는 데 사용된다.

빈 대

- 불완전변태를 한다.
- 암수 모두 1주일에 1~2회 흡혈하며, 천공흡수형 구기를 갖고 있다.
- 주간에는 가구나 침실 벽의 틈 혹은 벽지 틈에 끼어들어 숨어 있다가 야간에 흡혈활동을 한다.
- 성충의 수명은 온도에 따라 영향을 받는다.

땅 벌

땅속에 여러 층의 집을 짓는 특성이 있는데 사람들이 모르고 벌집을 건드렸다가는 독침에 물리는 피해를 입기도 한다.

중증열성혈소판감소증후군(SFTS)

사람이나 동물이 SFTS 바이러스 감염에 의한 열성 출혈성 질병으로, 주요 매개체는 작은소피참진드기이다.

가열연막

- 살충제 용제에 경유 또는 석유로 희석한다.
- 일몰 후부터 일출 전까지 작업한다.
- 휴대용 연막기 1km/h, 차량용 연막기 8km/h 속도로 작업한다.
- 분사구는 45° 하향한다.
- 바람을 등지며 살포한다.
- 바람이 전혀 없을 때나 풍속이 10km/h 이상일 경우 작업을 중지한다.

빨리보는 간단한 키워드

최종모의고사

〈책 속의 책〉

정답 및 해설

합격의 공식 ▶ 온라인 강의

보다 깊이 있는 학습을 원하는 수험생들을 위한
SD에듀의 동영상 강의가 준비되어 있습니다.
www.sdedu.co.kr ➜ 회원가입(로그인) ➜ 강의 살펴보기

빨리보는 간단한 키워드

S T U D Y   G U I D E

빨리보는 간단한 키워드

1과목 환경위생학

◾ 이산화탄소(CO_2)
- 실내공기의 오염 정도를 나타내는 지표
- 성상 : 무색, 무취, 비독성, 약산성
- 서한량 : 0.1%(8시간 기준), 광산에서는 0.1~1.5%
- 1인이 1시간 동안 배출하는 양은 약 20L
- 용도 : 소화제, 청량음료, Dry Ice, 실내공기 오염도 기준물질
- 농도 : 폐포의 CO_2 농도(5~6%)
  - 3% 이상 : 불쾌감
  - 5% : 호흡수 증가
  - 7% : 호흡 곤란
  - 10% 이상 : 의식상실과 사망
- CO_2 정량법 : $Ba(OH)_2$법, NaOH법 및 검지관법 사용
- 피해 : 온실효과(지구 온도 상승)

◾ 일산화탄소(CO)
- 발생 : 물체가 타기 시작할 때와 꺼질 때, 불완전 연소 시 발생
- 서한량 : 0.01%(100ppm, 8시간 기준)
- 성상 : 무색, 무취, 무자극성, 맹독성 가스
- 담배연기 중의 CO량 : 0.5~1.5%
- CO의 이중 작용 : $Hb+O_2$의 결합 방해, 저산소증 초래
- Hb와 결합력 : 산소(O_2)에 비해 CO의 결합력이 200~300배(약 250배) 강함
- 신경중독, 만성중독 일으킴
- 혈중 COHb량과 중독 증상
  - 10% 미만 : 무증상
  - 50% : 구토증
  - 60% : 혼수
  - 70% 이상 : 사망
- 치료법 : 고압산소용법(100% 산소, 3기압)

▣ 아황산가스(SO$_2$)

- 대기오염의 지표 및 대기오염의 주원인
- 허용치 : 0.02ppm(연간 평균치), 0.05ppm(24시간 평균치)
- 피해 : 기관지염, 건물·양철 부식
- 특징
  - 황산제조공장, 석탄 연소 시 많이 배출
  - 무색, 자극성 강함
  - 산성비의 원인
  - 금속 부식력이 강함
  - 액화성이 강함

▣ 보건학적 실내기류

- 무풍 0.1m/sec 이하
- 쾌감기류(쾌적기류) : 0.2~0.3m/sec(실내), 1m/sec 전후(실외)
- 불감기류 : 0.5m/sec 이하, 실내나 의복 내에 항상 존재, 인체 신진대사 촉진(생식선 발육 등)

▣ 자외선의 작용

비타민 D 생성, 살균, 색소침착, 홍반 형성

▣ 1차 오염물질

- 황산화물 : 대기오염물질의 하나로 주로 석탄이나 석유계 연료의 연소과정에서 발생. 아황산가스, 삼산화황, 아황산, 황산 등이 있음
- 질소산화물 : NO, NO$_2$이며 일반적으로 NO$_X$로 표시
- 일산화탄소(CO) : 무색, 무취, 무미의 가스로 불완전 연소에 의해 발생. 우리나라의 대기오염물질의 26%가 일산화탄소임
- 황화수소(H$_2$S) 및 유기화합물 : 코크스 재료, 타르 증류, 석유 및 가스의 정제, 비스코스레이온 제조, 펄프공장, 각종 화학공업 등에서 발생하며 극소량에서도 나쁜 냄새가 남
- 불화수소(HF) : 제철, 인산비료 제조, 알루미늄 제련, 도자기 제조, 유리공업 등에서 발생하며 인체에 피해보다는 낮은 농도에서 농작물 및 가축에 대한 피해가 큼

▣ 2차 오염물질

- 광화학 스모그 : 아황산가스가 주원인이 되고 매연과 안개가 결합하여 생긴 것
  - London Smog : 석탄연료의 사용, 아황산가스, 매연 및 안개에 의한 환원형 스모그
  - LA Smog : 고농도 산화물에 의한 산화형 스모그
- 광화학 오염물질
  - 오존(O$_3$) : 무색의 자극성 기체. 눈·목의 자극증상
  - PAN류 : 무색의 자극성 액체
  - 알데하이드류 : 강한 자극성의 가스

▣ 식물에 독성이 강한 오염물질의 순서

$HF > Cl_2 > SO_2 > NO_2 > CO > CO_2$

▣ 완속여과법과 급속여과법

완속여과법	• 중력 작용에 의하여 물을 느린 속도(3~5m/d)로 모래층(두께 700~900mm)과 자갈층(400~600mm)으로 통과시켜 여과하는 방법 • 광대한 면적이 필요함 • 모래의 세정은 사면대치법을 사용 • 건설비는 비싸지만 유지 관리비는 저렴함
급속여과법	• 120~150m/d의 속도로 모래층(600~700mm)과 자갈층(300~500mm)으로 통과시켜 여과하는 방법 • 수면이 잘 동결되는 지역이 좋음 • 모래의 세정은 역류세척법을 사용 • 건설비는 저렴하지만 유지 관리비는 비쌈

▣ 부영양화

- 정의 : 물에 과다 영양소가 유입되어 미생물이 과다 번식하는 것
- 원인 : 과다 영양소 유입(원인물질인 질소와 인의 무단방류 등의 원인으로 하천에 유입)
- 현상 : 바다나 하천의 상층부에 Algae(조류) 이상 증식 → 수화현상(Water Bloom)
- 일반적으로 부영양화가 일어날 때 BOD : N : P = 100 : 5 : 1 정도
- 피 해
  - 생활용수나 공업용수로 사용 부적절 → 정수 처리비용 과다
  - 수산용수, 농업용수로 가치가 떨어지고 관광자원의 가치도 잃게 됨
- 방지대책 : 질소, 인(화학비료, 합성세제, 가축오물, 공장)의 유입을 막아야 함
- 사후대책 : 황산동 사용(저렴, 효과 좋음), 인공폭기, 일광 차단, 퇴적물 준설, 활성탄, 응집제 사용

▣ 하수오염 측정

- 생물화학적 산소요구량(BOD) : 하수의 유기물을 산화하는 데 소모되는 산소의 손실량으로 20℃에서 5일간 저장한 후 측정한 값
- 화학적 산소요구량(COD) : 유기물질을 산화제에 의해 화학적으로 산화시키기 위한 산소요구량
- 용존산소량(DO) : 용존산소 부족 시 혐기성 부패로 메탄가스 및 악취 발생, 온도 하강 시 용존산소가 증가하고 BOD는 저하

▣ 쓰레기 처리 방법

- 위생적 매립법 : 쓰레기를 버린 후 흙을 덮는 방법
  - 쓰레기의 두께는 1~2m로 하고 매립 후 20cm 높이로 복토
  - 매립 진개가 1/2로 줄어들었을 때 새 진개 매립 복토
  - 매립 경사는 30° 정도가 좋고, 최종 복토는 60cm 두께로 함
- 퇴비법(비료화법) : 4~5개월 발효 후 퇴비로 이용, 발효과정에서 60~70℃의 발열로 세균, 기생충을 모두 박멸함
- 소각법 : 강제 통풍식 고온(800~980℃)으로 소각, 가장 위생적이나 대기오염이 문제되며 건설비가 많이 듦
  - 현지소각법 : 간이소각로나 소각장에서 소각하는 방법(가정, 학교, 병원, 상가, 공장 등), 화재위험과 대기오탁의 원인이 될 수 있음

- 소각로 이용법

장 점	• 처리에 필요한 부지가 적게 듦 • 단시간에 유기물을 완전 분해시킴 • 소각열을 이용할 수 있음 • 기후 및 기상의 영향을 받지 않음 • 처리방법이 불쾌하지 않음(위생적) • 운송비가 절감됨
단 점	• 건설비가 많이 듦 • 숙련공이 필요함 • 대기오염 및 유독성 물질의 발생 방지시설을 설치해야 함 • 소각장소 선정에 어려움이 있음

- 노천폐기법(방기법) : 쓰레기의 비산, 악취, 위생해충의 발생 및 번식, 지하수 오염의 문제
- 가축사료 이용법 : 음식점 주방, 가정부엌 쓰레기 이용
- Grinder법 : 가정 또는 작업장에서 진개를 분쇄하는 방법
- 재활용

■ 생물학적 처리
- 호기성 처리법 : 유리산소가 있는 상태에서 성장하는 미생물을 이용한 방법으로 활성슬러지법, 살수여상법, 산화지법, 회전원판법 등이 있음

활성슬러지법	• 폭기에 동력이 필요함 • 유지비가 많이 듦 • 숙련된 운전공이 필요함 • 부하변동에 민감함 • 온도에 의한 영향이 큼 • 벌킹(Bulking)이 일어남 • 슬러지 반송이 필요함
살수여상법	• 여상의 폐색이 잘 일어남 • 냄새가 발생하기 쉬움 • 여름철에 위생해충 발생의 문제가 있음 • 겨울철에 동결 문제가 있음 • 미생물의 탈락으로 처리수가 악화되는 경우가 있음 • 활성슬러지법에 비해 효율이 낮음

- 혐기성 처리법
  - 유리산소가 없는 상태에서 물 등 다른 분자의 결합산소를 이용한 방법으로 부패조, 임호프탱크, 메탄발효법 등이 있음
  - 식품가공 폐수, 제지펄프 폐수, 증류주공장 폐수 등이 혐기성 소화처리에 적당

■ 소음·진동에 의한 증상
- 소음에 의한 증상 : 난청, 이통, 두통, 현기증, 초조감, 불면 등
- 진동에 의한 장애 : 레이노병, 골 · 관절 장애, 건초염 등

■ 소독약의 구비조건

- 살균력(소독력)이 강할 것
- 물품의 부식성, 표백성이 없을 것
- 용해성이 높고, 안전성이 높을 것
- 경제적이고 사용 방법이 간편할 것
- 침투력이 강할 것
- 인축에 해가 없을 것
- 석탄산 계수가 높을 것

■ 소독약과 사용농도

- 석탄산 : 3% 수용액 → 환자의 오염의류, 용기, 오물, 실험대 소독

  ※ 석탄산 계수 = $\dfrac{\text{소독약의 희석배수}}{\text{석탄산의 희석배수}}$

- 알코올 : 메틸 75%, 에틸 70% → 무포자균에 효과, 피부, 기구 소독
- 크레졸 : 3% 수용액은 석탄산보다 2배 소독력 → 손, 오물, 객담의 소독
- 과산화수소 : 2.5~3.5% 수용액 → 구내염, 인두염, 상처 소독
- 승홍 : 0.1% 용액 → 손 소독
- 생석회 : 결핵균, 포자(아포)형성균 이외의 균에 유효, 화장실 소독, 하수, 토사물 소독
- 역성비누 : 0.01~0.1% 용액 → 무독, 무해, 무미, 무자극성으로 식품 소독
- 머큐로크롬(Mercurochrome) : 1~2% 수용액 → 피부, 점막의 상처 소독

■ 자연채광

- 개각과 입사각
  - 개각은 4~5°가 좋으며 개각이 클수록 밝음
  - 입사각은 28° 이상이어야 하며 입사각이 클수록 밝음

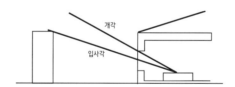

- 차광방법
  - 투과율은 직사광 60~90%, 확산광 50~80% 정도
  - 백색창 → 황색(50~60%) → 녹색(20~25%) → 적색 → 남색 → 자색의 순서로 작아짐

■ 온열요소(온열인자)

- 기온, 기습, 기류 및 복사열
- 온열지수는 생리학적으로 뿐만 아니라 위생학적으로도 중요하므로, 생물학적 온도 또는 체감온도라고 함

◳ 산성비

- 의의 : 빗물은 공기 중의 탄산가스가 용해되어 pH 5.6 정도이며 일반적으로 이보다 낮은 pH일 때를 산성비라고 함
- 주요 발생원인 : 황산화물(SO_x)과 질소산화물(NO_x), 대기 중의 염화수소와 염소
- 인간에게 미치는 직·간접적 영향
  - 식물의 성장을 방해
  - 토양 중의 알루미늄, 망간 등의 독성이온 및 인산, 칼슘, 마그네슘 등 식물 영양분을 용출시켜 산림을 황폐화시킴
  - 어류의 생존 방해, 수서생물의 증식에 영향, 음용수를 부적합하게 만듦
  - 급수관, 건축재료, 의류, 금속 등을 부식시킴

2과목 위생곤충학

◳ 생물학적 전파

증식형	곤충 체내 수적 증식 – 페스트·발진열(벼룩), 뇌염·황열·뎅기열(모기), 발진티푸스·재귀열(이)
발육형	곤충 체내 발육만 하는 경우(숙주에 의하여 감염) – 사상충증(모기), 로아사상충증(등에)
발육증식형	곤충 체내 증식과 발육 – 말라리아(모기), 수면병(체체파리)
경란형	병원체가 난소에서 증식 전파 – 록키산홍반열(참진드기), 진드기매개 감염병, 쯔쯔가무시증(털진드기)
배설형	곤충의 배설물에 의한 전파 – 발진티푸스(이), 발진열·페스트(벼룩)

◳ 위생곤충의 특징

- 벡터(Vector) : 병원체를 매개 운반하여 사람에게 해를 주는 것
- 뉴슨스(Nuisance) : 사람에게 불쾌감과 혐오감을 주는 것

구 분	벡터(Vector)	뉴슨스(Nuisance)
정 의	감염병, 기생충의 매개를 하는 것	사람에게 불쾌감을 주는 것
가해의 종류	일본뇌염, 사상충증, 말라리아, 장티푸스 매개	흡혈, 자교 불쾌감 또는 불결감
해충으로서의 존재조건	병원균 – 병원균 보유자 – 해충 – 건강자	사람 – 해충
해충으로서의 인식	객관적 환경으로 인식	주관적 환경으로 인식
구제의 목적	감염병의 박멸 및 해충의 박멸이 필요조건 아님	해충의 박멸
행정계통	예방위생, 방역	환경위생, 환경정비
예	등에, 파리, 진드기 등의 대다수 위생곤충	귀뚜라미, 깔따구, 노린재, 하루살이

◳ 살충제

- 화학적 구조에 따른 분류
  - 무기살충제 : 비소계, 불소계, 유황계, 동계
  - 유기살충제 : 유기염소계, 유기인계, 카바메이트계, 피레트로이드계

- 조 건
  - 인체에 대한 독성이 없거나 낮아야 함
  - 구제대상 해충에는 독성효력이 커야 함
  - 가능한 한 환경오염이 없어야 함
  - 악취가 없어야 함
- 농도 위험도 : 용제(S) > 유제(EC) > 수화제(WPF) > 분제(D) > 입제(G)

◩ LD_{50}(leteral dose, 반수치사량)
- 의의 : 쥐를 시험대상으로 공시동물의 50%를 치사시킬 수 있는 살충제의 양
- LD_{50}의 숫자가 작을수록 독성이 강함

◩ 불완전변태와 완전변태
- 불완전변태
  - 발육단계 : 알 – 자충(유충) – 성충
  - 종류 : 이, 빈대, 바퀴, 트리아토민 노린재, 진드기 등
- 완전변태
  - 발육단계 : 알 – 유충 – 번데기 – 성충
  - 종류 : 모기, 파리, 벼룩, 나방, 등에 등

◩ 위생절지동물의 분류 – 강(class)
- 곤충강 : 몸은 두부(1쌍의 촉각), 흉부(3절, 각각에 다리가 1쌍), 복부의 3부분으로 구성
  - 파리, 벼룩, 이, 모기, 바퀴
- 거미강(주형강) : 몸은 두흉부와 복부의 2부분으로 구성, 촉각은 없고 두흉부에는 6쌍의 부속기가 있음
  - 진드기, 거미, 전갈
- 거새우강(갑각강) : 촉각 2쌍, 다리는 최소 5쌍, 아가미로 호흡
- 지네강(순각강) : 두부에는 한 쌍의 촉각, 흉부와 복부 구별 없이 많은 체절로 구성, 다지류(多肢類)
- 노래기강(배각강) : 체절은 원통형, 체절에는 2쌍 혹은 그 이상의 다리가 있음

◩ 위생곤충의 분류 – 목(order)
- 파리목(쌍시목)
  - 장각아목 : 모기과, 먹파리과, 나방파리과, 등에모기과, 깔따구과
  - 단각아목 : 등에과, 노랑등에과
  - 환봉아목 : 집파리과, 쉬파리과, 체체파리과, 검정파리과
- 이목 : 이
- 벼룩목(은시목) : 벼룩
- 바퀴목 : 바퀴
- 노린재목 : 노린재, 매미, 빈대
- 벌목(막시목) : 벌, 개미
- 나비목(인시목) : 나비, 나방
- 진드기목 : 진드기

▣ 매개곤충과 질병

- 작은빨간집모기 : 일본뇌염
- 중국얼룩날개모기 : 말라리아
- 이집트숲모기, 흰줄숲모기 : 황열, 뎅기열
- 토고숲모기 : 사상충증
- 체체파리 : 아프리카수면병
- 먹파리 : 회선사상충증
- 모래파리 : 리슈마니아증
- 집파리 : 장티푸스, 파라티푸스, 세균성이질, 아메바성이질, 콜레라, 폴리오
- 이 : 발진티푸스, 재귀열, 참호열
- 벼룩 : 페스트, 발진열
- 등에 : 튜라레미아, 로아사상충증
- 트리아토민 노린재 : 샤가스병(아메리카수면병)
- 공주진드기 : 진드기매개재귀열, 아프리카돈열
- 털진드기 : 양충병(쯔쯔가무시증)
- 여드름진드기 : 여드름
- 옴진드기 : 옴
- 참진드기 : 록키산홍반열, 중증열성혈소판감소증후군(SFTS), 라임병

▣ 저항성

- 생태적 저항성 : 살충제에 대한 습성이 발달한 것으로 치사량의 접촉을 피하는 경우
- 생리적 저항성 : 치사량 이상의 살충제가 작용했음에도 방제가 안 되는 경우로 일반적으로 저항성이라 말하는 것
- 교차저항성 : 어떠한 약제에 대해 이미 저항성일 때 다른 약제에도 자동적으로 저항성을 나타내는 현상
- 대사저항성 : 살충제가 해충 체내에서 효소의 작용으로 분해되어 독성을 잃게 되는 것

▣ 잔류분무

- 효과가 오래 지속되는 약제를 표면이나 벽에 뿌려 대상해충이 접촉할 때마다 치사시키는 방법
- 가장 좋은 입자의 크기 : 100~400μm
- 곤충의 휴식장소, 서식장소, 활동장소에 잔효성 살충제입자
- 분무장소별 효과
  - 유리, 타일 > 페인트칠한 나무벽 > 시멘트벽 > 흙벽
  - 그늘 > 햇빛
- 노즐형태(분사구는 잔류분무의 장소에 따라 선택)
  - 부채형 : 표면(벽)에 일정하게 약제를 분무할 때 사용, 벽면분무 시 분무량 $40cc/m^2$, 분사거리 46cm 이상적, $19m^2$/분, 공기압축비 40Lb
  - 직선형 : 해충(바퀴 등)이 숨어 있는 좁은 공간에 깊숙이 분사할 때 사용
  - 원추형 : 모기유충이 숨어 있는 공간에 다목적으로 사용

모 기	• 완전변태(알 → 유충 → 번데기 → 성충) • 산란장소 : 말라리아모기(깨끗한 물), 빨간집모기(고인 물, 탁한 물), 작은빨간집모기(논, 개울, 연못, 늪지대, 호수), 토고숲모기(해변가) • 산란을 목적으로 암컷만 흡혈 • 매개 질병 : 말라리아(얼룩날개모기), 사상충증(토고숲모기), 일본뇌염(작은빨간집모기), 황열 및 뎅기열(이집트숲모기, 흰줄숲모기)
등 에	• 물에 잠긴 나무토막이나 수초 또는 진흙 위에 산란 • 주간 활동성
파 리	• 산란장소 : 오물이 있는 곳, 부패한 채소, 진개, 분변, 동물의 사체 등 • 먹은 것을 토해 내고 배설하는 습관이 각종 감염병 전파의 원인 • 매개 질병 : 소화기계(장티푸스, 파라티푸스, 콜레라), 호흡기계(결핵, 디프테리아), 승저증(유충이 피부로 침투) 등 • 구제 방법 : 청결, 생석회, 기생벌 등
바 퀴	• 불완전변태(알 → 유충 → 성충) • 야간 활동성, 질주성, 군거성, 잡식성 • 토한 것과 배설물 또는 발에 의한 기계적 전파 • 매개 질병 : 살모넬라증, 장티푸스, 이질, 콜레라, 디프테리아, 소아마비 등 • 구제 방법 : 붕산독먹이법, 잔류분무법, 훈증법
벼 룩	• 완전변태 • 성충은 주야의 구별 없이 암수가 모두 흡혈 • 무즐치벼룩 : 사람벼룩, 모래벼룩, 닭벼룩, 열대쥐벼룩 • 즐치벼룩 : 개벼룩, 고양이벼룩, 유럽쥐벼룩, 생쥐벼룩 • 매개 질병 : 페스트, 발진열
빈 대	• 성충과 유충의 서식지가 같음 • 암놈은 베레제기관(정자의 일시 보관장소, 생식기관)이 있음
이	• 몸니와 머릿니는 숙주 특이성이 강해 사람만을 흡혈 • 매개 질병 : 발진티푸스, 페스트, 재귀열
진드기	매개 질병 : 록키산홍반열, 유행성출혈열, 쯔쯔가무시증 등
독나방	• 야간 활동성, 낮에는 잡초 · 수풀 속에서 서식 • 독침모 : 피부염 유발
깔따구	• 불쾌곤충(nuisance insect) • 알레르기성 질환인 기관지 천식, 아토피성 피부염 및 비염을 일으키는 알레르기원(Allergen)이 됨
트리아토민 노린재 (흡혈노린재)	• 반드시 흡혈과정을 거쳐야만 탈피와 산란을 함 • 매개질병 : 아메리카수면병
개 미	• 완전변태 • 군서성, 잡식성 • 여왕개미는 일개미, 수개미보다 크기가 더 큼
벌	• 완전변태 • 땅벌 : 땅속에 여러 층의 집을 짓는 특성이 있으며, 독침으로 사람에게 피해를 줌

▣ 위생사의 면허 등(공중위생관리법 제6조의2)

- 위생사 국가시험에서 대통령령으로 정하는 부정행위를 한 사람에 대하여는 그 시험을 정지시키거나 합격을 무효로 한다.
- 부정행위로 시험이 정지되거나 합격이 무효가 된 사람은 해당 위생사 국가시험 후에 치러지는 위생사 국가시험에 2회 응시할 수 없다.
- 다음에 해당하는 사람은 위생사 면허를 받을 수 없다.
  - 정신건강복지법에 따른 정신질환자. 다만, 전문의가 위생사로서 적합하다고 인정하는 사람은 그러하지 아니하다.
  - 마약류 관리에 관한 법률에 따른 마약류 중독자
  - 이 법, 감염병예방법, 검역법, 식품위생법, 의료법, 약사법, 마약류 관리에 관한 법률 또는 보건범죄 단속에 관한 특별조치법을 위반하여 금고 이상의 실형을 선고받고 그 집행이 끝나지 아니하거나 그 집행을 받지 아니하기로 확정되지 아니한 사람

▣ 위생사 국가시험의 시험방법 등(공중위생관리법 시행령 제6조의2)

보건복지부장관은 위생사 국가시험을 실시하려는 경우에는 시험일시, 시험장소 및 시험과목 등 위생사 국가시험 시행계획을 시험일시 90일 전까지 공고하여야 한다. 다만, 시험장소의 경우에는 시험실시 30일 전까지 공고할 수 있다.

▣ 위생사 면허의 취소 등(공중위생관리법 제7조의2)

보건복지부장관은 위생사가 다음에 해당하는 경우에는 그 면허를 취소한다.
- 위생사 면허를 받을 수 없는 어느 하나에 해당하게 된 경우
- 면허증을 대여한 경우

▣ 위생사의 업무범위(공중위생법 제8조의2)

- 공중위생영업소, 공중이용시설 및 위생용품의 위생관리
- 음료수의 처리 및 위생관리
- 쓰레기, 분뇨, 하수, 그 밖의 폐기물의 처리
- 식품 · 식품첨가물과 이에 관련된 기구 · 용기 및 포장의 제조와 가공에 관한 위생관리
- 유해 곤충 · 설치류 및 매개체 관리
- 그 밖에 보건위생에 영향을 미치는 것으로서 대통령령으로 정하는 업무

▣ 청문(공중위생법 제12조)

보건복지부장관 또는 시장 · 군수 · 구청장은 다음에 해당하는 처분을 하려면 청문을 하여야 한다.
- 이용사와 미용사의 면허취소 또는 면허정지
- 위생사의 면허취소
- 영업정지명령, 일부 시설의 사용중지명령 또는 영업소 폐쇄명령

▣ 위생관리등급의 구분(공중위생관리법 시행규칙 제21조)

- 최우수업소 : 녹색등급
- 우수업소 : 황색등급
- 일반관리대상업소 : 백색등급

▣ 위생교육(공중위생관리법 제17조)

- 공중위생영업자는 매년 위생교육을 받아야 한다.
- 신고를 하고자 하는 자는 미리 위생교육을 받아야 한다. 다만, 보건복지부령으로 정하는 부득이한 사유로 미리 교육을 받을 수 없는 경우에는 영업개시 후 6개월 이내에 위생교육을 받을 수 있다.
- 위생교육을 받아야 하는 자 중 영업에 직접 종사하지 아니하거나 2 이상의 장소에서 영업을 하는 자는 종업원 중 영업장별로 공중위생에 관한 책임자를 지정하고 그 책임자로 하여금 위생교육을 받게 하여야 한다.

▣ 집단급식소의 범위(식품위생법 시행령 제2조)

집단급식소는 1회 50명 이상에게 식사를 제공하는 급식소를 말한다.

▣ 판매 등이 금지되는 병든 동물 고기 등(식품위생법 시행규칙 제4조)

- 축산물 위생관리법 시행규칙에 따라 도축이 금지되는 가축전염병
- 리스테리아병, 살모넬라병, 파스튜렐라병 및 선모충증

▣ 식품 등의 공전(식품위생법 제14조)

식품의약품안전처장은 다음의 기준 등을 실은 식품 등의 공전을 작성 · 보급하여야 한다.
- 식품 또는 식품첨가물의 기준과 규격
- 기구 및 용기 · 포장의 기준과 규격

▣ 식품위생감시원(식품위생법 제32조)

관계 공무원의 직무와 그 밖에 식품위생에 관한 지도 등을 하기 위하여 식품의약품안전처(대통령령으로 정하는 그 소속 기관을 포함), 특별시 · 광역시 · 특별자치시 · 도 · 특별자치도 또는 시 · 군 · 구에 식품위생감시원을 둔다.

▣ 허가를 받아야 하는 영업 및 허가관청(식품위생법 시행령 제23조)

- 식품조사처리업 : 식품의약품안전처장
- 단란주점영업과 유흥주점영업 : 특별자치시장 · 특별자치도지사 또는 시장 · 군수 · 구청장

▣ 영업에 종사하지 못하는 질병의 종류(식품위생법 시행규칙 제50조)

- 결핵(비감염성인 경우는 제외)
- 콜레라, 장티푸스, 파라티푸스, 세균성이질, 장출혈성대장균감염증, A형간염
- 피부병 또는 그 밖의 고름형성(화농성) 질환
- 후천성면역결핍증(성매개감염병에 관한 건강진단을 받아야 하는 영업에 종사하는 사람만 해당)

■ 식품위생교육(식품위생법 제41조)

조리사 면허, 영양사 면허, 위생사 면허를 받은 자가 식품접객업을 하려는 경우에는 식품위생교육을 받지 아니하여도 된다.

■ HACCP 적용업소의 영업자 및 종업원에 대한 교육훈련(식품위생법 시행규칙 제64조)

- 신규 교육훈련 : 영업자의 경우 2시간 이내, 종업원의 경우 16시간 이내
- 정기 교육훈련 : 4시간 이내
- 식품위해사고의 발생 및 확산이 우려되어 영업자 및 종업원에게 명하는 교육훈련 : 8시간 이내

■ 벌칙(식품위생법 제93조)

소해면상뇌증, 탄저병, 가금인플루엔자에 걸린 동물을 사용하여 판매할 목적으로 식품 또는 식품첨가물을 제조 · 가공 · 수입 또는 조리한 자는 3년 이상의 징역에 처한다.

■ 감염병 예방 및 관리 계획의 수립 등(감염병예방법 제7조)

- 질병관리청장은 보건복지부장관과 협의하여 감염병의 예방 및 관리에 관한 기본계획을 5년마다 수립 · 시행하여야 한다.
- 특별시장 · 광역시장 · 특별자치시장 · 도지사 · 특별자치도지사와 시장 · 군수 · 구청장은 기본계획에 따라 시행계획을 수립 · 시행하여야 한다.

■ 감염병관리위원회(감염병예방법 제9조)

감염병의 예방 및 관리에 관한 주요 시책을 심의하기 위하여 질병관리청에 감염병관리위원회를 둔다.

■ 의사 등의 신고(감염병예방법 제11조)

보고를 받은 의료기관의 장 및 감염병병원체 확인기관의 장은 제1급감염병의 경우에는 즉시, 제2급감염병 및 제3급감염병의 경우에는 24시간 이내에, 제4급감염병의 경우에는 7일 이내에 질병관리청장 또는 관할 보건소장에게 신고하여야 한다.

■ 보건소장 등의 보고(감염병예방법 제13조)

신고를 받은 보건소장은 그 내용을 관할 특별자치시장 · 특별자치도지사 또는 시장 · 군수 · 구청장에게 보고하여야 하며, 보고를 받은 특별자치시장 · 특별자치도지사는 질병관리청장에게, 시장 · 군수 · 구청장은 질병관리청장 및 시 · 도지사에게 이를 각각 보고하여야 한다.

■ 감염병환자 등의 명부 작성 및 관리(감염병예방법 시행규칙 제12조)

- 보건소장은 감염병환자 등의 명부를 작성하고 이를 3년간 보관하여야 한다.
- 보건소장은 예방접종 후 이상반응자의 명부를 작성하고 이를 10년간 보관하여야 한다.

■ 역학조사(감염병예방법 제18조)

질병관리청장, 시 · 도지사 또는 시장 · 군수 · 구청장은 감염병이 발생하여 유행할 우려가 있거나, 감염병 여부가 불분명하나 발병원인을 조사할 필요가 있다고 인정하면 지체 없이 역학조사를 하여야 하고, 그 결과에 관한 정보를 필요한 범위에서 해당 의료기관에 제공하여야 한다.

◼ 역학조사의 내용(감염병의 예방 및 관리에 관한 시행령 제12조)

- 감염병환자 등 및 감염병의심자의 인적 사항
- 감염병환자 등의 발병일 및 발병 장소
- 감염병의 감염원인 및 감염경로
- 감염병환자 등 및 감염병의심자에 관한 진료기록
- 그 밖에 감염병의 원인 규명과 관련된 사항

◼ 필수예방접종(감염병예방법 제24조)

- 특별자치시장·특별자치도지사 또는 시장·군수·구청장은 관할 보건소를 통하여 필수예방접종을 실시하여야 한다.
- 종류 : 디프테리아, 폴리오, 백일해, 홍역, 파상풍, 결핵, B형간염, 유행성이하선염, 풍진, 수두, 일본뇌염, b형헤모필루스인플루엔자, 폐렴구균, 인플루엔자, A형간염, 사람유두종바이러스 감염증, 그룹 A형 로타바이러스 감염증, 질병관리청장이 감염병의 예방을 위하여 필요하다고 인정하여 지정하는 감염병(장티푸스, 신증후군출혈열)

◼ 예방접종에 관한 역학조사(감염병예방법 제29조)

- 질병관리청장 : 예방접종의 효과 및 예방접종 후 이상반응에 관한 조사
- 시·도지사 또는 시장·군수·구청장 : 예방접종 후 이상반응에 관한 조사

◼ 정의(먹는물관리법 제3조)

- "먹는물"이란 먹는 데에 일반적으로 사용하는 자연 상태의 물, 자연 상태의 물을 먹기에 적합하도록 처리한 수돗물, 먹는샘물, 먹는염지하수, 먹는해양심층수 등을 말한다.
- "샘물"이란 암반대수층 안의 지하수 또는 용천수 등 수질의 안전성을 계속 유지할 수 있는 자연 상태의 깨끗한 물을 먹는 용도로 사용할 원수를 말한다.

◼ 먹는물 등의 수질 관리(먹는물관리법 제5조)

- 환경부장관은 먹는물, 샘물 및 염지하수의 수질기준을 정하여 보급하는 등 먹는물, 샘물 및 염지하수의 수질 관리를 위하여 필요한 시책을 마련하여야 한다.
- 환경부장관 또는 특별시장·광역시장·특별자치시장·도지사·특별자치도지사는 먹는물, 샘물 및 염지하수의 수질검사를 실시하여야 한다.

◼ 샘물 또는 염지하수의 개발허가 대상(먹는물관리법 시행령 제3조)

- 먹는샘물 또는 먹는염지하수의 제조업을 하려는 자(식품위생법에 따라 식품의약품안전처장이 고시한 식품의 기준과 규격 중 음료류에 해당하는 식품을 제조하기 위하여 먹는샘물 등의 제조설비를 사용하는 자를 포함)
- 1일 취수능력 300톤 이상의 샘물 등(원수의 일부를 음료류·주류 등의 원료로 사용하는 샘물 등)을 개발하려는 자

◼ 샘물 등의 개발허가의 유효기간(먹는물관리법 제12조)

- 샘물 등의 개발허가의 유효기간은 5년으로 한다.
- 시·도지사는 샘물 등의 개발허가를 받은 자가 유효기간의 연장을 신청하면 허가할 수 있다. 이 경우 매 회의 연장기간은 5년으로 한다.

■ 영업의 허가 등(먹는물관리법 제21조)

- 먹는샘물 등의 제조업을 하려는 자는 시 · 도지사의 허가를 받아야 한다.
- 수처리제 제조업을 하려는 자는 시 · 도지사에게 등록하여야 한다.
- 먹는샘물 등의 수입판매업을 하려는 자는 시 · 도지사에게 등록하여야 한다.
- 먹는샘물 등의 유통전문판매업을 하려는 자는 시 · 도지사에게 신고하여야 한다.
- 정수기의 제조업 또는 수입판매업을 하려는 자는 환경부장관이 지정한 기관의 검사를 받고 시 · 도지사에게 신고하여야 한다.

■ 의료폐기물(폐기물관리법 시행령 별표 2)

- 격리의료폐기물 : 감염병예방법의 감염병으로부터 타인을 보호하기 위하여 격리된 사람에 대한 의료행위에서 발생한 일체의 폐기물
- 위해의료폐기물
  - 조직물류폐기물 : 인체 또는 동물의 조직 · 장기 · 기관 · 신체의 일부, 동물의 사체, 혈액 · 고름 및 혈액생성물(혈청, 혈장, 혈액제제)
  - 병리계폐기물 : 시험 · 검사 등에 사용된 배양액, 배양용기, 보관균주, 폐시험관, 슬라이드, 커버글라스, 폐배지, 폐장갑
  - 손상성폐기물 : 주사바늘, 봉합바늘, 수술용 칼날, 한방침, 치과용침, 파손된 유리재질의 시험기구
  - 생물 · 화학폐기물 : 폐백신, 폐항암제, 폐화학치료제
  - 혈액오염폐기물 : 폐혈액백, 혈액투석 시 사용된 폐기물, 그 밖에 혈액이 유출될 정도로 포함되어 있어 특별한 관리가 필요한 폐기물
- 일반의료폐기물 : 혈액 · 체액 · 분비물 · 배설물이 함유되어 있는 탈지면, 붕대, 거즈, 일회용 기저귀, 생리대, 일회용 주사기, 수액세트

■ 폐기물처리업(폐기물관리법 제25조)

폐기물의 수집 · 운반, 재활용 또는 처분을 업으로 하려는 자(음식물류 폐기물을 제외한 생활폐기물을 재활용하려는 자와 폐기물처리 신고자는 제외)는 환경부령으로 정하는 바에 따라 지정폐기물을 대상으로 하는 경우에는 폐기물처리 사업계획서를 환경부장관에게 제출하고, 그 밖의 폐기물을 대상으로 하는 경우에는 시 · 도지사에게 제출하여야 한다.

■ 공공하수도의 설치 등(하수도법 제11조)

- 지방자치단체의 장은 하수도정비기본계획에 따라 공공하수도를 설치하여야 한다.
- 시장 · 군수 · 구청장은 공공하수도를 설치하려면 대통령령으로 정하는 바에 따라 시 · 도지사의 인가를 받아야 한다.

■ 개인하수처리시설의 운영·관리(하수도법 제39조)

개인하수처리시설의 소유자 또는 관리자는 대통령령으로 정하는 부득이한 사유로 방류수수질기준을 초과하여 방류하게 되는 때에는 특별자치시장 · 특별자치도지사 · 시장 · 군수 · 구청장에게 미리 신고하여야 한다.

■ 분뇨의 재활용(하수도법 제44조)

환경부령으로 정하는 양 이상의 분뇨를 재활용하고자 하는 자는 특별자치시장 · 특별자치도지사 · 시장 · 군수 · 구청장에게 신고하여야 한다.

■ 건강과 보건학의 정의

- 세계보건기구(WHO)의 건강 정의 : 건강이란 단순히 질병이 없고 허약하지 않은 상태만을 의미하는 것이 아니라 육체적 · 정신적 건강과 사회적 안녕의 완전한 상태를 의미
- 보건학의 정의 : 지역사회 전체주민을 대상으로 한 치료보다는 예방에 중점을 두어 질병예방, 건강증진, 생명연장을 목적으로 하는 학문

■ 질병의 예방

질병단계	예 방	유 형
질병 전 단계	1차 예방	특수예방
질병기(발현기)	2차 예방	조기발견, 조기치료
회복기(재활기)	3차 예방	재활 및 사회복귀

■ 보건의료

- 1차 보건의료 : 예방접종, 식수위생관리, 모자보건, 영양개선, 풍토병관리, 통상질병의 일상적 치료사업 등
- 2차 보건의료 : 응급처치를 요하는 질병이나 급성질환의 관리사업과 병원에 입원치료를 받아야 하는 환자관리사업
- 3차 보건의료 : 재활환자, 노인의 간호 등 장기요양이나 만성질환자의 관리사업으로 노인성 질환의 관리에 기여

■ 공중보건학의 발전단계

고대기(기원전~서기 500년) → 중세기(500~1500년) → 여명기(요람기 · 근세, 1500~1850년) → 확립기(근대, 1850~1900년) → 발전기(현대, 20세기 이후)

- 고대기
  - 히포크라테스 : 장기설, 4액체설 주장
- 중세기
  - 한센병, 흑사병, 천연두, 디프테리아, 홍역 등의 감염병 유행
  - 검역제도 유래 → 검역법을 제정하여 검역소 설치
- 여명기
  - 공중보건의 사상이 싹튼 시기
  - 라마찌니 : 직업병의 저서
  - 프랭크 : 최초의 보건학 저서
  - 스웨덴 : 최초의 국세조사(1749년)
  - 제너 : 우두종두법 개발
  - 세계 최초의 공중보건법 제정 · 공포(1848년, 영국)
- 확립기
  - 예방의학적 사상 시작
  - 페텐코퍼 : 위생학교실 창립(1866년, 뮌헨대학)
- 발전기
  - 영국의 보건부 설립(1919년 세계 최초)
  - WHO 발족(1948년 4월 7일)

▣ 역학의 정의

역학은 질병을 집단현상으로 파악하여 질병의 원인, 유행의 지역 분포, 식생활 등의 특징에서 법칙성을 찾아내어 공통인자를 이끌어 내는 것을 목적으로 하므로 발병 후의 치료보다는 예방에 중점

▣ 역학의 역할

- 질병발생의 원인 규명
- 질병발생의 양상 파악
- 질병의 자연사 이해
- 보건사업의 기획과 평가자료 제공
- 질병발생과 유행병의 관찰
- 임상분야에 활용

▣ 역학(질병)의 3대 기본요인

- 병인(직접적 요인) : 미생물(병원체), 물리 · 화학적 요소, 유전적 인자 등
- 숙주(감수성과 면역에 좌우) : 성, 연령, 인종, 개인의 체질, 면역, 가족력 등
- 환경(질병발생의 외적 요인) : 기후, 지형, 직업, 주거, 전파체, 인구분포, 사회구조 등

▣ 전향성 조사와 후향성 조사의 장·단점

구 분	장 점	단 점
전향성 조사	• 속성 또는 요인에 편견이 들어가는 일이 적음 • 상대위험도와 귀속위험도의 산출 가능 • 시간적 선후관계를 알 수 있음	• 많은 대상자를 필요로 함 • 오랜 기간 관찰해야 함 • 비용이 많이 듦
후향성 조사	• 비교적 비용이 적게 듦 • 대상의 수가 적음 • 비교적 단기간에 결론을 얻음 • 희귀한 질병조사에 적합	• 정보수집이 불확실함 • 기억력이 흐려 착오가 생김 • 대조군 선정이 어려움 • 위험도 산출이 불가능함

▣ 위험도(Risk)의 측정

- 비교위험도(상대위험도) = $\dfrac{\text{위험요인에 폭로된 집단의 발병률}}{\text{비폭로된 집단의 발병률}}$

- 귀속위험도(기여위험도) = 위험요인에 폭로된 실험군의 발병률 − 비폭로군의 발병률

▣ 진단검사법의 정확도 측정

- 감수성(Sensitivity, 민감도) : 해당 질환에 걸려있는 사람(확진)에게 그 검사법을 적용했을 때 결과가 양성으로 나타나는 비율
- 특이성(Specificity, 특이도) : 해당 질환에 걸려있지 않은 사람(확진)에게 그 검사법을 적용했을 때 결과가 음성으로 나타나는 비율
- 예측도(Predictability) : 측정도구가 그 질병이라고 판단한 사람들 중에서 실제로 그 질병을 가진 사람들의 비율

▣ 감염병 생성 6개 요건

병원체 → 병원소 → 병원소로부터의 병원체 탈출 → 전파 → 병원체의 신숙주 내 침입 → 숙주의 감수성과 면역

• 병원체 : 세균(디프테리아, 결핵, 성홍열, 백일해, 장티푸스, 콜레라 등), 바이러스(일본뇌염, 유행성이하선염, 홍역, 폴리오, 에이즈, 수두 등), 리케치아(발진티푸스, 쯔쯔가무시증 등), 원충(아메바성이질, 말라리아 등) 등
• 병원소 : 인간(환자, 보균자), 동물(개, 소, 돼지), 토양(오염된 토양)

인간 병원소	질병
건강 보균자	폴리오, 디프테리아, 일본뇌염 등
잠복기 보균자(발병 전 보균자)	디프테리아, 홍역, 백일해, 유행성이하선염, 유행성뇌척수막염 등
회복기 보균자(병후 보균자)	장티푸스, 세균성이질, 디프테리아 등

• 병원소로부터 병원체 탈출
　– 호흡기계 : 객담, 기침, 재채기
　– 소화기계 : 분변, 토사물
　– 비뇨기계 : 소변, 냉
　– 개방병소 : 상처, 농창
　– 기계적 탈출 : 흡혈성 곤충, 주사기
• 전파
　– 직접전파 : 접촉에 의한 전파(성병, 에이즈), 비말에 의한 전파(디프테리아, 결핵 등)
　– 간접전파 : 전파체가 있어야 하며 병원체가 병원소 밖으로 탈출하여 일정기간 생존능력이 있어야 함
• 병원체의 신숙주 내 침입 : 호흡기, 소화기, 성기, 점막, 피부
• 숙주의 감수성과 면역
　– 감수성 지수 : 두창 · 홍역(95%) > 백일해(60~80%) > 성홍열(40%) > 디프테리아(10%) > 폴리오(0.1%)
　– 면역 : 선천적 면역과 후천적 면역으로 나뉨

▣ 후천적 면역

• 능동면역
　– 자연능동면역 : 질병에 감염된 후 형성되는 면역
　– 인공능동면역 : 백신(병원체 자체)이나 순화독소(톡소이드) 예방접종 후 얻어지는 면역
• 수동면역
　– 자연수동면역 : 모체로부터 태반이나 모유를 통해 받는 면역
　– 인공수동면역 : 면역혈청(Antiserum), 항독소(Antitoxin), 항체(γ-Globulin) 등 인공제제를 접종하여 얻는 면역 → 치료 목적으로 이용되고 접종 즉시 효력이 생기는 반면 저항력이 약하고 지속시간이 짧음

▣ 감염병 유행의 3대 요소

• 감염원 : 병원체를 전파시킬 수 있는 근원이 되는 모든 것
• 감염경로(전파) : 접촉감염, 공기전파, 감염동물전파, 개달물전파 등 병원체전파 수단이 되는 모든 요인
• 감수성 있는 숙주 : 면역이 되어 있지 않은 숙주

▣ 수인성 감염병의 역학적 특성

- 한정된 유행지역
- 낮은 발병률과 치명률
- 낮은 2차 감염률
- 환자의 폭발적 발생
- 음료수에서의 병원체 증명

▣ 감염병 유행관리

- 전파 예방
  – 감염병의 국내침입 방지 : 철저한 검역
  – 감염병의 전파 예방 : 병원소의 제거 및 격리, 환경위생관리, 행정적 관리
- 면역 증강 : 영양관리, 예방접종, 적당한 운동 등
- 예방되지 못한 환자의 조치 : 진단 시설의 제도화, 보건교육, 치료, 감수성 보유자의 관리 등

▣ 급성감염병

분류	질병명	특징
소화기계 감염병	장티푸스	• 병원체 : Salmonella typhi • 증상 : 장미진, 오한, 두통, 고열 • 비달반응(Widal test)
	파라티푸스	• 병원체 : Salmonella parathphi A, B, C • 증상 : 장티푸스와 같으나 대체로 경미한 편
	콜레라	• 병원체 : Vibrio cholerae • 증상 : 쌀뜨물 같은 설사, 구토
	세균성이질	• 병원체 : Shigella dysenteriae • 증상 : 오한, 발열, 혈액성 설사
	폴리오	• 병원체 : Polio virus • 증상 : 발열, 구토, 사지마비
	유행성 간염 (A형간염)	• 병원체 : Hepatitis A virus • 증상 : 발열, 황달, 식욕부진, 구토
호흡기계 감염병	디프테리아	• 병원체 : Corynebacterium diphtheriae • 시크검사(Schick test) • DTaP 예방접종
	백일해	• 병원체 : Bordetella pertussis • 어린이에게 잘 감염됨 • DTaP 예방접종
	홍역	• 병원체 : Measles virus • MMR 예방접종
	유행성이하선염	• 병원체 : Paramyxovirus • 증상 : 타액선 비대, 동통 • MMR 예방접종

풍 진	• 병원체 : Rubella virus • 임산부 풍진 감염 시 태반을 통하여 태아에게도 감염 • MMR 예방접종
성홍열	• 병원체 : 베타 용혈성 연쇄구균 • 어린이에게 잘 감염됨
두 창	• 병원체 : Variola virus • 1980년 WHO의 근절 선언

▣ 만성질환의 특징

- 증상이 호전되고 악화되는 과정을 반복함
- 질병의 시작에서 발생까지 오랜 기간이 걸림
- 여러 위험인자들이 복합적으로 작용하여 발생
  - 교정 가능한 위험인자 : 부적절한 식이, 생활습관, 신체활동 부족, 스트레스 등
  - 교정 불가능한 위험인자 : 유전적 소인, 연령, 성별 등
- 젊은 층보다 노년층의 유병률이 높음
- 유병률이 발생률보다 높음
- 개인적, 산발적으로 발생
- 발생원인과 시기가 불분명함

▣ 영·유아의 보건관리

- 초생아 : 생후 1주일 이내
- 신생아 : 생후 28일 이내
- 영아 : 생후 1년 미만
- 유아 : 생후 6년 미만

▣ 인구와 보건

- 맬서스주의(Malthusism)와 신맬서스주의(New-Malthusism)
  - 맬서스주의 : 기하급수적인 인구증가, 산술급수적인 식량증가 → 인구의 증가를 식량과 연관하여 전개
  - 최초의 인구학자 : 맬서스
  - 맬서스주의 인구억제 방법 : 도덕적 억제(성순결, 만혼)
  - 신맬서스주의 인구억제 방법 : Francis Place는 피임에 의한 산아조절 주장
- 인구정태통계와 인구동태통계
  - 인구정태통계 : 인구의 크기, 구성, 분포, 밀도 등
  - 인구동태통계 : 출생, 사망, 전입, 전출, 혼인, 이혼 등

- C. P. Blacker가 분류한 인구성장 5단계
  - 1단계(고위정지기) : 고사망 · 고출생률인 인구정지형
  - 2단계(초기확장기) : 저사망 · 고출생률인 인구증가형
  - 3단계(후기확장기) : 저사망 · 저출생률인 인구성장 둔화형 – 한국
  - 4단계(저위정지기) : 사망률 · 출생률이 최저로 인구성장 정지형
  - 5단계(감퇴기) : 출생률이 사망률보다 낮아져 인구감소 경향형
- 인구증가
  - 인구증가＝자연증가(출생－사망)＋사회증가(유입인구－유출인구)
  - 인구증가율＝(자연증가＋사회증가)/인구×1,000
  - 조자연증가율＝(연간출생수－연간사망수)/인구×1,000 ＝ 조출생률－조사망률
  - 동태지수(증가지수)＝출생수/사망수×100
  - 합계생산율 : 일생 동안 낳은 아기의 수
  - 합계출산율 : 한 여성이 일생 동안 낳을 것으로 예상되는 평균 출생아 수
  - 총재생산율 : 한 여성이 일생 동안 낳을 것으로 예상되는 평균 여아의 수로, 어머니로 될 때까지의 사망은 무시
  - 순재생산율 : 총재생산율에서 어머니의 사망을 고려하는 경우(1.0 : 인구정지 / 1.0 이상 : 인구증가 / 1.0 이하 : 인구감소)
- 인구의 구성형태
  - 피라미드형 : 인구증가형, 후진국형, 14세 이하 인구 ＞ 50세 이상 인구×2
  - 종형 : 인구정지형, 14세 이하 인구 ＝ 50세 이상 인구×2
  - 항아리형 : 인구감퇴형, 선진국형, 14세 이하 인구 ＜ 50세 이상 인구×2
  - 별형 : 도시형, 인구유입형, 15~49세 인구 ＞ 전체 인구의 50%
  - 기타형 : 농촌형, 인구유출형, 15~49세 인구 ＜ 전체 인구의 50%
- 인구의 성별 구성
  - 1차 성비(태아 성비) : 남 ＞ 여
  - 2차 성비(출생 시 성비) : 남 ＞ 여
  - 3차 성비(현재 인구의 성비) : 남 ＜ 여
  - ※ 성비(Sex Ratio) : 여자 100에 대한 남자의 비율 ＝ 남자 수/여자 수×100

■ 보건의 관리과정(POSDCoRB)

- 기획(Planning) : 목표달성을 위한 사전준비활동과 집행전략
- 조직(Organizing) : 인적 · 물적 자원 및 구조를 편제하는 과정
- 인사(Staffing) : 조직 내 인력을 임용 · 배치 · 관리하는 활동
- 지휘(Directing) : 목표달성을 위한 관리 · 감독 과정
- 조정(Coordinating) : 조직원 또는 부서 간의 행동통일을 위한 집단노력
- 보고(Reporting) : 상사나 관리자에게 조직에서 일어나는 상황을 알려주는 과정
- 재정(Budgeting) : 조직의 목표나 업무를 수행할 수 있도록 재정기획이나 회계 담당

◼ 세계보건기구(WHO)

- 1948년 4월 7일 발족
- 본부 : 스위스 제네바
- 주요기능
  - 국제적인 보건사업의 지휘·조정
  - 회원국에 대한 기술지원 및 자료공급
  - 전문가 파견에 의한 기술자문 활동
- 약품, 경제적 지원은 안 함
- 지역사무소 : 동지중해지역, 동남아시아지역, 서태평양지역, 미주지역, 유럽지역, 아프리카지역이 있는데, 동남아시아지역에는 북한이, 서태평양지역에는 우리나라가 포함

◼ 한국의 보건행정사

조선시대(1392~1910년) → 한일합방시대(1910~1945년) → 미군정 및 과도정부시대(1945~1948년) → 대한민국 정부수립 이후(1948년 8월 15일)

※ 조선시대 : 전향사(의약), 내의원(왕실의료), 전의감(의료행정), 혜민서(서민의료), 활인서(감염병 환자와 구호), 고종 31년(서양의학 최초 도입)

◼ 보건소의 기능 및 업무(지역보건법 제11조)

- 건강 친화적인 지역사회 여건의 조성
- 지역보건의료정책의 기획, 조사·연구 및 평가
- 보건의료인 및 보건의료기관 등에 대한 지도·관리·육성과 국민보건 향상을 위한 지도·관리
- 보건의료 관련기관·단체, 학교, 직장 등과의 협력체계 구축
- 지역주민의 건강증진 및 질병예방·관리를 위한 지역보건의료서비스의 제공
  - 국민건강증진·구강건강·영양관리사업 및 보건교육
  - 감염병의 예방 및 관리
  - 모성과 영유아의 건강유지·증진
  - 여성·노인·장애인 등 보건의료 취약계층의 건강유지·증진
  - 정신건강증진 및 생명존중에 관한 사항
  - 지역주민에 대한 진료, 건강검진 및 만성질환 등의 질병관리에 관한 사항
  - 가정 및 사회복지시설 등을 방문하여 행하는 보건의료 및 건강관리사업
  - 난임의 예방 및 관리

◼ 의료기관 및 의료인

- 의료기관 : 종합병원, 병원, 정신병원, 요양병원, 치과병원, 한방병원, 의원, 치과의원, 한의원, 조산원
- 의료인 : 의사, 치과의사, 한의사, 간호사, 조산사

◼ 교육환경보호구역

- 절대보호구역 : 학교출입문부터 직선거리로 50m까지의 지역
- 상대보호구역 : 학교경계등(학교경계 또는 학교설립예정지 경계)으로부터 직선거리로 200m까지의 지역 중 절대보호구역을 제외한 지역

■ 보건통계지표

- 조사망률 = 연간 총사망자수/연앙인구×1,000
- 영아사망률 = 연간 영아사망수/연간 출생아수×1,000
- 신생아사망률 = 연간 신생아사망수(생후 4주 이내)/연간 출생아수×1,000
- 모성사망비 = 연간 임신·분만·산욕에 의한 모성사망수/연간 출생아수×100,000
- 발생률 = 일정 기간 내 환자 발생수/일정 기간 내 그 지역의 인구×1,000
- 유병률 = 한 시점에서의 환자수/한 시점에서의 인구×1,000
- 치명률 = 어떤 질병에 의한 사망자수/그 질병의 이환자수×100
- 조출생률 = 연간 출생아수/연앙인구×1,000
- α-Index = 영아 사망자수/신생아 사망자수

■ 세계보건기구(WHO)가 제시한 건강지표

- 조사망률
- 비례사망지수 = 50세 이상 사망 수/총 사망 수×100
- 평균수명 : 0세의 평균여명

■ 생물테러

잠재적으로 사회 붕괴를 의도하고 바이러스, 세균, 곰팡이, 독소 등을 사용하여 살상을 하거나 사람, 동물, 혹은 식물에 질병을 일으키는 것을 목적으로 하는 행위

■ 비타민 종류와 결핍증

구 분	종 류	결핍증
지용성 비타민	비타민 A	안구건조증, 야맹증
	비타민 D	구루병, 골연화증
	비타민 E	불임증, 노화, 유산
	비타민 K	혈액응고 지연, 출혈병
수용성 비타민	비타민 B_1(티아민)	각기병, 식욕저하
	비타민 B_2(리보플라빈)	구순구각염, 설염
	비타민 B_6(피리독신)	피부염
	비타민 B_{12}(티아민)	악성빈혈
	니아신	펠라그라, 피부염, 신경장애
	비타민 C	괴혈병

▣ 식품위생의 정의

- 식품, 식품첨가물, 기구 또는 용기, 포장을 대상으로 하는 음식물에 관한 위생
- WHO의 규정에 의한 식품위생 : 식품의 생육, 생산, 제조에서부터 최종적으로 사람에게 섭취되기까지의 모든 단계에 있어서 식품의 안전성, 건전성 및 완전무결성을 확보하기 위한 모든 수단

▣ 육류의 사후 변화

사후강직 → 강직해제 → 자기소화 → 부패

▣ 대장균군(Coliform group)

- 그람음성의 무아포성 단간균으로서 젖당(유당)을 분해하여 산과 가스(Gas)를 생성하는 호기성 또는 통성혐기성균
- 대장균군의 검출 의의 : 대장균의 생존 여부로 다른 병원균의 존재 여부를 확인할 수 있음
- 대장균의 정성시험법 : 추정 → 확정 → 완전

▣ 식품의 수분활성치(수분량 = A_w ; Water Activity)

- 미생물이 이용 가능한 자유수를 나타내는 지표
- 표시 : $A_w = p/p_o$
  - p : 식품 내의 수증기압
  - p_o : 같은 온도에서의 최대 수증기압
- 일반세균의 증식 가능한 A_w : 0.90 이상
- 효모의 증식 가능한 A_w : 0.88 이상
- 곰팡이의 증식 가능한 A_w : 0.80 이상

▣ 증식온도에 따른 분류

- 저온균 : 최적온도 10℃ 내외, 발육가능온도 0~20℃
- 중온균 : 최적온도 25~37℃ 내외, 발육가능온도 20~40℃
- 고온균 : 최적온도 60~70℃ 내외, 발육가능온도 40~75℃
- 세균의 증식곡선 : 유도기 → 대수기(대수성장기) → 정지기(감소성장단계) → 사멸기(내호흡단계)

▣ 초기 부패판정

- 관능검사 : 부패판정의 제일 기본이 되는 검사로, 냄새 · 맛 · 외관 · 색깔 · 조직의 변화상태 등으로 판정
- 물리학적 판정 : 경도, 점성, 탄성, 탁도, 전기저항 등으로 판정
- 화학적 판정 : 트리메틸아민(Trimethylamine), 휘발성 염기질소(휘발성 아민류, 암모니아 등), 히스타민, pH, K값 측정 등으로 판정
- 미생물학적(생물학적) 판정
  - 생균수 측정 : 초기 부패로 판정할 수 있는 세균수는 식품 1g당 $10^{7 \sim 8}$이며, 10^5 이하는 안전함
  - 생균수를 측정하는 목적은 신선도의 여부를 알기 위함

▣ 식품의 위해요소

- 내인성 : 식품 자체에 함유되어 있는 유해 · 유독물질
  - 자연독
    ⓐ 동물성 : 복어독, 패류독, 시구아테라독 등
    ⓑ 식물성 : 버섯독, 시안배당체, 식물성 알칼로이드 등
  - 생리작용 성분 : 식이성 알레르겐, 항비타민 물질, 항효소성 물질 등
- 외인성 : 식품 자체에 함유되어 있지 않으나 외부로부터 오염 · 혼입된 것
  - 생물학적 : 식중독균, 경구감염병, 곰팡이독, 기생충
  - 화학적 : 방사성 물질, 유해첨가물, 잔류농약, 포장재 · 용기 용출물
- 유기성 : 식품의 제조 · 가공 · 저장 · 운반 등의 과정 중에 유해물질이 생성되거나 섭취 후 체내에서 생성되는 유해물질(아크릴아마이드, 벤조피렌, 나이트로사민, 지질과산화물)

▣ 세균성 식중독

감염형 식중독	살모넬라 식중독	• 원인균 : Salmonella typhimurium, Sal. enteritidis 등 • 원인식품 : 우유, 달걀, 육류, 샐러드
	장염비브리오 식중독	• 원인균 : Vibrio parahaemolyticus • 해수세균의 일종(3~5% 소금물 생육)
	병원성대장균 식중독	• 원인균 : Escherichia coli • 유당을 분해하여 산과 가스 생성
	캠필로박터 식중독	• 원인균 : Campylobacter jejuni • 증상 : 길랭–바레증후군 • 수백 정도의 소량 균수로도 식중독 유발
	여시니아 식중독	• 원인균 : Yersinia enterocolitica • 저온조건 및 전공포장 상태에서도 증식 가능
	리스테리아 식중독	• 원인균 : Listeria monocytogenes • 증상 : 패혈증, 유산, 뇌수막염 • 저온(5℃) 및 염분이 높은 조건에서도 증식 가능
독소형 식중독	황색포도상구균 식중독	• 원인균 : Staphylococcus aureus • 장독소(enterotoxin) 생성 • 원인식품 : 유가공품, 김밥, 도시락, 식육제품
	보툴리누스 식중독	• 원인균 : Clostridium botulinum • 신경독소(neurotoxin) 생성 • 원인식품 : 통조림, 소시지, 병조림, 햄
	바실러스세레우스 식중독	• 원인균 : Bacillus cereus • 장독소(enterotoxin) 생성 • 원인식품 : 식육제품, 전분질 식품
기타 식중독	웰치균 식중독 (감염독소형)	• 원인균 : Clostridium perfringens • 원인식품 : 단백질성 식품
	알레르기성 식중독	• 원인균 : Morganella morganii • Histamine 생성 → 알레르기 유발 • 원인식품 : 등푸른생선
	장구균 식중독	• 원인균 : Enterococcus faecalis • 냉동식품과 건조식품의 오염지표균

■ 자연독 식중독

- 식물성 : 독버섯(무스카린, 팔린, 아마니타톡신, 콜린), 발아한 감자(솔라닌), 썩은 감자(셉신), 면실유(고시폴), 피마자(리신, 리시닌, 알레르겐), 청매(아미그달린), 대두 · 팥(사포닌), 맥각(에르고톡신), 독보리(테물린), 독미나리(시큐톡신), 고사리(프타퀼로시드), 수수(듀린)
- 동물성 : 복어(테트로도톡신), 모시조개 · 바지락 · 굴(베네루핀), 대합조개 · 섭조개 · 홍합(삭시톡신), 육식성 고둥(테트라민), 수랑(수루가톡신), 열대어패류(시구아톡신)
- 곰팡이독 : 아스퍼질러스 플라버스(아플라톡신), 황변미(시트리닌−신장독, 시트레오비리딘−신경독, 이슬란디톡신−간장독, 루테오스카이린−간장독), 맥각(에르고톡신, 에르고타민), 붉은곰팡이(제랄레논−발정증후군)

■ 인수공통감염병

- 탄저 : Bacillus anthracis
- 브루셀라증(파상열) : Brucella melitensis, Brucella abortus, Brucella suis
- 결핵 : Mycobacterium tuberculosis
- 돈단독 : Erysipelothrix rhusiopathiae
- 야토병 : Francisella tularensis
- 렙토스피라증 : Leptospira species
- Q열 : Coxiella burnetii
- 리스테리아증 : Listeria monocytogenes

■ 채소를 통한 기생충 질환

- 회 충
  - 경구침입, 심장, 폐포, 기관지를 통과하여 소장에 정착
  - 일광에서 사멸
  - 흐르는 물에 5회 이상 씻으면 충란 제거
- 요충 : 경구침입, 집단생활, 항문 주위에서 산란, 셀로판테이프 검출법을 이용하여 검사
- 구충(십이지장충) : 피부감염(경피감염−풀독증), 소장에 기생
- 편충 : 말채찍 모양의 기생충, 맹장 · 대장에 기생
- 동양모양선충 : 초식동물에 기생

■ 어패류로부터 감염되는 기생충

- 간디스토마(간흡충) : 제1중간숙주 → 왜우렁, 제2중간숙주 → 민물고기(붕어, 잉어, 모래무지)
- 폐디스토마(폐흡충) : 제1중간숙주 → 다슬기, 제2중간숙주 → 가재 · 게
- 아니사키스 : 제1중간숙주 → 갑각류(크릴새우), 제2중간숙주 → 바다생선(고등어, 갈치, 오징어 등)
- 요코가와흡충 : 제1중간숙주 → 다슬기, 제2중간숙주 → 담수어(붕어, 은어 등)
- 유구악구충 : 제1중간숙주 → 물벼룩, 제2중간숙주 → 미꾸라지 · 가물치 · 뱀장어, 최종 숙주 → 개 · 고양이 등

■ 육류를 통한 기생충 질환

- 유구조충(갈고리촌충) : 중간숙주는 돼지이며, 두부의 형태가 갈고리 모양
- 무구조충(민촌충) : 중간숙주는 소이며, 두부의 형태가 유구조충과 다름
- 선모충 : 중간숙주는 돼지

◼ 보존료(방부제)

- 데히드로초산(DHA) : 치즈, 버터, 마가린
- 소르브산(Sorbic acid) : 식육제품, 된장, 고추장, 절임식품, 잼, 케첩
- 안식향산(Benzoic acid) : 과일·채소류음료, 청량음료, 마가린, 마요네즈
- 파라옥시안식향산 : 간장, 식초
- 프로피온산 : 빵, 치즈, 잼

◼ 피막제

- 과일이나 채소류의 선도를 오랫동안 유지하기 위해 표면에 피막을 만들어 호흡작용과 증산작용을 억제시킴
- 모르폴린지방산염, 초산비닐수지 등

◼ 소포제

- 식품의 제조공정에서 생기는 거품이 품질이나 작업에 지장을 주는 경우에 거품을 소멸 또는 억제시킴
- 규소수지, 이산화규소 등

◼ 산화방지제(항산화제)

- 산패는 공기 중의 산소, 세균효소, 빛, 열, 습기 등이 작용함으로써 발생하며 주로 지방의 산화변질을 의미함
- 수용성인 Erythorbic acid, Ascorbic acid 등과 지용성인 Propyl Gallate, Butylhydroxy Anisole(BHA), Dibutyl Hydroxy Toluene(BHT) 등

◼ 호료(증점제)

- 식품에 대하여 점착성을 증가시키고, 가공할 때의 가열이나 보존 중의 경시변화에 관하여 점도 유지
- 메틸셀룰로스, 카복시메틸셀룰로스나트륨, 폴리아크릴산나트륨, 알긴산, 카제인, 잔탄검 등

◼ 발색제

- 발색제는 그 자체에 의하여 착색되는 것이 아니고 식품 중에 존재하는 유색물질과 결합하여 그 색을 안정화하거나 선명하게 또는 발색되게 하는 물질
- 아질산나트륨, 질산칼륨 및 질산나트륨은 식육가공품에서 0.07g/kg 이상 남지 않도록 사용하여야 함

◼ HACCP 7원칙 12절차

- 해썹팀 구성 : 업소 내에서 HACCP Plan 개발을 주도적으로 담당할 해썹팀을 구성
- 제품설명서 작성 : 제품명, 제품유형, 성상, 작성연월일, 성분 등 제품에 대한 전반적인 취급내용이 기술되어 있는 설명서를 작성
- 용도 확인 : 예측 가능한 사용방법과 범위, 그리고 제품에 포함될 잠재성을 가진 위해물질에 민감한 대상 소비자(어린이, 노인, 면역관련 환자 등)를 파악
- 공정흐름도 작성 : 업소에서 직접 관리하는 원료의 입고에서부터 완제품의 출하까지 모든 공정단계들을 파악하여 공정흐름도 및 평면도를 작성
- 공정흐름도 현장 확인 : 작성된 공정흐름도 및 평면도가 현장과 일치하는지를 검증하는 것
- 위해요소 분석(원칙 1) : 원료, 제조공정 등에 대하여 위해요소분석 실시 및 예방책을 명확히 함
- 중요관리점(CCP) 결정(원칙 2) : 중요관리점의 설정(안정성 확보단계, 공정결정, 동시통제)

- CCP 한계기준 설정(원칙 3) : 위해허용한도의 설정
- CCP 모니터링체계 확립(원칙 4) : CCP를 모니터링하는 방법을 수립하고 공정을 관리하기 위해 모니터링 결과를 이용하는 절차를 세움
- 개선조치방법 수립(원칙 5) : 모니터링 결과 설정된 한계기준에서 이탈되는 경우 시정조치 사항을 만듦
- 검증절차 및 방법 수립(원칙 6) : HACCP이 제대로 이행되고 있다는 사실을 검증할 수 있는 절차를 수립
- 문서화, 기록유지방법 설정(원칙 7) : 기록의 유지관리체계 수립

6과목 실기시험

▣ 기압 측정계

- 수은기압계 : 수은 기둥을 이용한 기압계(1기압 = 760mmHg)
- 아네로이드기압계 : 기압에 따라 금속통이 팽창·수축하는 원리를 이용
- 자기기압계 : 아네로이드기압계의 원리를 이용한 것으로 연속적인 변화 측정

▣ 불쾌지수(DI ; Discomfort Index)

- 대기 중 또는 국한된 장소에서 각종의 기상상태 및 온열조건에 의하여 사람이 느끼는 불쾌도를 숫자로 표시한 것
- 불쾌지수 산출 공식 = (건구온도 $\mathrm{^\circ C}$ + 습구온도 $\mathrm{^\circ C}$) × 0.72 + 40.6
  = (건구온도 $\mathrm{^\circ F}$ + 습구온도 $\mathrm{^\circ F}$) × 0.40 + 15.0

▣ 가스 크로마토그래피법

- 이동상으로 기체를 사용하여 혼합기체시료를 그 성분기체의 열전도율의 차를 이용하여 검출·정량하는 기기분석법(벤젠, 페놀, 이황화탄소 검출)
- 기본구성 : 운반가스 → 압력조절부 → 시료도입부 → 분리관 검출기

▣ 원자흡수분광광도법

- 시료를 중성원자로 증기화하여 생긴 바닥상태의 원자가 이 원자 증기층을 투과하는 특유 파장의 빛을 흡수하는 현상을 이용하여 광전측광과 같은 개개의 특유 파장에 대한 흡광도를 측정하여 시료 중의 원소농도를 정량하는 방법
- 30종류의 분석이 가능하므로 공장배수 속의 구리, 아연, 카드뮴, 니켈, 코발트, 망간, 철, 크롬 등에 이용
- 측정장치 : 광원부 → 시료원자화부 → 단색화부 → 측광부

▣ 검지관법

- 대기 중의 가스성분 검출 및 정량분석에 사용
- 검지제가 포함된 검지관에 시료를 통과시키면 농도에 따라 검지제의 착색도가 변화함
- 일산화탄소, 암모니아, 시안화수소, 유화수소, 염소 등의 검출에 사용

▣ 가스디텍터

- 유리관 속에 가스검지제를 넣어 가스의 성분을 분석하는 기기
- 지름 2~4mm의 가는 유리관 속에 가스검지제를 집어넣고 양끝을 녹여 봉한 것
- 검지제의 변색된 길이나 변색의 정도를 농도표 또는 비색표와 비교하여 유해성분의 농도를 판정

■ 소음 측정
- 소음계의 마이크로폰은 지면은 1.2~1.5m 높이, 장애물은 3.5m 거리에서 측정함
- 소음계와 측정자와의 거리의 간격은 0.5m로 함

■ 대장균군의 추정시험

  LB발효관 배지에 접종하여 35~37℃, 24시간 배양했을 때 가스 발생이 있으면 대장균의 존재를 추정함

■ 물리적 소독법
- 비가열살균법 : 일광소독, 자외선살균법, 방사선살균법
- 가열살균법 : 화염멸균법, 건열멸균법, 자비소독법, 고압증기멸균법, 간헐멸균법, 저온소독법, 초고온순간멸균법

■ 이물 검사
- 와일드만 플라스크법 : 곤충 및 동물의 털 등과 같이 물에 잘 젖지 않는 가벼운 이물을 검출하는 방법
- 체분별법 : 시료가 미세한 분말인 경우 채로 포집하여 육안 또는 현미경으로 확인하는 방법
- 침강법 : 비교적 무거운 이물의 검사 시에 사용하며 비중이 무거운 용매에 이물을 침전시킨 후 검사하는 방법
- 여과법 : 액체인 시료를 여과지에 투과하여 여과지상에 남은 이물질을 확인하는 방법

■ 역성비누
- 4급 암모늄염의 유도체로서 보통비누와 반대로 해리하여 양이온이 비누의 주체가 되므로 역성비누라고 함
- 세척력은 약하나 살균력이 강하고 가용성이며 냄새가 없고, 자극성, 부식성이 없으므로 손, 식기의 소독에 이용
- 일반비누와 병용하면 효과가 없으므로 같이 사용하면 안 됨

■ 식품공전에 따른 살균법
- 저온 장시간 살균법 : 63~65℃에서 30분간
- 고온 단시간 살균법 : 72~75℃에서 15~20초간
- 초고온 순간 처리법 : 130~150℃에서 0.5~5초간

■ 진드기 아목(Suborder)
- 후기아문목 : 참진드기과, 공주진드기과
- 중기아문목 : 집진드기과
- 전기아문목 : 털진드기과, 여드름진드기과
- 무기아문목 : 옴진드기과, 먼지진드기과

■ 독나방의 방제
- 피부접촉 예방
- 손으로 잡거나 쳐서 죽이는 행위는 독모를 흩어지게 하므로 위험(젖은 휴지 사용)
- 독모가 묻었을 때는 세차게 흐르는 물로 씻기
- 동력분무기로 잔류분무하거나 가열연막기나 극미량연무기로 공간살포

최종모의고사
1회

1과목 | 환경위생학

01 WHO는 "환경위생은 인간의 신체발육, (   ) 및 (   )에 유해한 영향을 미치거나 미칠 가능성이 있는 인간의 물질적 생활환경에 있어서의 모든 요소를 통제하는 것이다."라고 정의하고 있다. (   ) 안에 들어갈 말은?

① 건강, 생존
② 건강, 생활
③ 정신, 사회
④ 정신, 생활
⑤ 정신, 건강

02 다음 중 보기를 변화인자로 갖는 것으로 옳은 것은?

> 위도, 해발고도, 지형, 토양

① 조 도
② 기 후
③ 온열평가지수
④ 기 류
⑤ 기 온

03 최근 냉매제의 과잉사용으로 인해 오존층이 파괴되면서 인체에 유해한 자외선이 지표에 도달하여 피부암 및 시력약화 현상이 빈번히 발생하고 있다. 인체에 가장 유해한 자외선의 파장은?

① 2,900~3,500Å
② 4,500~5,500Å
③ 5,500~8,500Å
④ 8,500~9,500Å
⑤ 10,000Å 이상

04 실제 기온 및 습도를 측정할 때 사용되는 온도계는?

① 흑구온도계
② 카타온도계
③ 아스만통풍건습계
④ 수은온도계
⑤ 알코올온도계

05 다음 중 기류를 측정할 때 사용하는 카타온도계의 상부온도의 눈금은?

① 75℉
② 80℉
③ 85℉
④ 90℉
⑤ 100℉

06 1954년 여름에 발생하였고 낮 시간대에 자동차 배출가스가 주원인으로, 광화학 반응에 의한 2차 오염이 발생한 대기오염 사건은?

① 뮤즈계곡 사건
② 포자리카 사건
③ 요코하마 사건
④ 미나마타 사건
⑤ 로스앤젤레스 사건

07 대기오염물질 중 탄소성분의 불완전연소로 인해 발생하는 것은?

① 오 존
② 질 소
③ 일산화탄소
④ 이산화탄소
⑤ 아황산가스

08 호기성 처리의 특징으로 옳은 것은?

① 냄새가 발생한다.
② 슬러지 생산량이 적다.
③ 운전비가 적게 든다.
④ 상징(처리)수의 BOD, SS 농도가 낮다.
⑤ 비료 가치가 작다.

09 다음 중 일산화탄소에 대한 설명으로 옳은 것은?

① 헤모글로빈과의 친화력이 산소보다 200~300배 강하다.
② 무색의 자극적인 냄새가 나는 기체이다.
③ 공기보다 무겁다.
④ 중독증상을 보이지 않는다.
⑤ 식물에 피해를 크게 준다.

10 다음 중 잠함병을 일으키는 물질로 옳은 것은?

① 질 소   ② 아르곤
③ 산 소   ④ 크립톤
⑤ 네 온

11 다음 중 강낭콩이 지표식물인 물질은?

① 황화물질   ② PAN
③ 오 존   ④ 염 소
⑤ 불소 및 화합물

12 산성비를 일으키는 주요 대기오염물질로 옳은 것은?

① O_3
② CO_3
③ CO
④ SO_4
⑤ 먼 지

13 비중격천공증을 일으키는 중금속은?

① 망 간   ② 아 연
③ 비 소   ④ 6가크롬
⑤ 주 석

14 다음 중에서 물의 일시경도를 유발하는 물질은?

① $MgSO_4$
② $Ca(HCO_3)_2$
③ $MgCl_2$
④ $CaSO_4$
⑤ $Mg(NO_3)_2$

15 공기의 자정작용 중 자외선에 의한 것은?

① 살균작용
② 확산작용
③ 교환작용
④ 응축작용
⑤ 세정작용

16 다중이용시설 중 영화상영관, 지하역사 등에서 일산화탄소(CO)의 실내공기질 유지기준은?

① 1ppm 이하
② 5ppm 이하
③ 10ppm 이하
④ 50ppm 이하
⑤ 100ppm 이하

17 오존소독에 관한 설명으로 옳은 것은?

① 2차 오염의 위험이 적다.
② 잔류효과가 크다.
③ 가격이 저렴하여 경제적이다.
④ 발암물질로 THM이 발생한다.
⑤ 강력한 살균력을 보인다.

18 다음 중 화력발전소의 폐열수를 이용한 난방법은 어느 것인가?

① 국부난방 ② 중앙난방
③ 증기난방 ④ 온수난방
⑤ 지역난방

19 염소(Cl_2)를 이용하여 수돗물을 소독할 때 발생하는 발암물질은?

① THM ② 다이옥신
③ Cd ④ 벤 젠
⑤ CO_2

20 다음 중 지하수의 설명으로 옳은 것은?

① 경도가 낮고 유속이 빠르다.
② 상수도의 가장 주된 수원이 된다.
③ 토양의 자정작용에 의해 여과된다.
④ 고갈되지 않고 무한정 제공된다.
⑤ 수온변화가 심하다.

21 입자상 물질과 가스상 물질을 동시에 제거할 수 있는 집진장치는?

① 세정 집진장치
② 원심력 집진장치
③ 관성력 집진장치
④ 여과 집진장치
⑤ 중력 집진장치

22 새집증후군을 일으키는 물질로 옳은 것은?

① 암모니아 ② 염화탄소
③ 소 음 ④ 염소 가스
⑤ 포름알데하이드

23 수중의 pH가 7에서 6으로 되었을 때 수소이온의 농도변화는?

① 2배 감소
② 3배 증가
③ 4배 감소
④ 5배 증가
⑤ 10배 증가

24 실내에서 접착제와 페인트 등의 유기용제에 노출될 때 발생할 수 있는 인체영향은?

① 신경장해
② 흑피증
③ 비중격천공
④ 진폐증
⑤ 규폐증

25 대기 중 이산화탄소의 증가로 발생하는 가장 직접적인 현상은?

① 해수면 하강
② 열대우림 파괴
③ 오존층 파괴
④ 기온 저하
⑤ 지구온난화

26 고온환경에서 오랜 시간 작업하여 열허탈증이 발생했을 때 적절한 응급조치는?

① 보호구 착용
② 생리식염수 주사
③ 고지방식 섭취
④ 진통제 주사
⑤ 인공적인 산소 공급

27 조류의 번식을 방지하기 위해 주입하는 약품은?

① 명 반
② 황산동
③ 황산마그네슘
④ 염화제2철
⑤ 황산제2철

28 다음 중 함기성이 높은 순으로 나열한 것은?

① 모직 > 마직 > 무명 > 모피
② 무명 > 모피 > 모직 > 마직
③ 모피 > 모직 > 무명 > 마직
④ 마직 > 모피 > 무명 > 모직
⑤ 모피 > 마직 > 모직 > 무명

29 실외 쾌적기류인 것은?

① 0.1m/sec
② 0.2~0.3m/sec
③ 0.5m/sec
④ 1m/sec
⑤ 2m/sec

30 수집된 폐기물 처리방법 중 우리나라 대부분의 도시에서 사용하고 있는 방법은?

① 투기법　　② 가축 사료화
③ 소각법　　④ 매립법
⑤ 퇴비법

31 정수 처리에서 염소소독을 실시할 경우 물이 산성일수록 살균력이 커지는 이유는?

① 수중의 OCl^- 증가
② 수중의 OCl^- 감소
③ 수중의 $HOCl$ 증가
④ 수중의 $HOCl$ 감소
⑤ 수중의 H^+ 감소

32 폐수처리 공정 중 폐수에 함유된 입자에 미세한 기포를 부착하여 겉보기 비중을 낮추어 입자를 제거하는 것은?

① 중 화
② 부 상
③ 확 산
④ 침 전
⑤ 산 화

33 목욕장 욕조수의 대장균군수는 수질기준상 1mL 중에서 몇 개를 초과하여 검출되지 않아야 하는가?

① 1개　　　　　② 2개
③ 3개　　　　　④ 4개
⑤ 5개

34 가연성 폐기물에 해당하는 것은?

① 폐타일
② 폐금속
③ 폐도자기
④ 폐유리
⑤ 폐 지

35 일반적으로 실내의 CO_2(이산화탄소)의 허용한도는?

① 0.01%
② 0.05%
③ 0.1%
④ 0.5%
⑤ 0.8%

36 종말 침전지에서 유출되는 수량이 5,000m³/day 이다. 여기에 염소처리를 하기 위해 유출수에 100kg/day의 염소를 주입한 후 잔류염소의 농도를 측정하였더니 0.5mg/L이었다. 염소요구량(농도)은?(단, 염소는 Cl_2 기준)

① 16.5mg/L   ② 17.5mg/L
③ 18.5mg/L   ④ 19.5mg/L
⑤ 20.5mg/L

37 다음 중 기온역전의 정의로 옳은 것은?

① 움푹하게 파인 땅이나 골짜기에 차가운 공기가 머물고 있는 경우를 말한다.
② 도시 중심부가 교외보다 기온이 높은 것을 말한다.
③ 상층의 공기온도가 높고 하층의 공기온도가 낮은 것을 말한다.
④ 상층의 공기온도가 높고 하층의 공기온도도 높은 것을 말한다.
⑤ 대기층이 불안정하여 빛이 굴절하여 생기는 현상을 말한다.

38 라돈으로 유발되는 직업병은?

① 비중격천공
② 진폐증
③ 천식증
④ 청색증
⑤ 폐 암

39 300mL BOD병에 6mL의 시료를 넣고 희석수로 채운 후 용존산소가 8.6mg/L였고 5일 후의 용존산소가 5.4mg/L였다면 시료의 BOD는 몇 mg/L인가?

① 120mg/L   ② 140mg/L
③ 160mg/L   ④ 180mg/L
⑤ 200mg/L

40 군집독의 해결방법으로 옳은 것은?

① CO_2 농도를 낮춘다.
② CO_2 농도를 높인다.
③ O_2 농도를 낮춘다.
④ 환기는 자주 하지 않는다.
⑤ 소독을 한다.

41 폐기물을 퇴비화하기 위한 조건으로 옳은 것은?

① 공기는 차단할 것
② C/N은 40 : 1일 것
③ 수분은 30% 이하일 것
④ pH는 3~4일 것
⑤ 최적온도 65~75℃일 것

42 인두염, 구내염, 입안 세척 등의 소독에 이용되는 소독제로 옳은 것은?

① 석탄산
② 포르말린
③ 과산화수소
④ 승 홍
⑤ 크레졸

43 급속여과법의 특징으로 옳은 것은?

① 사면대치를 한다.
② 건설비가 많이 든다.
③ 여과속도는 3~5m/day이다.
④ 고탁도, 고색도수에 적합하다.
⑤ 세균제거율이 98~99%이다.

44 하수처리 시 침사지에서 제거되는 사석(Grit)의 최종 처리방법으로 알맞은 것은?

① 소 각
② 혐기성 분해
③ 호기성 분해
④ 매 립
⑤ 건 조

45 다음 중 석회로 제거 가능한 가스로 옳은 것은?

① 아황산가스
② 염소가스
③ 프레온가스
④ 메탄가스
⑤ 이산화탄소

46 하천의 하수유입으로 인한 자정작용의 4단계의 순서로 옳은 것은?

① 분해지대 → 활발한 분해지대 → 회복지대 → 정수지대
② 분해지대 → 활발한 분해지대 → 정수지대 → 회복지대
③ 활발한 분해지대 → 분해지대 → 회복지대 → 정수지대
④ 분해지대 → 회복지대 → 활발한 분해지대 → 정수지대
⑤ 분해지대 → 정수지대 → 활발한 분해지대 → 회복지대

47 상수 정수의 3단계 순서로 옳은 것은?

① 침전 → 여과 → 소독
② 여과 → 소독 → 침전
③ 여과 → 침전 → 소독
④ 소독 → 침전 → 여과
⑤ 침전 → 소독 → 여과

48 다음 중 재해 발생상황을 파악하기 위한 표준적 지표로 옳은 것은?

① 도수율   ② 건수율
③ 강도율   ④ 중독률
⑤ 현성률

49 염소소독에 대한 설명으로 옳은 것은?

① 가격이 비싸다.
② 냄새가 나지 않는다.
③ 발암물질인 THM이 생성되지 않는다.
④ 잔류효과가 없다.
⑤ 불연속점 이상으로 염소를 주입해야 한다.

50 정수장에서 맛과 냄새나 색도, 탁도 등을 제거하는 데 사용하는 것은?

① 염소 · 오존   ② 활성탄
③ 철, 망간   ④ 암모니아
⑤ 폭 기

51 위생곤충의 간접적 피해는?

① 기계적 외상
② 병원체의 인체 내 주입
③ 체내 기생
④ 독성물질의 주입
⑤ 알레르기성 질환

52 번데기가 성충이 되는 과정을 무엇이라고 하는가?

① 부화과정
② 탈피과정
③ 용화과정
④ 우화과정
⑤ 유화과정

53 곤충의 분류 단계를 바르게 나타낸 것은?

① 문 – 과 – 강 – 목 – 속
② 강 – 문 – 과 – 목 – 속
③ 문 – 강 – 목 – 과 – 속
④ 속 – 과 – 목 – 강 – 문
⑤ 문 – 목 – 강 – 과 – 속

54 곤충의 체벽(표피)을 구성하는 여러 가지 층 (Layer) 중 가장 외부층은?

① 근 육
② 기저막
③ 표피세포
④ 내표피
⑤ 왁스층

55 매개체와 질병의 연결이 옳은 것은?

① 빈대 – 페스트
② 모기 – 참호열
③ 모래파리 – 발진티푸스
④ 체체파리 – 수면병
⑤ 진드기 – 황열

56 벼룩의 다리의 발목마디는 몇 마디로 되어있는가?

① 3마디　　② 4마디
③ 5마디　　④ 6마디
⑤ 7마디

57 몸체 표면에서 청록색 또는 금속성 녹색의 광택이 나는 중형 파리는?

① 큰집파리
② 집파리
③ 띠금파리
④ 딸집파리
⑤ 쉬파리

58 집모기와 구별되는 중국얼룩날개모기의 특징은?

① 날개에 백색반점이 없다.
② 벽면으로부터 45° 이상의 각도로 앉는다.
③ 유충의 경우 긴 호흡관이 있다.
④ 유충은 수면에 수직으로 매달린다.
⑤ 알은 난괴를 형성한다.

59 깔따구에 대한 설명으로 옳은 것은?

① 모기와 비슷하지만 비늘이 없어 쉽게 구별된다.
② 자상흡수 구기를 가진다.
③ 유충의 핏속에는 적혈구가 없다.
④ 수명은 1~2개월이다.
⑤ 주간 활동성이고 오염수질에서도 생존력이 약하다.

60 해충의 생물학적 방제 방법은?

① 불임제 살포
② 트랩 설치
③ 방충망 설치
④ 살충제 살포
⑤ 천적 이용

61 다음 중 이가 전파하는 매개 질병은?

① 살모넬라증　　② 장티푸스
③ 발진티푸스　　④ 콜레라
⑤ 소아마비

62 구기가 스펀지형인 위생곤충은?

① 개 미
② 나 비
③ 바 퀴
④ 집파리
⑤ 잠자리

63 촉각극모는 단모이고 흉부 순판에는 흑색 종선이 3개가 있으며, 유충의 각 체절에 육질돌기가 있는 파리는?

① 침파리　　　　② 띠금파리
③ 딸집파리　　　④ 큰집파리
⑤ 체체파리

64 모기, 파리는 곤충 분류상 어디에 속하는가?

① 막시목　　　　② 쌍시목
③ 바퀴목　　　　④ 반시목
⑤ 인시목

65 위생곤충 중 집합페로몬을 분비하여 은신처에서 군서생활을 하는 것은?

① 진드기
② 파 리
③ 벼 룩
④ 바 퀴
⑤ 이

66 쥐가 전파하는 바이러스성 질병은 무엇인가?

① 페스트
② 이 질
③ 살모넬라병
④ 발진열
⑤ 유행성출혈열

67 쥐를 방제하는 가장 효과적인 방법은?

① 급성 살서제를 투여한다.
② 만성 살서제를 투여한다.
③ 먹을 것과 서식처를 제거하여 청결을 유지한다.
④ 천적을 이용한다.
⑤ 쥐덫을 사용한다.

68 보통독성 살충제 용기의 라벨에 명시하여야 하는 신호어(Signal words)는?

① 독극물(POISON)
② 경고(WARNING)
③ 주의(CAUTION)
④ 공지(NOTICE)
⑤ 위험(DANGER)

69 시궁쥐에 대한 설명으로 옳은 것은?

① 들쥐에 속한다.
② 무게는 20g이다.
③ 꼬리가 몸통보다 길다.
④ 귀와 눈이 몸집에 비해 작다.
⑤ 1회 평균 출산수는 1~3마리이다.

70 살충작용은 속효성이고, 잔효성이 없는 살충제는?

① Malathion
② Pyrethrin
③ Fenitrothion
④ Naled
⑤ Diazinon

71 공기압축 분무기로 잔류분무를 할 때 적정 공기 압축량은?

① 10Lb   ② 20Lb
③ 30Lb   ④ 40Lb
⑤ 50Lb

72 다음의 방제법으로 방제되는 위생곤충은?

- 야간에는 실내등을 끄고, 밖을 밝게 하여 집 밖으로 유인한다.
- 실내 침입 시 젖은 휴지로 덮어서 잡는다.
- 풀숲이나 잡목에서 대량으로 발생 시 공간살포나 잔류분무를 실시한다.

① 쇠파리
② 작은소참진드기
③ 참새털이
④ 빈 대
⑤ 독나방

73 다음 중 LD_{50}의 의미로 옳은 것은?

① 실험동물의 50%를 치사할 수 있는 살충제의 양이다.
② 실험동물을 인체에 비례한 비율이 50이라는 뜻이다.
③ 살충제의 희석농도가 50이라는 뜻이다.
④ 실험동물의 수가 50마리 이하였다는 뜻이다.
⑤ 살충제의 원체 사용량이 50%라는 뜻이다.

74 다음 중 잔류분무 시 가장 좋은 입자의 크기는?

① 50μm   ② 100~400μm
③ 10~100μm   ④ 400μm 이상
⑤ 0.1μm

75 위생곤충에 대한 효력증강제로 옳은 것은?

① 알드린(Aldrin)
② 프로폭서(Propoxur)
③ 설폭사이드(Sulfoxide)
④ 나프탈렌(Naphthalene)
⑤ 벤디오카브(Bendiocarb)

76 다음 중 가장 널리 쓰이는 마이크로 캡슐의 입자 크기는?

① 2~3μm   ② 5~10μm
③ 20~30μm   ④ 100~200μm
⑤ 200~300μm

77 먼지진드기에 대한 설명 중 옳은 것은?

① 자충과 성충은 자유생활을 하고 유충만 흡혈한다.
② 습도는 생장에 영향을 미치지 않는다.
③ 알에서 성충까지 3개월이 소요된다.
④ 대기 중에 불포화 수분을 흡수하는 능력이 있다.
⑤ 황열을 매개한다.

78 위생곤충 방제에 사용되는 발육억제제는?

① 쿠마포스
② 카바릴
③ 벤디오카브
④ 메소프렌
⑤ 다이아지논

79 진드기를 아목으로 분류할 때의 기준은?

① 의두의 존재 여부
② 습절의 존재 여부
③ 구하체의 모양
④ 협각의 위치
⑤ 기문의 위치

80 같은 살충제라 하더라도 분무장소의 재질, 온도, 일사 등에 따라 잔류기간이 다르다. 다음 중 옳은 설명은?

① 햇볕보다는 그늘에서 잔류기간이 짧다.
② 저온보다 고온에서 잔류기간이 길다.
③ 벽의 재질이 유리나 타일일 경우 시멘트벽보다 잔류기간이 길다.
④ 재질 중 가장 긴 잔류기간을 가지는 것은 흙벽이다.
⑤ 페인트칠을 한 벽이 유리나 타일벽보다 잔류기간이 길다.

81 「공중위생관리법」상 공중위생영업에서 제외된 것은?

① 농어촌민박사업용 시설
② 목욕탕
③ 미용실
④ 세탁소
⑤ 이용소

82 「공중위생관리법」상 공중위생영업을 하고자 하는 자는 누구에게 영업신고를 해야 하는가?

① 시장 · 군수 · 구청장
② 보건복지부장관
③ 시 · 도지사
④ 고용노동부장관
⑤ 환경부장관

83 「공중위생관리법」상 위생사 국가시험에 응시한 자가 부정행위를 한 경우 처벌은?

① 그 시험을 정지시키거나 무효로 한다.
② 그 시험 후 5회 동안 응시할 수 없다.
③ 해당 시험만 무효로 한다.
④ 그 후 10년 동안 위생사 시험에 응시할 수 없다.
⑤ 그 후 5년 동안 모든 국가시험에 응시할 수 없다.

84 「공중위생관리법」상 위생사 면허를 취소하려는 경우 청문을 실시하는 자는?

① 한국보건의료인 국가시험원장
② 시 · 도지사
③ 보건소장
④ 보건복지부장관
⑤ 해당 지방법원장

85 「공중위생관리법」상 공중위생영업소의 위생서비스평가를 실시하는 주기는?

① 1년   ② 2년
③ 3년   ④ 4년
⑤ 5년

86 「식품위생법」상 식품위생법의 목적이 아닌 것은?

① 국민 건강의 보호 · 증진에 이바지
② 식품생산의 합리적 관리
③ 식품에 관한 올바른 정보 제공
④ 식품영양의 질적 향상 도모
⑤ 식품으로 인하여 생기는 위생상의 위해 방지

87 「식품위생법」상 용어에 대한 정의로 옳지 않은 것은?

① '식중독'이란 식품 섭취로 인하여 인체에 유해한 미생물 또는 유독물질에 의하여 발생하였거나 발생한 것으로 판단되는 감염성 질환 또는 독소형 질환을 말한다.
② '화학적 합성품'이란 화학적 수단으로 원소 또는 화합물에 분해 반응 외의 화학 반응을 일으켜서 얻은 물질을 말한다.
③ '용기 · 포장'이란 식품 또는 식품첨가물을 넣거나 싸는 것으로서 식품 또는 식품첨가물을 주고받을 때 함께 건네는 물품을 말한다.
④ '위해'란 식품, 식품첨가물, 기구 또는 용기 · 포장에 존재하는 위험요소로서 인체의 건강을 해치거나 해칠 우려가 있는 것을 말한다.
⑤ '식품'이란 의약으로 섭취하는 것을 포함한, 모든 음식물을 말한다.

88 「식품위생법」상 식품 등의 공전을 작성 · 보급하여야 하는 자는?

① 보건복지부장관
② 보건소장
③ 시 · 도지사
④ 시장 · 군수 · 구청장
⑤ 식품의약품안전처장

89 「식품위생법」상 식품 등의 기준 및 규격 관리 기본계획에 포함되는 노출량 평가 · 관리의 대상이 되는 유해물질의 종류가 아닌 것은?

① 중금속
② 제조 · 가공 과정에서 생성되는 오염물질
③ 유기성오염물질
④ 질병관리청장이 노출량 평가 · 관리가 필요하다고 인정한 유해물질
⑤ 곰팡이 독소

90 「식품위생법」상 자가품질검사에 관한 기록서의 보관 기간은?

① 1년
② 2년
③ 3년
④ 4년
⑤ 5년

91 「식품위생법」상 소비자식품위생감시원의 직무는?

① 시설기준의 적합 여부의 확인 · 검사
② 식품 등의 위생적인 취급에 관한 기준의 이행 지도
③ 영업소의 폐쇄를 위한 간판 제거 등의 조치
④ 식품 등의 압류 · 폐기
⑤ 식품접객영업자에 대한 위생관리 상태 점검

92 「식품위생법」상 병든 동물 고기 등의 판매 등 금지를 위반하여 병든 고기를 판매한 자의 벌칙은?

① 1년 이하의 징역 또는 1천만원 이하의 벌금
② 3년 이하의 징역 또는 3천만원 이하의 벌금
③ 5년 이하의 징역 또는 5천만원 이하의 벌금
④ 7년 이하의 징역 또는 7천만원 이하의 벌금
⑤ 10년 이하의 징역 또는 1억원 이하의 벌금

93 「감염병의 예방 및 관리에 관한 법률」상 의료기관에 소속되지 아니한 의사, 치과의사 또는 한의사는 감염병환자 등을 진단하거나 그 사체를 검안한 사실을 누구에게 신고하여야 하는가?

① 시 · 도지사
② 시장 · 군수 · 구청장
③ 관할 보건소장
④ 보건복지부장관
⑤ 식품의약품안전처장

94 「감염병의 예방 및 관리에 관한 법률」상 소독업을 며칠 이상 휴업하려면 신고하여야 하는가?

① 10일 이상
② 20일 이상
③ 30일 이상
④ 60일 이상
⑤ 90일 이상

95 「감염병의 예방 및 관리에 관한 법률」상 필수예방접종을 실시하여야 하는 질병은?

① 성홍열
② 폐렴구균
③ 세균성이질
④ 두 창
⑤ 파라티푸스

96 「감염병의 예방 및 관리에 관한 법률」상 감염병 예방에 필요한 소독을 하여야 하는 시설은?

① 식품접객업 업소 – 연면적 200m²
② 유치원 – 50명 수용
③ 공동주택 – 200세대
④ 공연장 – 객석수 200석
⑤ 숙박업소 – 객실수 10실

97 「감염병의 예방 및 관리에 관한 법률」상 제2급감염병은?

① A형간염
② 신종감염병증후군
③ 디프테리아
④ 쯔쯔가무시증
⑤ 발진티푸스

98 「감염병의 예방 및 관리에 관한 법률」상 업무상 알게 된 비밀을 누설한 자에 대한 벌칙은?

① 1년 이하의 징역 또는 1천만원 이하의 벌금
② 3년 이하의 징역 또는 3천만원 이하의 벌금
③ 5년 이하의 징역 또는 5천만원 이하의 벌금
④ 7년 이하의 징역 또는 7천만원 이하의 벌금
⑤ 10년 이하의 징역 또는 1억원 이하의 벌금

99 「먹는물관리법」상 먹는물의 수질검사를 위한 기관을 지정할 수 있는 자는?

① 환경부장관
② 식품의약품안전처장
③ 한국수자원공사사장
④ 시 · 도지사
⑤ 시장 · 군수 · 구청장

100 「먹는물관리법」상 먹는물 관련 영업의 시설개선 명령기간은?

① 3개월
② 6개월
③ 1년
④ 3년
⑤ 5년

101 「먹는물관리법」상 시 · 도지사의 허가를 받아야 하는 업종은?

① 먹는샘물 등의 수입판매업
② 먹는샘물 등의 유통전문판매업
③ 먹는샘물 등의 제조업
④ 수처리제 제조업
⑤ 정수기의 제조업

102 「먹는물관리법」상 먹는샘물의 제조업자가 매일 1회 이상 검사해야 하는 자가품질 검사항목은?

① 일반세균
② 수소이온농도
③ 총대장균군
④ 녹농균
⑤ 분원성연쇄상구균

103 「먹는물관리법」상 수질검사성적서의 보존 기간은?

① 6개월
② 1년
③ 2년
④ 3년
⑤ 5년

104 「폐기물관리법」상 폐기물 처리업자는 폐기물의 발생 · 배출 · 처리상황 등을 기록한 장부를 마지막으로 기록한 날부터 얼마간 보존하여야 하는가?(단, 전자정보 처리프로그램을 이용하는 경우를 제외함)

① 3년
② 4년
③ 5년
④ 7년
⑤ 10년

105 「하수도법」상 (　)에 들어갈 것으로 옳은 것은?

> 공공하수도관리청은 (　　)마다 소관 공공하수도에 대한 기술진단을 실시하여 공공하수도의 관리상태를 점검하여야 한다.

① 1년
② 2년
③ 3년
④ 5년
⑤ 10년

1과목 | **공중보건학**

01 인구보건에서 말하는 3P는?

① 인구, 빈곤, 환경오염
② 인구, 빈곤, 사망률
③ 인구, 영양부족, 이환율
④ 인구, 영양부족, 환경오염
⑤ 인구, 빈곤, 영양부족

02 60kg의 성인 남성의 기초대사량으로 옳은 것은?

① 1,440kcal
② 1,500kcal
③ 2,100kcal
④ 2,500kcal
⑤ 2,700kcal

03 경련성 기침을 일으키는 질병은?

① 세균성이질
② 백일해
③ 콜레라
④ 장티푸스
⑤ 디프테리아

04 질병관리청장이 고시한 생물테러감염병은?

① 콜레라
② 황 열
③ 뎅기열
④ 보툴리눔독소증
⑤ 리프트밸리열

05 질병의 예방대책 중 2차 예방에 대한 설명으로 옳은 것은?

① 생활개선 등 적극적 예방이다.
② 예방접종 등 소극적 예방이다.
③ 질병의 조기발견과 조기치료가 해당된다.
④ 조속한 사회생활 복귀를 목표로 한다.
⑤ 주로 질병에 걸리지 않도록 예방을 한다.

06 15~49세의 인구가 전체인구의 50%를 초과하는 경우로 생산 연령인구가 유입되는 도시형 인구 구조는 무엇인가?

① 피라미드형
② 종 형
③ 항아리형
④ 별 형
⑤ 기타형

07 보건계획 시 가장 중요한 것은?

① 대상자와 더불어 계획할 것
② 그 지역에서 이용될 수 있는 인력과 자원을 조사할 것
③ 전문가들의 협조를 구할 것
④ 우선순위에 따라 예산을 책정할 것
⑤ 교육하기 전에 충분히 연습할 것

08 노인이나 저소득층에게 가장 적합한 보건교육방법은?

① 가정방문
② 강연회
③ 집단토론
④ 심포지엄
⑤ 버즈세션

09 다음 중 비례사망지수의 분모에 해당하는 것으로 옳은 것은?

① 일정기간인구
② 50세 이상 사망자수
③ 총 사망자수
④ 평균인구
⑤ 발병자수

10 홍역, 백일해처럼 수년을 주기로 반복되는 변화는?

① 추세적 변화
② 순환적 변화
③ 계절적 변화
④ 돌발적 변화
⑤ 장기적 변화

11 치료목적으로 이용되고 접종 즉시 효력이 생기는 반면 저항력이 약하고 지속시간이 짧은 것은?

① 자연능동면역
② 인공능동면역
③ 자연수동면역
④ 인공수동면역
⑤ 선천면역

12 심리적 효과로 나타나는 편견을 제어하여 정확한 결과를 얻기 위한 실험전략은?

① 이중맹검법
② 위약투여법
③ 표준추출법
④ 델파이기법
⑤ 선형계획법

13 우리나라 건강보험의 특징으로 옳은 것은?

① 보험료 차등 부과
② 사전치료
③ 장기보험
④ 자율가입
⑤ 보험급여의 차등 수혜

14 우리나라의 사회보장제도 중 공공부조에 해당하는 것은?

① 건강보험사업
② 공무원연금사업
③ 군인연금사업
④ 산업재해보험사업
⑤ 기초생활보장

15 결핍 시 야맹증이나 안구건조증을 유발하는 비타민은?

① 비타민 A
② 비타민 D
③ 비타민 E
④ 비타민 K
⑤ 비타민 C

16 초고령사회는 전체 인구 중 만 65세 이상의 인구가 몇 % 이상일 때인가?

① 5%

② 7%

③ 14%

④ 20%

⑤ 25%

17 초등학생의 신체발달상황을 측정하는 지표는?

① 키와 몸무게

② 병 력

③ 식생활

④ 근·골격 및 척추

⑤ 기관능력

18 일정한 시점에서 유병률을 산출하여 질병 발생의 상호관련성을 조사하는 역학연구 방법으로, 상관관계만 알 수 있을 뿐 인과관계는 설명하기 어려운 것은?

① 환자-대조군연구

② 단면연구

③ 사례연구

④ 코호트연구

⑤ 실험연구

19 WHO에서 정한 건강의 정의는?

① 질병이 없고 허약하지 않은 상태

② 정신적으로 건전한 상태

③ 신체적으로 완전한 상태

④ 신체적, 정신적, 사회적으로 안녕한 상태

⑤ 신체적, 정신적으로 완전무결한 상태

20 보기 안의 내용으로 노령화지수를 구하는 공식으로 옳은 것은?

- A : 15세 미만 인구
- B : 15세 ~ 65세 미만 인구
- C : 65세 이상 인구

① (A + C)/B × 100

② (A + B)/C × 100

③ C/B × 100

④ C/A × 100

⑤ A/C × 100

21 희귀한 질병이 발생하였을 때 사용하는 역학의 방법으로 옳은 것은?

① 기술역학

② 코호트연구

③ 단면조사

④ 환자-대조군연구

⑤ 실험역학

22 순재생산율 1.0이 의미하는 것은?

① 인구증감이 없다.
② 인구가 감소한다.
③ 인구가 증가한다.
④ 인구 이동이 없다.
⑤ 여자가 평생 낳은 자녀수는 1명이다.

23 UN 조직 내의 환경활동을 활성화하기 위해 설립되었으며, 환경문제에 관한 국제협력을 도모하는 것을 목적으로 하는 기구는?

① ILO
② WTO
③ WHO
④ UNEP
⑤ FAO

24 다음 중 민감도의 의미로 가장 적절한 것은?

① 그 특수질환을 갖지 않은 사람이 검사에 음성반응을 나타낸 확률
② 그 특수질환을 갖지 않은 사람이 검사에 양성반응을 나타낸 확률
③ 그 특수질환을 가진 사람이 검사에 양성반응을 나타낸 확률
④ 그 특수질환을 가진 사람이 검사에 음성반응을 나타낸 확률
⑤ 대상인구 중에서 특수질환을 가진 사람의 양성·음성반응을 나타낸 확률

25 다음 중 환자와 접촉한 자 중에서 이환된 자의 비율을 표시하는 것은?

① 발생률
② 2차 발병률
③ 이환율
④ 유병률
⑤ 치명률

26 쌀뜨물 같은 설사를 하지만 열은 나지 않는 소화기계 감염병은?

① 콜레라
② 장티푸스
③ 병원성 대장균
④ 이 질
⑤ 장염 비브리오

27 질병 발생과 관련된 숙주요인은?

① 바이러스
② 영양 결핍
③ 중금속
④ 방사능
⑤ 가족력

28 후향성 조사의 장점은?

① 위험도의 산출이 가능하다.
② 시간적 선후관계를 알 수 있다.
③ 속성 또는 요인에 편견이 들어가는 일이 적다.
④ 대상자의 수가 적다.
⑤ 흔한 질병조사에 적합하다.

29 다음 중 질병과 매개체의 연결이 옳은 것은?

① 뎅기열 – 진드기
② 말라리아 – 벼룩
③ 재귀열 – 모기
④ 발진티푸스 – 이
⑤ 황열 – 벼룩

30 필수적으로 예방접종을 해야 하는 질병으로 옳은 것은?

① 디프테리아
② 두 창
③ 비브리오패혈증
④ 이 질
⑤ 야토병

31 보건소 중 병원의 요건을 갖춘 기관은?

① 보건지소
② 보건진료소
③ 건강생활지원센터
④ 마을건강원
⑤ 보건의료원

32 다음 중 감수성 지수가 가장 낮은 것은 무엇인가?

① 홍 역
② 두 창
③ 폴리오
④ 성홍열
⑤ 디프테리아

33 맬서스(Malthus)의 인구론에서 인구의 규제방법은 어느 것인가?

① 살 인
② 임신중절
③ 도덕적 억제, 성순결, 만혼
④ 피 임
⑤ 배란 억제

34 콜레라 유행 시 효과적인 보건교육방법은?

① 개별접촉방법
② 강연회
③ 반상회
④ TV · 라디오
⑤ e-메일

35 「모자보건법」상 임신 29주에서 36주까지의 임산부 정기 건강진단 실시기준은?

① 1주마다 1회
② 2주마다 1회
③ 3주마다 1회
④ 4주마다 1회
⑤ 2개월마다 1회

36 세계보건기구의 식품위생에 대한 정의에서 ( ) 안에 들어갈 내용은?

> 식품위생이란 식품의 생육, 생산, 제조에서부터 최종적으로 사람에게 ( )되기까지의 모든 단계에 있어서 식품의 ( ), 건전성 및 완전무결성을 확보하기 위한 모든 수단을 말한다.

① 판매, 기능성
② 섭취, 안전성
③ 판매, 영양성
④ 섭취, 보건성
⑤ 유통, 기호성

37 식품에 항생물질을 첨가할 때 예견되는 공중보건상의 문제점은 무엇인가?

① 발암성 유발　　② 내성균 출현
③ 식품 변질　　④ 치명률 상승
⑤ 가격 상승

38 인수공통감염병에 해당하는 것은?

① 이 질　　② 폴리오
③ 장티푸스　　④ 콜레라
⑤ 결 핵

39 HACCP 7원칙 중 2단계에 해당되는 것은?

① 위해요소 분석
② 중요관리점 결정
③ CCP 한계기준 설정
④ 개선조치방법 수립
⑤ 문서화, 기록유지방법 설정

40 바실러스(Bacillus)속에 관한 설명으로 옳은 것은?

① 탄수화물 분해력이 약하다.
② 편성혐기성균이다.
③ 포자를 형성한다.
④ 그람음성 간균이다.
⑤ 무편모이다.

41 실험동물 수명의 1/10 정도(흰쥐 1~3개월)의 기간에 걸쳐 화학물질을 경구투여하여 증상을 관찰하고 여러 가지 검사를 행하는 독성시험은?

① 점안 독성시험
② 경피 독성시험
③ 급성 독성시험
④ 아급성 독성시험
⑤ 만성 독성시험

42 다음 중 대장균의 학명으로 옳은 것은?

① Salmonella enteritidis
② Escherichia coli
③ Clostridium perfringens
④ Morganella morganii
⑤ Staphylococcus aureus

43 다음 중 식품첨가물의 사용법으로 옳은 것은?

① 식물체에서 추출한 물질은 첨가물이 아닌 식품 원료로 분류되므로 사용에 제한이 없다.
② 화학적 합성품은 그 안전성이 의심되므로 허용량의 1/100 범위 이내에서 사용해야 한다.
③ 반드시 최종 소비단계까지 잔존하여 효력을 발생해야 한다.
④ 식품의 가치를 향상시킬 목적으로 사용한다.
⑤ 식품에 정해진 규정량은 없다.

44 미생물의 발육에 필요한 최저 수분활성도(A_w)가 높은 순으로 옳은 것은?

① 세균 > 곰팡이 > 효모
② 곰팡이 > 효모 > 세균
③ 효모 > 세균 > 곰팡이
④ 곰팡이 > 세균 > 효모
⑤ 세균 > 효모 > 곰팡이

45 그람양성균으로 내열성의 포자를 형성하며 신경계의 마비증상을 유발하는 균은?

① Lactobacillus bulgaricus
② Leuconostoc mesenteroides
③ Pseudomonas fluorescens
④ Serratia marcescens
⑤ Clostridium botulinum

46 가스괴저균이며, 감염독소형 식중독을 일으키는 균은?

① Staphylococcus aureus
② Salmonella typhimurium
③ Vibrio parahaemolyticus
④ Campylobacter jejuni
⑤ Clostridium perfringens

47 초등학교 학생들의 급식에서 O-157균이 발견되었다. 이 균은?

① 살모넬라균
② 비브리오균
③ 포도상구균
④ 병원성 대장균
⑤ 보툴리누스균

48 그람양성의 비운동성 통성혐기성으로, 내열성 독소를 생성하는 균은?

① Listeria monocytogenes
② Staphylococcus aureus
③ Vibrio cholerae
④ Clostridium botulinum
⑤ Escherichia coli

49 어떤 식품첨가물을 일생동안 매일 섭취해도 아무 영향도 받지 않는 1일 섭취량을 나타내는 용어는?

① LD_{50} ② LC_{50}
③ TD_{50} ④ MLD
⑤ ADI

50 탄저(Anthrax)의 병원체로 옳은 것은?

① Brucella abortus
② Mycobacterium tuberculosis
③ Bacillus anthracis
④ Francisella tularensis
⑤ Corynebacterium diphtheria

51 다음 중 선모충의 감염원으로 옳은 것은?

① 소고기   ② 민물고기
③ 바닷고기   ④ 돼지고기
⑤ 경구침입

52 자연식품과 독성분의 연결이 옳은 것은?

① 버섯 – Amygdalin
② 독미나리 – Cicutoxin
③ 청매실 – Choline
④ 수수 – Solanine
⑤ 면실유 – Muscarine

53 독버섯의 유독성분은?

① 무스카린(Muscarine)
② 테트라민(Tetramine)
③ 수루가톡신(Surugatoxin)
④ 리신(Ricin)
⑤ 아미그달린(Amygdalin)

54 백금이, 유리막대, 금속기구 등의 일반적인 멸균 방법은?

① 고압증기멸균법
② 저온살균법
③ 자비멸균법
④ 건열멸균법
⑤ 화염멸균법

55 식품의 제조공정에서 생기는 거품을 소멸 · 억제 시키는 식품첨가물은?

① 호 료
② 보존료
③ 소포제
④ 유화제
⑤ 발색제

56 장구균에 대한 설명으로 옳은 것은?

① 그람음성균이다.
② 동결에 대한 저항성이 강하다.
③ 쌍구균이다.
④ 신경독소를 생성한다.
⑤ 건조식품에서 생존력이 약하다.

57 신선한 어류에서 우점종으로 나타나는 세균속은 무엇인가?

① Clostridium
② Salmonella
③ Aspergillus
④ Pseudomonas
⑤ Balcillus

58 식품 중의 생균수를 측정하는 목적은?

① 식품의 산패 여부를 알기 위하여
② 식중독균의 여부를 알기 위하여
③ 분변세균의 오염 여부를 알기 위하여
④ 신선도의 여부를 알기 위하여
⑤ 감염병균의 여부를 알기 위하여

59 식품 부패의 판정 중 제일 먼저 시행하는 검사 방법은?

① 물리적 검사
② 생물학적 검사
③ 화학적 검사
④ 구조학적 검사
⑤ 관능검사

60 먹이연쇄 현상과 관련된 물질과 질병의 연결이 옳은 것은?

① PCB – 충치
② 카드뮴 – 미나마타병
③ 수은 – 이타이이타이병
④ 벤젠 – 카네미유증
⑤ 비소 – 흑피증

61 항문 주위에 흰충체를 발견할 수 있고 소양감을 일으키며 스카치테이프로 검사하는 기생충은?

① 회 충
② 편 충
③ 요 충
④ 동양모양선충
⑤ 십이지장충

62 삼투압 원리를 이용한 식품 저장법은?

① 건조법
② 가열법
③ 냉동법
④ 염장법
⑤ 보존료 첨가법

63 다음 중 DNA와 RNA 중 하나만 가지고 있고 핵산이 단백질로 둘러싸여 있는 것은?

① 바이러스
② 세 균
③ 리케치아
④ 곰팡이
⑤ 효 모

64 다음 중 채소류에 의해 매개되는 기생충은?

① 간디스토마
② 폐디스토마
③ 아니사키스
④ 요코가와흡충
⑤ 십이지장충

65 아플라톡신 중에서 독성이 가장 강한 것은?

① M_1
② G_1
③ G_2
④ B_1
⑤ B_2

66 세균성 식중독의 특성으로 옳은 것은?

① 2차 감염이 빈번하게 발생한다.
② 잠복기가 비교적 길다.
③ 생균이 미량이라도 감염된다.
④ 수인성 전파가 가끔 일어난다.
⑤ 예방접종의 효과가 없다.

67 다음 중 아질산염과 반응하여 생성되는 발암물질로 옳은 것은?

① Malonaldehyde
② Heterocyclic amine
③ Boric acid
④ Nitrosamine
⑤ Formaldehyde

68 다음 중 소독제가 갖추어야 할 조건에 해당하는 것은?

① 석탄산 계수가 높을 것
② 용해성이 낮을 것
③ 표백성이 있을 것
④ 향기가 나게 할 것
⑤ 사용방법이 어려울 것

69 과자류 및 빵류를 만들 때 재료를 부풀게 할 목적으로 사용되는 식품첨가물은?

① 팽창제
② 이형제
③ 소포제
④ 피막제
⑤ 밀가루개량제

70 식품첨가물 중 차아염소산나트륨의 작용은?

① 팽창작용
② 추출작용
③ 착색작용
④ 증점작용
⑤ 살균작용

71 원료가 용기에 붙는 것을 방지하여 분리하기 쉽도록 하는 식품첨가물은?

① 호 료
② 유화제
③ 팽창제
④ 소포제
⑤ 이형제

72 여시니아(Yersinia) 식중독균의 특징은 무엇인가?

① 그람음성의 구균이다.
② 편모가 없다.
③ 협막을 형성한다.
④ 호기성 호흡을 한다.
⑤ 5℃ 전후에서도 증식한다.

73 「식품공전」상 유가공품의 일반적인 '저온장시간 살균법'의 온도와 시간은?

① 50~55℃에서 90분간
② 58~62℃에서 60분간
③ 63~65℃에서 30분간
④ 72~75℃에서 15~20초간
⑤ 130~150℃에서 0.5~5초간

74 미생물의 생육에 관여하는 물리적 요인은?

① pH
② 수 분
③ 온 도
④ 영양소
⑤ CO_2

75 다음 중 허용된 감미료는?

① Dulcin
② Ethylene Glycol
③ Perillartine
④ Glycyrrhizinate
⑤ Cyclamate

01 다음 측정기구는 무엇인가?

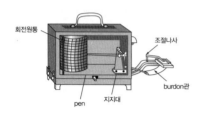

① 카타온습도계　　② 흑구온도계
③ 자기온도계　　　④ 최고최저온도계
⑤ 자기습도계

02 백엽상의 온도계는 지상으로부터 몇 m 위치에서 측정하는가?

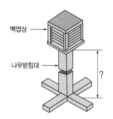

① 1.0m　　　　　② 1.5m
③ 2.0m　　　　　④ 2.5m
⑤ 3.0m

03 다음은 무엇을 측정하는 기구인가?

① 기 습　　　　　② 온 도
③ 냉각력　　　　　④ 복사열
⑤ 불쾌지수

04 다음 장치로 측정할 수 있는 것은?

① 기 온　　　　　② 습 도
③ 기온과 습도 동시 측정
④ 기 류　　　　　⑤ 부유먼지

05 다음은 무엇을 측정하는 장치인가?

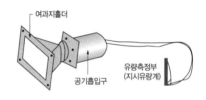

① 자외선　　　　　② BOD
③ 일산화탄소(CO)　④ 이산화탄소(CO_2)
⑤ 비산먼지

06 다음 그림은 무엇을 측정하기 위한 것인가?

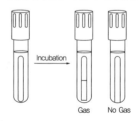

① 대장균　　　　　② 세 균
③ 먼 지　　　　　④ 매 연
⑤ 산 소

07 일산화탄소(CO) 측정용 검지관법에서 검지관 입구에서부터 변색되는 색의 층으로 옳은 것은?

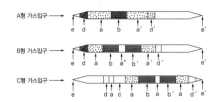

① 황색 → 청색
② 황색 → 녹색
③ 황색 → 적색
④ 녹색 → 황색
⑤ 적색 → 녹색

08 식품의 지방성분이 변질되는 현상은?

① 산 패
② 부 패
③ 분 산
④ 발 효
⑤ 열 화

09 다음 기구의 명칭은 무엇인가?

① 온도계
② 진동계
③ 조도계
④ 비소계
⑤ 소음계

10 다음 사진은 무엇을 측정하는 도구인가?

① 온 도
② 습 도
③ 기 압
④ 무 게
⑤ 기 류

11 트리메틸아민(TMA), K값 등을 측정하여 식품의 부패 여부를 판정하는 방법은?

① 화학적 검사
② 관능검사
③ 생물학적 검사
④ 물리적 검사
⑤ 급성 독성검사

12 다음 그림은 무엇을 측정하는 기구인가?

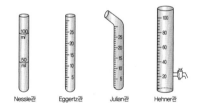

① 색 도
② 탁 도
③ 잔류염소
④ 암모니아성 질소
⑤ 염 도

13 손을 소독할 때 적합하고, 살균력이 강한 에탄올의 농도는?

① 10%

② 30%

③ 40%

④ 50%

⑤ 70%

14 다음 기구는 무엇인가?

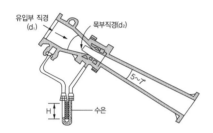

① 유량측정용 노즐

② 오리피스

③ 피토관

④ 벤투리미터

⑤ 임호프탱크

15 양, 소, 말 등에 피부염을 일으키고 패혈증을 일으키는 그림의 균은?

① 결 핵

② 브루셀라

③ 돈단독

④ 야토병

⑤ 리스테리아

16 다음 분뇨정화조의 A에 해당하는 부분은?

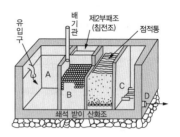

① 부패조

② 여과조

③ 소독조

④ 배수관

⑤ 대기조

17 다음 곤충의 다리 부분 중 욕반에 해당하는 것은?

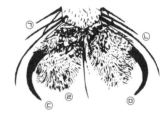

① ㉠

② ㉡

③ ㉢

④ ㉣

⑤ ㉤

18 다음 중 곤충의 외골격에서 표피 생산능력을 가지고 있는 층은?

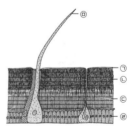

① ㉠

② ㉡

③ ㉢

④ ㉣

⑤ ㉤

19 다음 사진에 해당하는 나방의 이름으로 옳은 것은?

① 누에나방
② 독나방
③ 솔나방
④ 노랑쐐기나방
⑤ 흰제비뿔나방

20 다음 사진의 곤충이 매개하는 질병으로 옳은 것은?

① 샤가스병
② 기관지 천식
③ 승저증
④ 피부증
⑤ 흑사병

21 염소유도체 성분의 소독제에 해당하는 것은?

① 크레졸
② 표백분
③ 과산화수소
④ 에탄올
⑤ 승홍

22 다음 중 모기구제용 공간살포 시 살충제의 입자 크기로 가장 적절한 것은?

① 10μm 내외
② 10~15μm 내외
③ 15~20μm 내외
④ 20μm 이상
⑤ 30μm 이상

23 다음 중 개나 고양이에 많고 사람에게 옮아 흡혈을 하는 것으로 옳은 것은?

① 몸 니
② 벼 룩
③ 빈 대
④ 흡혈노린재
⑤ 진드기

24 진드기 호흡기계에 의한 아문의 분류 중 다음에 해당하는 것은?

① 무기문아목
② 전기문아목
③ 중기문아목
④ 후기문아목
⑤ 은기문아목

25 그림의 곤충이 귀에 들어갔을 때 조치사항으로 가장 적절한 것은?

① 밝은 전등을 비춘다.
② 면봉으로 귓속을 청소한다.
③ 손가락을 귓속으로 집어넣는다.
④ 먹는 기름을 귓속으로 몇 방울 떨어뜨린다.
⑤ 제자리에서 점프를 한다.

26 다음 중 벼룩의 협즐치에 해당하는 것은?

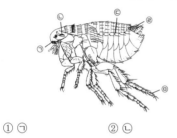

① ㉠   ② ㉡
③ ㉢   ④ ㉣
⑤ ㉤

27 그림의 곤충에서 베레제기관은 어떤 기능을 가지고 있는가?

① 배설기관
② 생식기관
③ 호흡기관
④ 전파기관
⑤ 저장기관

28 쥐의 구제방법 중 다음에 해당하는 것은?

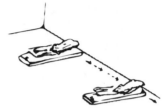

① 환경적 방법
② 화학적 방법
③ 물리적 방법
④ 생물학적 방법
⑤ 동물적 방법

29 쥐나 새의 둥지 주변을 조사할 때 사용하는 것으로 다음 그림에 해당하는 것은?

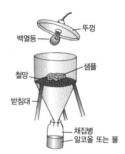

① 곤충망   ② 흡충관
③ 유문등   ④ 베레스 원추통
⑤ 가열연무기

30 표본제작방법 중 다음에 해당하는 것은?

① 건조표본   ② 액침표본
③ 슬라이드표본   ④ 살충표본
⑤ 곤충표본

31 그림과 같은 생활사를 가지는 기생충은?

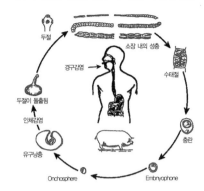

① 유구조충
② 회 충
③ 간흡충
④ 구 충
⑤ 무구조충

32 다음 그림은 무엇을 하는 장면인가?

① 잔류분무
② 실내연무
③ 극미량연무
④ 훈 증
⑤ 에어로졸

33 쌀의 신선도를 측정하기 위하여 사용되는 효소는 어느 것인가?

① 카탈라제(Catalase)
② 페록시다제(Peroxidase)
③ 리파아제(Lipase)
④ 아밀라제(Amylase)
⑤ 락타아제(Lactase)

34 사진의 봉상 알코올 온도계를 이용하여 작은 공간의 공기 온도를 측정할 때, 온도계의 최소 노출 시간은?

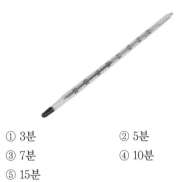

① 3분
② 5분
③ 7분
④ 10분
⑤ 15분

35 다음은 경구감염병의 경로를 나타낸 것이다. 괄호 안에 알맞은 것은?

병원체 → 병원소 → 병원소로부터 병원체 탈출 →
전파 → (　　　　　　　　　) → 감수성과 면역

① 병원체에 침입
② 병원소에 감염
③ 신숙주에 침입
④ 중숙주에 감염
⑤ 신숙주에 감염

36 그림의 기기를 이용한 멸균조건은?

① 121℃, 15Lb, 20분
② 121℃, 20Lb, 15분
③ 131℃, 15Lb, 15분
④ 131℃, 20Lb, 10분
⑤ 131℃, 15Lb, 20분

37 자연독에 의한 식중독 중 복어에 있는 독소는?

① Tetrodotoxin
② Venerupin
③ Saxitoxin
④ Muscarine
⑤ Atropine

38 식물성 식중독 중 독미나리에 있는 독소는?

① Solanine
② Gossypol
③ Amygdalin
④ Cicutoxin
⑤ Venerupin

39 다음 그림은 포자를 형성하는 보툴리누스균이다. 이 균의 형태는?

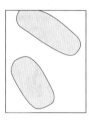

① 간 균
② 구 균
③ 속모균
④ 나선균
⑤ 단모균

40 다음 그림은 병원성 대장균이다. 이 균을 Gram 염색한 형태와 성질로 옳은 것은?

① 그람양성, 간균
② 그람양성, 구균
③ 그람음성, 간균
④ 그람음성, 구균
⑤ 그람양성, 호균

최종모의고사

2회

01 다음 중 생체 내에 실제로 받아들인 독성물질의 중간치사량을 뜻하는 용어로 옳은 것은?

① 96hr TLM

② 48hr TLM

③ LB_{50}

④ LC_{50}

⑤ LD_{50}

02 적외선과 관련 있는 것은?

① 색과 명암

② 살균효과

③ 비타민 D 합성

④ 색소침착

⑤ 혈관확장

03 일산화탄소는 혈중 헤모글로빈과의 친화성이 산소에 비해 몇 배 강한가?

① 50배 ② 100배

③ 200배 ④ 400배

⑤ 1,000배

04 화학적 소독방법에 해당하는 것은?

① 일 광

② 건 열

③ 습 열

④ 석탄산

⑤ 고압증기멸균

05 감각온도의 조건은 무엇인가?

① 기류가 0.5m/sec, 습도가 100%일 때

② 기류가 0.5m/sec, 습도가 40~70%일 때

③ 기류에 관계없이 습도가 100%일 때

④ 무풍이고 습도가 100%일 때

⑤ 무풍이고 습도가 0%일 때

06 불쾌지수값은 온열요소 중 무엇을 고려한 것인가?

① 기습, 기압

② 기류, 습도

③ 기류, 기압

④ 복사열, 기습

⑤ 기온, 기습

07 실내의 적당한 지적 온도 및 습도는?

① 18±2℃, 40~70%

② 20±2℃, 30~50%

③ 20±2℃, 60~80%

④ 22±2℃, 60~80%

⑤ 16±2℃, 40~70%

08 자연환기가 잘 되기 위한 중성대의 위치는?

① 천장 가까이

② 방 중앙

③ 바닥 가까이

④ 방바닥과 방 중앙의 중간

⑤ 위치와 무관

09 폐기물처리에서 비용이 가장 많이 드는 공정은?

① 수 거
② 파 쇄
③ 선 별
④ 적 환
⑤ 퇴비화

10 CO_2를 실내공기의 오탁지표로 사용하는 이유는?

① 미량으로도 인체에 해를 끼치므로
② O_2와 반비례하므로
③ CO_2가 CO가스로 변하였으므로
④ 다른 것은 측정하는 방법이 없으므로
⑤ 공기오탁의 전반적인 상태를 추측할 수 있으므로

11 섬유상 형태를 갖는 규산염 광물로서 폐암과 관련된 1군 발암물질은?

① 석 면
② 비 소
③ 크 롬
④ 카드뮴
⑤ 아 연

12 「폐기물관리법」상 지정폐기물은?

① 사업장 일반폐기물
② 건설폐기물
③ 생활폐기물
④ 연소재
⑤ 폐유 · 폐산

13 석탄과 석유의 고온연소 시 발생하는 것은?

① 질소산화물
② 일산화탄소
③ 탄화수소
④ 아황산가스
⑤ 암모니아

14 수돗물에서 비린내 등의 냄새가 나는 원인은?

① 조 류
② 바이러스
③ 원생동물
④ 후생동물
⑤ 박테리아

15 대장균지수에 대한 설명이 옳은 것은?

① 대장균을 검출한 최소 검수량
② 대장균을 검출한 최소 검수량의 역수
③ 대장균의 검출수
④ 대장균수 없는 검수량
⑤ 검수 100mL 중의 대장균수

16 수질검사에서 '$KMnO_4$의 소비량이 많다'는 어떤 의미인가?

① 대장균이 많다.
② 유기성 오염물이 많다.
③ 혐기성 부패가 일고 있다.
④ 물이 깨끗하다.
⑤ 중금속이 함유되어 있다.

17 물의 경도를 결정하는 성분은 어느 것인가?

① Ammonia
② Calcium Ion
③ Iodine
④ Nitrate
⑤ Oxygen

18 이 물질이 많이 함유된 물을 오랫동안 사용하면 반상치가 나타날 수 있는데 이 물질은 무엇인가?

① 황산마그네슘　　② 질산염
③ 마그네슘　　　　④ 불 소
⑤ 염 소

19 물의 냄새를 제거하기 위한 방법은?

① 폭 기   ② 응 집
③ 여 과   ④ 스크린
⑤ 살 균

20 물의 자정작용 중 물리적 작용으로 옳은 것은?

① 여 과   ② 중 화
③ 응 집   ④ 산 화
⑤ 환 원

21 다음 중 성층화 현상의 원인과 관계가 가장 밀접한 요소로 옳은 것은?

① 경 도
② 온 도
③ 녹조현상
④ 미생물
⑤ 유기물에 의한 오염정도

22 다음 중 상대습도를 나타낸 것은?

① 일정 온도의 공기 중에 포함될 수 있는 수증기의 상태
② 일정 공기가 포화상태로 함유할 수 있는 수증기량
③ 현재 공기 $1m^3$ 중에 함유한 수증기량
④ (절대습도÷포화습도)×100
⑤ 포화습도−절대습도

23 격노동의 에너지 대사율(RMR ; Relative Metabolic Rate)은?

① 0 ~ 1
② 1 ~ 2
③ 2 ~ 4
④ 4 ~ 7
⑤ 7 이상

24 하·폐수의 비점오염원에 해당하는 것은?

① 발전소
② 폐 광
③ 가정하수
④ 농경지
⑤ 축산농가

25 실내외 온도차, 밀도차에 의해 이루어지는 환기는?

① 풍력환기
② 인공환기
③ 중력환기
④ 배기식 환기
⑤ 확산에 의한 환기

26 1952년 발생한 사건으로 5일간 스모그가 계속되어 주로 노인과 유아 등 4,000명이 사망한 사건은 무엇인가?

① 뮤즈계곡 사건
② 런던스모그 사건
③ 로스앤젤레스 사건
④ 도노라 사건
⑤ 포자리카 사건

27 지하실에서 발생할 수 있는 유해물질은?

① Rn
② O_3
③ CFC
④ PAN
⑤ CO_2

28 하수를 호기성 처리했을 경우 가장 많이 발생하는 가스는?

① O_3

② SO_2

③ CH_4

④ CO

⑤ CO_2

29 두 소리가 동시에 들릴 때 큰 소리만 듣고 작은 소리는 들을 수 없는 현상은?

① Annoyance　　② Masking

③ 레이노 현상　　④ 도플러 효과

⑤ Noy

30 폐수의 슬러지 처리과정으로 옳은 것은?

① 소각 → 농축 → 건조 → 탈수 → 개량

② 탈수 → 건조 → 농축 → 소각 → 개량

③ 개량 → 농축 → 건조 → 탈수 → 소각

④ 농축 → 개량 → 탈수 → 건조 → 소각

⑤ 건조 → 소각 → 개량 → 농축 → 탈수

31 하 · 폐수처리시설 중 공기를 공급하는 것은?

① 환원시설

② 중화시설

③ 응집시설

④ 포기시설

⑤ 소독시설

32 다음 중 액체상 대기오염물질로 옳은 것은?

① 진 애　　② 매 연

③ 미스트　　④ 훈 연

⑤ 연 무

33 분뇨를 혐기성 처리하려고 한다. 중온소화법의 적당한 온도와 일수는?

① 30~55℃에서 30일

② 30~35℃에서 60일

③ 30~35℃에서 30일

④ 50~55℃에서 15일

⑤ 50~55℃에서 60일

34 대기오염물질 중에서 고등식물에 독성이 강한 순서로 나열된 것은?

① $HF > Cl_2 > SO_2 > NO_2 > CO > CO_2$

② $CO > Cl_2 > SO_2 > NO_2 > HF > CO_2$

③ $NO_2 > SO_2 > Cl_2 > HF > CO > CO_2$

④ $SO_2 > Cl_2 > HF > CO > NO_2 > CO_2$

⑤ $Cl_2 > HF > CO > NO_2 > SO_2 > CO_2$

35 제진장치 중 제진효율이 가장 좋은 집진장치는 무엇인가?

① 관성력집진

② 여과제진

③ 세정제진

④ 원심력제진

⑤ 전기제진

36 완속여과법에 대한 설명으로 옳은 것은?

① 탁도가 높을 때 물의 처리가 양호하다.

② 적절한 여과속도는 120~150m/day이다.

③ 역류세척을 한다.

④ 넓은 면적이 필요하다.

⑤ 건설비가 저렴하다.

37 대기오염물질을 1차, 2차 오염물질로 구분하였을 때 다음 중 2차 대기오염물질에 해당하는 것은?

① CO

② CO_2

③ HF

④ 먼 지

⑤ PAN

38 다음 중 오존 생성에 결정적 영향을 미치는 것은?

① 할 론

② 염화불화탄소

③ 질소산화물

④ 4염화탄소

⑤ 메틸클로로포름

39 다음 중 빈칸에 들어갈 말을 순서대로 나열한 것은?

> • 자동차 연료의 고온연소 시 생성되는 것은 (㉮)이다.
> • 연료가 불완전연소되면 (㉯)가 발생한다.
> • 연료의 불완전연소에 의해 생성되는 (㉰)는 인체의 헤모글로빈과 결합력이 크다.

① ㉮ NO_2, ㉯ HC, ㉰ CO

② ㉮ CO_2, ㉯ H_2O, ㉰ HC

③ ㉮ SO_2, ㉯ CO, ㉰ NO_2

④ ㉮ HC, ㉯ NO_2, ㉰ CO

⑤ ㉮ NO_2, ㉯ SO_2, ㉰ CO

40 정수과정은 전 염소처리와 후 염소처리로 나누는데 다음 중 후 염소처리의 목적은?

① 소 독

② BOD 제거

③ 냄새 제거

④ 부식 방지

⑤ COD 제거

41 생물화학적 산소요구량(BOD)은 몇 ℃에서 얼마 동안 저장한 후 측정한 값인가?

① 10℃, 1일간

② 10℃, 5일간

③ 15℃, 3일간

④ 20℃, 7일간

⑤ 20℃, 5일간

42 지구온난화 지수를 산정할 때 기준이 되는 물질은?

① 메탄(CH_4)

② 이산화탄소(CO_2)

③ 육불화황(SF_6)

④ 과불화탄소(PFC_S)

⑤ 아산화질소(N_2O)

43 인공조명 사용 시 고려사항은?

① 유해가스가 발생할 것

② 가급적 간접조명이 될 것

③ 광색은 푸른색에 가까울 것

④ 발화성이 있을 것

⑤ 조명도가 균등하지 않을 것

44 일상적으로 근무하면서 폭로될 때 청력장애(난청)를 일으키기 시작할 수 있는 음의 최적치는?

① 65~70dB

② 75~80dB

③ 90~95dB

④ 100~105dB

⑤ 110dB 이상

45 분류식 하수도의 특징으로 옳은 것은?

① 건설비가 적게 들어 우리나라에서 많이 사용된다.
② 희석처리되므로 하수관이 자연청소된다.
③ 하수관에 침전물이 생기고 부패되어 악취를 유발한다.
④ 일정한 유량을 유지할 수 있다.
⑤ 하나의 수도관으로 통일시킨다.

46 환경오염물질 배출에 대한 직접 규제방법으로 옳은 것은?

① 배출기준제도
② 제품부담제도
③ 환경마크제도
④ 오염배출권 거래제도
⑤ 예치금제도

47 주택부지의 조건으로 옳은 것은?

① 택지는 작은 언덕의 중간이 좋다.
② 지질은 침투성이 약한 곳이 좋다.
③ 일반적으로 남향보다는 북향이 좋다.
④ 지하수위가 지표면에 근접할수록 좋다.
⑤ 폐기물 매립 후 10년이 경과되어야 한다.

48 소독제로 사용되고 있는 소독약의 농도로 옳은 것은?

① 승홍 – 2.5%
② 역성비누 – 30%
③ 석탄산 – 3%
④ 생석회 – 0.01~0.1%
⑤ 과산화수소 – 0.1%

49 다음 용어의 설명으로 적합한 것은?

> 병원미생물의 생활력을 파괴시켜 감염력을 없애는 것

① 살 균
② 방 부
③ 소 독
④ 멸 균
⑤ 무 균

50 DO의 증가조건은?

① 염분이 높을수록
② 기압이 낮을수록
③ 유속이 느릴수록
④ 난류가 작을수록
⑤ 수온이 낮을수록

51 다음 중 곤충의 물리적 구제방법으로 볼 수 있는 것은?

① 살충제　　　② 발육억제제
③ 불임제　　　④ 유인제
⑤ 트 랩

52 곤충강에 속하는 것은?

① 파 리
② 가 재
③ 지 네
④ 전 갈
⑤ 노래기

53 곤충에 의한 간접피해 시 발육증식형의 생물학적 전파를 하는 감염병은 무엇인가?

① 흑사병(페스트)
② 말라리아
③ 진드기매개재귀열
④ 쯔쯔가무시증
⑤ 사상충증

54 마늘냄새가 나는 회색의 결정분말로, 미끼먹이와 섞을 때 수분과 작용해 인화수소 가스를 방출하는 살서제는?

① 와파린
② 인화아연
③ 아비산
④ 레드스킬
⑤ 안 투

55 모기의 생물학적 방제방법은?

① 저수지에 송사리 방사하기
② 수로 주변의 잡초 제거하기
③ 축사 주변에 유문등 설치하기
④ 방충망에 살충제 살포하기
⑤ 주택의 정화조 청소하기

56 곤충에 의한 피해 중 성격이 다른 것은?

① 곤충에 물린 상처로 균이 들어가 염증을 일으키는 경우
② 곤충 체내에서 병원체가 수적으로 증식한 후 인체에 감염
③ 곤충 체내에서 병원체가 발육하여 인체에 감염
④ 곤충이 감염성 질병의 병원체를 획득 후 인체에 전파
⑤ 곤충을 삼켰을 때 곤충에 기생하던 기생충에 감염

57 작은빨간집모기가 서식하는 곳은?

① 헌 타이어나 폐용기
② 하수구
③ 바위틈이나 나무그루
④ 논, 연못
⑤ 집 주변에 고여 있는 깨끗한 물

58 다음 중 불완전변태를 하는 곤충으로 옳은 것은?

① 모 기
② 진드기
③ 파 리
④ 벼 룩
⑤ 등 에

59 몸니의 집단방제에 가장 적합한 제제는?

① 마이크로캡슐

② 수화제

③ 입 제

④ 용 제

⑤ 분 제

60 해충 중 질병을 기계적 전파로 하고, 성충과 유충이 같은 곳에서 서식하는 해충은 무엇인가?

① 바퀴벌레　　② 파 리

③ 모 기　　　④ 벼 룩

⑤ 빈 대

61 늪모기(Mansonia)속 유충이 주로 서식하는 곳은?

① 빈 깡통 속

② 나무 구멍

③ 수서식물의 뿌리

④ 논, 저수지

⑤ 웅덩이의 표면

62 곤충의 욕반과 조간반이 부착된 위치는?

① 기 절　　　② 전 절

③ 경 절　　　④ 부 절

⑤ 퇴 절

63 대형바퀴로 가슴 부위에 현저한 황색무늬가 윤상으로 있고 가운데는 거의 흑색인 종은?

① 먹바퀴　　　② 독일바퀴

③ 미국바퀴　　④ 일본바퀴

⑤ 경도바퀴

64 다음 중 흡혈하는 특징을 보이는 파리는?

① 집파리　　　② 검정파리

③ 금파리　　　④ 침파리

⑤ 딸집파리

65 깔따구의 보건위생적 피해 현상은?

① 2차적 세균감염을 유발한다.

② 침으로 공격하여 통증을 유발한다.

③ 날개의 독극모가 붉은 반점을 형성한다.

④ 피부를 물어뜯어 고통을 준다.

⑤ 불쾌감을 준다.

66 모기 성충의 구기 형태로 옳은 것은?

① 저작흡수형 구기

② 자상흡수형 구기

③ 스펀지형 구기

④ 천공흡수형 구기

⑤ 저작형 구기

67 다음 중 유충 시기에 흡혈을 하는 위생곤충은 무엇인가?

① 노린재

② 독나방

③ 이

④ 털진드기

⑤ 인도쥐벼룩

68 쥐가 옮기는 살모넬라균의 병원체가 있는 것은?

① 쥐벼룩　　　② 쥐 이

③ 쥐진드기　　④ 쥐의 분뇨

⑤ 쥐 털

69. 곤충의 저항성 중 살충제에 대한 습성적 반응이 변화함으로써 치사량 접촉을 피할 수 있는 능력을 무엇이라 하는가?

① 교차 저항성
② 내 성
③ 생태적 저항성
④ 대사 저항성
⑤ 생리적 저항성

70. 체내에서 아코니타아제(aconitase)의 활성을 저해하여 독성을 나타내는 농약은?

① 유기불소제
② 유기수은제
③ 유기염소제
④ 유기인제
⑤ 비소제

71. 카바메이트계 살충제로 옳은 것은?

① 프로폭서(Propoxur)
② 나레드(Naled)
③ 말라티온(Malathion)
④ 다이아지논(Diazinon)
⑤ 디메토에이트(Dimethoate)

72. 넓은 공간에서 잔류분무 시 사용되는 노즐의 형태로 적당한 것은?

① 직선형
② 원추형
③ 회전형
④ 부채형
⑤ 나선형

73. 집파리의 다리를 비비는 습성으로 인하여 방제 효과가 상승하는 것은?

① 독먹이법
② 미스트법
③ 극미량연무법
④ 훈증법
⑤ 잔류분무법

74. 살충제의 적용법 중 분사되는 살충제 입자가 50~100μm인 것을 무엇이라 하는가?

① 극미량 연무법
② 잔류분무법
③ 미스트
④ 에어로졸
⑤ 가열연무법

75. 파리 유충이 동물의 조직에 기생하는 것을 무엇이라 하는가?

① 사상충증
② 람블편모충증
③ 승저증
④ 회선사상충증
⑤ 수면병

76. 트리아토민 노린재에 대한 설명으로 옳은 것은?

① 약충 시기에 충분히 흡혈해야 탈피한다.
② 아메리카형 수면병(샤가스병)을 매개한다.
③ 완전변태를 한다.
④ 주간 활동성이다.
⑤ 암컷만 흡혈한다.

77 파리목의 환봉아목에 해당하는 것은?

① 등에모기
② 모 기
③ 체체파리
④ 등 에
⑤ 먹파리

78 살충제의 농도에 따른 위험도 순으로 옳은 것은?

> ㉮ 용 제   ㉯ 유 제
> ㉰ 수화제   ㉱ 분 제
> ㉲ 입 제

① ㉮ → ㉯ → ㉰ → ㉱ → ㉲
② ㉯ → ㉮ → ㉰ → ㉱ → ㉲
③ ㉰ → ㉮ → ㉯ → ㉱ → ㉲
④ ㉯ → ㉮ → ㉱ → ㉰ → ㉲
⑤ ㉰ → ㉱ → ㉮ → ㉯ → ㉲

79 독나방의 독모가 생성되는 단계는?

① 알
② 산란기
③ 성충기
④ 번데기
⑤ 유충기

80 유제(乳劑)를 제조할 때에 유화제로 사용하는 것은?

① Triton
② Xylene
③ Toluene
④ Tropital
⑤ Methylnaphthalene

81 「공중위생관리법」상 위생사 면허증을 대여한 경우 보건복지부장관이 하는 행정처분은?

① 영업정지
② 취업금지
③ 과징금 처분
④ 면허취소
⑤ 벌금부과

82 「공중위생관리법」상 숙박업에 해당하는 시설은?

① 휴양콘도미니엄
② 자연휴양림 안에 설치된 시설
③ 청소년 수련시설
④ 외국인관광 도시민박업용 시설
⑤ 농어촌민박사업용 시설

83 「공중위생관리법」상 공중위생영업자는 공중위생영업을 폐업한 날로부터 며칠 이내에 시장·군수·구청장에게 신고하여야 하는가?

① 10일
② 20일
③ 30일
④ 45일
⑤ 60일

84 「공중위생관리법」상 위생사 면허증을 발급하는 자는?

① 행정안전부장관
② 보건복지부장관
③ 한국보건의료인국가시험원장
④ 시·도지사
⑤ 시장·군수·구청장

85 「공중위생관리법」상 위생관리등급을 공중위생영업자에게 통보하고 이를 공표하는 자는?

① 식품의약품안전처장
② 보건소장
③ 보건복지부장관
④ 질병관리청장
⑤ 시장·군수·구청장

86 「식품위생법」상 식품위생감시원의 직무가 아닌 것은?

① 조리사 및 영양사의 법령 준수사항 이행 여부의 확인·지도
② 식품 등의 위생적인 취급에 관한 기준의 이행지도
③ 식품조리법에 대한 기술지도
④ 수입·판매 또는 사용 등이 금지된 식품 등의 취급 여부에 관한 단속
⑤ 영업자 및 종업원의 건강진단 및 위생교육의 이행 여부의 확인·지도

87 「식품위생법」상 영업에 종사하지 못하는 질병은?

① 피부병
② 홍 역
③ 수 두
④ C형간염
⑤ 유행성이하선염

88 「식품위생법」상 건강진단 대상자는?

① 식품첨가물 가공업자
② 완전 포장된 식품을 운반하는 자
③ 완전 포장된 식품첨가물을 판매하는 자
④ 식품기구 판매업자
⑤ 식품용기 제조업자

89 국내외에서 유해물질이 검출된 식품 등을 채취·제조·가공·사용·조리·저장·소분·운반 또는 진열하는 영업자에 대하여 식품전문 시험·검사기관 또는 국외시험·검사기관에서 검사를 받을 것을 명할 수 있는 자는?

① 시장·군수·구청장
② 시·도지사
③ 보건소장
④ 보건복지부장관
⑤ 식품의약품안전처장

90 「식품위생법」상 식품안전관리인증기준 적용업소 종업원의 신규 교육훈련 시간은?

① 2시간 이내
② 4시간 이내
③ 6시간 이내
④ 8시간 이내
⑤ 16시간 이내

91 「식품위생법」상 식품 등의 위해평가에서 평가하여야 할 위해요소가 아닌 것은?

① 잔류 동물용 의약품
② 트랜스지방
③ 식품 등의 이물
④ 식품첨가물
⑤ 식중독 유발 세균

92 「식품위생법」상 집단급식소를 설치·운영하려는 자는 이를 누구에게 신고하여야 하는가?

① 식품의약품안전처장
② 지방식품의약품안전청장
③ 질병관리청장
④ 보건복지부장관
⑤ 특별자치시장·특별자치도지사·시장·군수·구청장

93 「감염병의 예방 및 관리에 관한 법률」상 그 밖의 신고의무자가 제1급감염병 중 보건복지부령으로 정하는 감염병이 발생한 경우 관할 보건소장에게 지체 없이 신고하거나 알려야 하는 사항이 아닌 것은?

① 감염병환자가 입원한 감염병전문병원의 주소
② 감염병환자의 주소 및 직업
③ 감염병환자의 주요 증상 및 발병일
④ 감염병환자의 성명
⑤ 신고인의 성명, 주소와 감염병환자와의 관계

94 「감염병의 예방 및 관리에 관한 법률」상 24시간 이내에 신고하여야 하는 감염병은?

① 제1급감염병
② 제1급감염병 및 제2급감염병
③ 제2급감염병 및 제3급감염병
④ 제4급감염병
⑤ 기생충감염병

95 「감염병의 예방 및 관리에 관한 법률」상 소독업의 신고는 누구에게 하여야 하는가?

① 질병관리청장
② 국립보건연구원장
③ 식품의약품안전처장
④ 보건소장
⑤ 특별자치시장 · 특별자치도지사 또는 시장 · 군수 · 구청장

96 「감염병의 예방 및 관리에 관한 법률」상 감염병에 감염되었을 것으로 의심되는 사람에게 건강진단을 받게 할 수 있는 자는?

① 대통령
② 질병관리청장
③ 식품의약품안전처장
④ 국립검역소장
⑤ 보건소장

97 「감염병의 예방 및 관리에 관한 법률」상 감염병환자 등의 명부는 몇 년간 보관하여야 하는가?

① 1년
② 2년
③ 3년
④ 5년
⑤ 10년

98 「감염병의 예방 및 관리에 관한 법률」상 약물소독을 실시할 때 석탄산수의 농도로 옳은 것은?

① 석탄산 0.1% 수용액
② 석탄산 1% 수용액
③ 석탄산 2% 수용액
④ 석탄산 3% 수용액
⑤ 석탄산 5% 수용액

99 「먹는물관리법」상 먹는물의 수질기준 중 일반세균의 기준으로 옳은 것은?

① 1mL 중 5CFU를 넘지 아니할 것
② 1mL 중 10CFU를 넘지 아니할 것
③ 1mL 중 20CFU를 넘지 아니할 것
④ 1mL 중 100CFU를 넘지 아니할 것
⑤ 1mL 중 1,000CFU를 넘지 아니할 것

100 「먹는물관리법」상 암반대수층 안의 지하수 또는 용천수 등 수질의 안전성을 계속 유지할 수 있는 자연 상태의 깨끗한 물을 먹는 용도로 사용할 원수를 정의하는 용어는?

① 샘 물
② 먹는샘물
③ 하 수
④ 염지하수
⑤ 먹는염지하수

101 「먹는물관리법」상 수처리제 제조업을 하려는 자가 행하여야 하는 절차는?

① 시 · 도지사 – 신고
② 시 · 도지사 – 허가
③ 시 · 도지사 – 등록
④ 보건복지부장관 – 신고
⑤ 보건복지부장관 – 허가

102 「먹는물관리법」상 먹는물 수질검사기관이 아닌 곳은?

① 지방 식품의약품안전청
② 유역환경청
③ 시 · 도 보건환경연구원
④ 광역시의 상수도연구
⑤ 국립환경과학원

103 「먹는물관리법」상 특별자치시장 · 특별자치도지사 · 시장 · 군수 또는 구청장이 지정하는 관리대상 먹는물공동시설의 상시 이용인구는?

① 50명 이상
② 100명 이상
③ 500명 이상
④ 1,000명 이상
⑤ 5,000명 이상

104 「폐기물관리법」상 의료폐기물 수집 · 운반차량의 차체의 색상은?

① 검은색
② 녹 색
③ 노란색
④ 흰 색
⑤ 파란색

105 「하수도법」상 몇 년마다 국가하수도종합계획을 수립해야 하는가?

① 1년
② 2년
③ 3년
④ 5년
⑤ 10년

정답 및 해설 **p.33**

1과목 | 공중보건학

01 세계보건기구(WHO)에서 정의한 사회적 안녕의 의미로 옳은 것은?

① 정신적 측면
② 신체적 측면
③ 생활적 측면
④ 심신적 측면
⑤ 영적인 측면

02 옴랜(Omran)이 개발한 것으로, 지역사회 보건의료서비스의 운영에 관한 계통적 연구는?

① 작전역학
② 이론역학
③ 기술역학
④ 분석역학
⑤ 실험역학

03 조선시대 보건행정을 담당했던 기관은?

① 상약국
② 의학원
③ 활인서
④ 전의감
⑤ 약 전

04 임신 37주 미만에 태어나거나 출생 당시의 체중이 2,500g 미만인 자로서 의료적 관리와 보호가 필요한 아이는?

① 초생아
② 미숙아
③ 신생아
④ 영 아
⑤ 유 아

05 레이벨과 클라크(Leavell & Clark)가 제시한 질병의 자연사 단계 중 재활 및 사회복귀의 예방활동이 필요한 시기는?

① 1단계(비병원성기)
② 2단계(초기 병원성기)
③ 3단계(불현성 감염기)
④ 4단계(발현성 질환기)
⑤ 5단계(회복기)

06 공중보건사업 대상으로 가장 옳은 것은?

① 지역사회 전체 주민
② 빈민촌의 저소득층 전부
③ 급성감염병 환자 전부
④ 현재 질병을 앓고 있는 사람
⑤ 교육수준이 낮고, 비위생적인 생활을 하는 사람

07 뇌혈관이 막히거나 터져서 뇌세포가 손상되면 발생하는 신경학적 증상은?

① 부정맥
② 폐부종
③ 협심증
④ 뇌졸중
⑤ 심근경색증

08 보건행정의 특성에 해당하는 것은?

① 규제성, 봉사성

② 공공성, 전문성

③ 과학성, 통제성

④ 도덕성, 조장성

⑤ 조장성, 봉사성

09 다음 중 개달물(Fomite)에 의해 전파되는 질환은?

① 소아마비   ② 장티푸스

③ 간 염   ④ 트라코마

⑤ 황 열

10 정신보건의 2차 예방활동은?

① 가족·지역사회의 지원체계 구축

② 재활활동

③ 개인생활습관 변화

④ 조기진단, 신속한 치료

⑤ 사회생활 복귀훈련

11 다음 중 만성감염병의 역학적 특성을 가장 잘 나타낸 것은?

① 발생률과 유병률이 모두 높다.

② 발생률과 유병률이 모두 낮다.

③ 발생률은 낮고, 유병률은 높다.

④ 유병률은 낮고, 치명률은 높다.

⑤ 발생률은 높고, 유병률은 낮다.

12 농촌지역의 전형적인 인구구조로 옳은 것은?

① 별 형

② 종 형

③ 피라미드형

④ 기타형

⑤ 항아리형

13 질병의 관리를 위한 예방대책 중 불현성 감염을 조기에 발견하기 위한 대책은?

① 환자진료 실시   ② 집단검진 실시

③ 예방접종 실시   ④ 재활의학 강화

⑤ 환경위생 개선

14 공중보건의 발달사 중 근대에 각종 소독법을 개발, 파상풍균 및 결핵균을 발견하여 미생물설을 확립하고 콜레라균을 발견한 사람은 누구인가?

① 뢴트겐   ② 페텐코퍼

③ 코 흐   ④ 존 스노우

⑤ 비스마르크

15 병원소로부터 병원체의 기계적 탈출과 관련이 있는 것은?

① 주사기

② 분 변

③ 상 처

④ 객 담

⑤ 토사물

16 다음 중 전향성 조사에 해당하는 것은?

① 시간을 절약할 수 있다.

② 질병 확진군과 대조군에 대한 조사가 가능하다.

③ 질병 발생 후 과거사실을 조사할 수 있다.

④ 희소질병의 검사에 유효하다.

⑤ 상대위험도와 귀속위험도를 구할 수 있다.

17 감염 시 점액과 혈액이 수반되는 설사와 권태감, 식욕부진 등이 나타나는 질병은?

① 세균성이질   ② 급성회백수염

③ 결 핵   ④ 유행성간염

⑤ 성홍열

18 다음 질병들의 전파방법은 무엇인가?

> • 재귀열 • 페스트
> • 뎅기열 • 황 열

① 증식형 ② 발육형
③ 발육증식형 ④ 배설형
⑤ 경란형

19 코로나바이러스감염증-19(COVID-19)처럼 많은 나라에서 대유행하는 감염병의 발생양상은?

① 유행성(Epidemic)
② 토착성(Endemic)
③ 계절성(Seasonal)
④ 산발성(Sporadic)
⑤ 전세계성(Pandemic)

20 원인이 불분명하며, 90% 이상의 환자가 해당하는 고혈압은?

① 본태성 고혈압 ② 속발성 고혈압
③ 이차성 고혈압 ④ 수축성 고혈압
⑤ 임신성 고혈압

21 교육환경보호구역 중 상대보호구역은 학교경계로부터 얼마까지인가?

① 100m ② 200m
③ 250m ④ 300m
⑤ 500m

22 결핍 시 펠라그라를 발생시키는 비타민은?

① 니아신
② 리보플라빈
③ 비타민 B_{12}
④ 티아민
⑤ 비타민 C

23 소득에 관계없이 국가나 지방자치단체에서 국민을 대상으로 직접 서비스를 제공하는 것은?

① 의료급여 ② 기초생활보장
③ 건강보험 ④ 연금보험
⑤ 사회서비스

24 산포성은 무엇을 특정짓는 값인가?

① 분포의 대표성
② 분포의 대칭성
③ 분포의 최빈값
④ 분포의 흩어진 정도
⑤ 분포의 조사수 크기

25 원충에 의한 감염병으로 옳은 것은?

① 콜레라 ② 디프테리아
③ 말라리아 ④ 장티푸스
⑤ 백일해

26 수치가 높을수록 보건학적 수준이 높다고 할 수 있는 것은?

① 비례사망지수 ② 영아사망률
③ 신생아사망률 ④ α-index
⑤ 조사망률

27 α-index 중 가장 선진국에 해당하는 수치로 옳은 것은?

① 0.1 ② 0.5
③ 0.9 ④ 1.1
⑤ 1.8

28 생명표에서 특정 연령의 사람이 평균적으로 앞으로 몇 년 살 수 있는지를 나타내는 수치는?

① 생존수
② 평균여명
③ 사망률
④ 사 력
⑤ 생존율

29 역학조사에서 어떤 사실에 대해 계획적 조사를 실시하는 1단계 역학은?

① 임상역학
② 분석역학
③ 실험역학
④ 이론역학
⑤ 기술역학

30 노인의 수단적 일상생활 수행능력(IADL)의 행위로 옳은 것은?

① 세수하기
② 옷 갈아입기
③ 대소변 조절하기
④ 교통수단 이용하기
⑤ 식사하기

31 포괄보건의료의 1차 예방활동은?

① 조기건강진단
② 조기치료
③ 예방접종
④ 재 활
⑤ 사회생활복귀

32 우리나라의 진료비 지불방법으로 옳은 것은?

① 인두제
② 봉급제
③ 포괄수가제
④ 총액계약제
⑤ 행위별수가제

33 최근 우리나라에서 발병률이 높은 질병은 무엇인가?

① 뇌혈관질환   ② 말라리아
③ 심혈관질환   ④ 내분비질환
⑤ 악성신생물

34 자연수동면역이 획득되는 경우는?

① 감마글로불린 주사
② 예방접종
③ 항독소 투여
④ 질병의 이환
⑤ 태반을 통한 면역

35 다음 설명에 해당하는 생물테러감염병은?

> • 병원체는 바이러스이다.
> • 발열, 수포, 농포성의 병적인 피부 변화를 특징으로 하는 급성 질환이다.
> • WHO가 근절을 선언하였다.

① 야토병
② 두 창
③ 페스트
④ 탄 저
⑤ 보툴리눔독소증

36 세균성 식중독 중 알레르기를 유발하는 히스타민을 생성하는 식중독균으로 옳은 것은?

① Salmonella arizona
② Enterococcus faecalis
③ Morganella morganii
④ Clostridium perfringens
⑤ Yersinia enterocolitica

37 다음 중 달걀에 오염되어 식중독을 일으키는 물질은?

① Salmonella enteritidis
② Vibrio parahaemolyticus
③ Staphylococcus aureus
④ Clostridium botulinum
⑤ Yersinia enterocolitica

38 제1중간숙주는 물벼룩이고, 제2중간숙주는 민물어류인 기생충은?

① 회 충
② 선모충
③ 폐흡충
④ 유극악구충
⑤ 아니사키스

39 독보리에 함유된 독성분은?

① 사포닌(Saponin)
② 리코린(Lycorine)
③ 사이카신(Cycasin)
④ 테물린(Temuline)
⑤ 아미그달린(Amygdalin)

40 광절열두조충에 감염될 수 있는 원인식품은?

① 돼지고기
② 민물가재
③ 소고기
④ 상 추
⑤ 연 어

41 Penicillium citrinum이 생산하는 곰팡이 독소로, 신장독을 일으키는 것은?

① Citrinin
② Aflatoxin
③ Citreoviridin
④ Luteoskyrin
⑤ Islanditoxin

42 푸모니신을 생산하는 곰팡이는?

① Fusarium moniliforme
② Aspergillus oryzae
③ Rhizopus nigricans
④ Penicillium expansum
⑤ Mucor rouxii

43 최근 소, 돼지 등의 가축이나 가금류에 많이 감염될 뿐 아니라 사람에게도 감염되며, 수막염과 패혈증을 수반하는 경우가 많고 임산부에게는 자궁 내 염증을 유발하여 태아사망을 초래하는 인수공통감염병은?

① 장티푸스　　　② 콜레라
③ 브루셀라증　　④ 리스테리아증
⑤ 결 핵

44 경구감염병 중 바이러스에 의하여 발생하는 감염병은?

① 디프테리아　　② 성홍열
③ 이 질　　　　 ④ 장티푸스
⑤ 폴리오

45 식품의 부패와 관련해 연결이 옳은 것은?

① 곡류 – 세균
② 육류 – 곰팡이
③ 우유 – 수중세균
④ 어패류 – 방사선균
⑤ 통조림 – 포자형성세균

46 식품의 분변오염 지표로 이용되는 균은?

① 보툴리누스균
② 바실러스세레우스균
③ 콜레라균
④ 웰치균
⑤ 대장균군

47 위장장애 증상을 일으키는 독버섯은?

① 알광대버섯
② 땀버섯
③ 화경버섯
④ 외대버섯
⑤ 미치광이버섯

48 다음 중 어류 부패 시 비린내를 나게 하는 원인 물질은?

① Trimethylamine
② Methan
③ Skatol
④ Methanol
⑤ Urea

49 다음 중 곰팡이를 제거하기 위한 적당한 수분 함량은?

① 14% 이하
② 20% 이하
③ 25% 이하
④ 35% 이하
⑤ 50% 이하

50 식용유지의 산패를 확인하는 지표는?

① 폴렌스케가
② 요오드가
③ 헤너가
④ 카르보닐가
⑤ 라이헤르트마이슬가

51 대장균군 검사의 추정시험에 이용되는 배지는?

① LB배지
② BGLB배지
③ EMB한천배지
④ 보통한천배지
⑤ Endo한천배지

52 휘발성 염기질소가 몇 mg% 이상이면 초기부패로 판정하는가?

① 0~10mg%
② 15~20mg%
③ 30~40mg%
④ 50~60mg%
⑤ 70~80mg%

53 발효란 식품 중의 어떤 성분이 미생물에 의해 분해되는 현상인가?

① 단백질
② 탄수화물
③ 지방질
④ 무기염류
⑤ 비타민

54 식중독과 원인균 및 독소로 옳은 것은?

① 장염비브리오 식중독 – Vibrio cholerae
② 병원성 대장균 식중독 – Shigella
③ 포도상구균 식중독 – Staphylococcus aureus, Enterotoxin
④ 보툴리누스 식중독 – Clostridium botulinum, Enterotoxin
⑤ 알레르기성 식중독 – Escherichia coli

55 Clostridium botulinum의 성상을 가장 잘 설명한 것은?

① 그람양성이다.
② 나선균이다.
③ 치사율이 낮다.
④ 포자를 형성하지 않는다.
⑤ 호기성균이다.

56 식물성 자연독 중 아트로핀(Atropine)의 중독을 일으키는 식물은 무엇인가?

① 미치광이풀
② 오 디
③ 독미나리
④ 피마자
⑤ 부 자

57 도금 공장, 광산 폐수에 의해 오염된 어패류와 농작물에서 주로 감염되며, 이타이이타이병의 원인으로 알려진 유해성 금속은?

① 납
② 수 은
③ 카드뮴
④ 비 소
⑤ 구 리

58 식품의 방사능오염에서 가장 문제가 되는 핵종은?

① ^{137}Cs, ^{131}I
② ^{55}Fe, ^{134}Cs
③ ^{59}Fe, ^{141}Ce
④ ^{12}C, ^{32}P
⑤ ^{60}Co, ^{89}Sr

59 1일 1회 100℃의 증기로 30분씩 3일간 실시하는 멸균법은 무엇인가?

① 자비멸균법
② 고압증기멸균법
③ 저온소독법
④ 초고온순간멸균법
⑤ 간헐멸균법

60 다음 중 현재 식품에너지의 양을 표시하는 kcal란?

① 1g의 물을 1℃ 올리는 데 필요한 열량
② 1kg의 물을 1℉ 올리는 데 필요한 열량
③ 1kg의 물을 1℃ 올리는 데 필요한 열량
④ 100g의 물을 10℃ 올리는 데 필요한 열량
⑤ 1kg의 물을 1°K 올리는 데 필요한 열량

61 냉동식품의 오염지표로 이용되는 미생물은?

① Vibrio속
② Micrococcus속
③ Enterococcus속
④ Escherichia속
⑤ Proteus속

62 다음 중 식초에 사용되는 보존제로 옳은 것은?

① 안식향산
② 소르브산
③ 프로피온산칼슘
④ 데히드로초산
⑤ 파라옥시안식향산메틸

63 식인성 질환의 유기성 인자로 옳은 것은?

① 잔류농약
② 솔라닌
③ 삭시톡신
④ 아크릴아마이드
⑤ 유해첨가물

64 염기성의 황색 색소이며 단무지에 사용되어 물의를 일으켰던 착색료는?

① BHA, BHT
② Erythorbic Acid
③ α-Tocopherol
④ Auramine
⑤ 비타민 C

65 HACCP 시스템의 적용 7원칙에 해당하는 것은?

① 위해요소 분석
② 해썹팀 구성
③ 제품설명서 작성
④ 용도 확인
⑤ 공정흐름도 작성

66 유해 인공감미료는?

① 수단 III(Sudan III)
② 롱갈리트(rongalite)
③ 아우라민(auramine)
④ 시클라메이트(cyclamate)
⑤ 포름알데히드(formaldehyde)

67 검체를 실험동물에 1번 투여한 후 1~2주간 관찰하여 50%를 죽게 하는 독극물의 양을 구하는 시험방법은?

① 점안 독성시험
② 경피 독성시험
③ 만성 독성시험
④ 아급성 독성시험
⑤ 급성 독성시험

68 발생 또는 유행 즉시 신고해야 하는 제1급감염병은?

① 콜레라
② 장티푸스
③ A형간염
④ 세균성이질
⑤ 탄 저

69 살균력은 강하나 세정력이 약한 소독제로, 손과 식품에 사용되는 것은?

① 과산화수소
② 석탄산
③ 크레졸
④ 생석회
⑤ 역성비누

70 식품에 사용이 금지된 유해성 표백제는?

① 과산화수소
② 아황산나트륨
③ 롱갈리트
④ 둘 신
⑤ 아우라민

71 우유 매개성 감염병은?

① 신증후군출혈열
② 폴리오
③ 발진티푸스
④ 렙토스피라증
⑤ 결 핵

72 콤마모양의 굽은 그람음성 간균으로 위장 장애, 쌀뜨물 같은 설사, 구토, 맥박 저하의 증상이 나타나는 감염병은 무엇인가?

① A형간염
② 돈단독증
③ 콜레라
④ 비 저
⑤ 리스테리아증

73 식품의 부패 시 물리적 확인방법은?

① 경도 · 점성 측정
② K값 측정
③ 휘발성염기질소 측정
④ 트리메틸아민 측정
⑤ 히스타민 측정

74 방사선조사 처리에 대한 설명으로 옳은 것은?

① 식품 포장 후에도 살균 처리할 수 있다.
② 과일, 채소의 숙성을 촉진한다.
③ 발아 촉진이 주목적이다.
④ ^{137}Cs의 알파선을 사용한다.
⑤ 식품의 온도 상승이 크다.

75 식품안전관리인증기준(HACCP) 준비단계의 순서는?

> ⊙ 제품설명서 작성
> ⓒ 공정흐름도 작성
> ⓒ HACCP팀 구성
> ② 제품의 용도 확인
> ⑩ 공정흐름도 현장확인

① ⓒ → ⊙ → ② → ⓒ → ⑩
② ⓒ → ⓒ → ⊙ → ② → ⑩
③ ⓒ → ⓒ → ⑩ → ⊙ → ②
④ ⓒ → ② → ⑩ → ⓒ → ⊙
⑤ ⓒ → ⑩ → ⓒ → ⊙ → ②

01 다음 장치와 관련 있는 물질은?

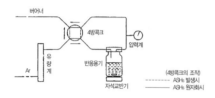

① 카드뮴
② 비 소
③ 불 소
④ 시 안
⑤ 수 은

02 다음은 흡광광도 분석장치를 도식화하였다. ㉮, ㉯, ㉰에 알맞은 말은?

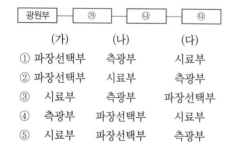

	(가)	(나)	(다)
①	파장선택부	측광부	시료부
②	파장선택부	시료부	측광부
③	시료부	측광부	파장선택부
④	측광부	파장선택부	시료부
⑤	시료부	파장선택부	측광부

03 다음 장치로 측정할 수 있는 것은?

① 페놀류
② 총질소
③ 인산염
④ 총 인
⑤ BOD

04 다음 중 제조가공시설의 벽과 창틀의 이상적인 각도는?

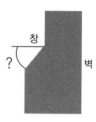

① 35°
② 40°
③ 50°
④ 60°
⑤ 100°

05 먹는물수질공정시험기준에서 불소를 측정하기 위한 시료를 4℃ 냉암소에 보관할 때, 최대로 보존할 수 있는 일수는?

① 21일
② 28일
③ 30일
④ 45일
⑤ 60일

06 다음 기구의 이름은 무엇인가?

① 건열멸균기
② 전기 집진기
③ 데포지 게이지
④ 베타선분진측정기
⑤ 사이클론

07 생활폐기물 시료의 전체 수분이 35%, 회분이 1.5%로 분석되었을 때, 이 생활폐기물의 가연분 함량(%)은?

① 39.3
② 40.0
③ 63.5
④ 66.5
⑤ 72.0

08 다음 그림은 어느 바퀴를 나타낸 것인가?

① 이질바퀴
② 독일바퀴
③ 먹바퀴
④ 일본바퀴
⑤ 잔날개바퀴

09 다음 파리의 종류는?

① 집파리
② 쉬파리
③ 검정파리
④ 체체파리
⑤ 먹파리

10 다음 중 벼룩의 기문은 어디인가?

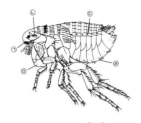

① ㉠   ② ㉡
③ ㉢   ④ ㉣
⑤ ㉤

11 다음은 어떤 파리의 유충인가?

① 집파리
② 딸집파리
③ 큰집파리
④ 침파리
⑤ 체체파리

12 다음 그림은 모기의 번데기 형태이다. A의 명칭은 무엇인가?

① 호흡각
② 촉 각
③ 눈
④ 제1복절
④ 유영편

13 다음 그림은 어떤 곤충인가?

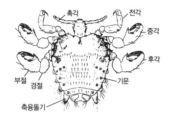

① 몸 니   ② 사면발니
③ 진드기   ④ 빈 대
⑤ 바 퀴

14 다음 그림에서 나타난 진드기의 종류는?

① 참진드기   ② 물렁진드기
③ 좀진드기   ④ 털진드기
⑤ 옴진드기

15 다음 그림이 나타내는 것은 무엇의 알인가?

① 모 기
② 파 리
③ 빈 대
④ 벼 룩
⑤ 나 방

16 실내공기 중에 있는 총부유세균의 측정방법은?

① 침전법
② 주입법
③ 충돌법
④ 세정법
⑤ 여과법

17 다음 그림은 어떤 쥐의 배설물인가?

① 생 쥐
② 시궁쥐
③ 곰 쥐
④ 등줄쥐
⑤ 들 쥐

18 다음 모기가 매개하는 질병은?

① 일본뇌염
② 말라리아
③ 황열병
④ 뎅기열
⑤ 식중독

19 다음 그림과 같은 생활사를 가지는 기생충은 무엇인가?

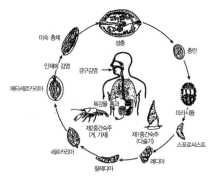

① 간흡충
② 폐흡충
③ 유구조충
④ 회 충
⑤ 무구조충

20 다음과 같은 조건에서 불쾌지수는?

- 건구온도 : 30℃
- 습구온도 : 25℃

① 37.0
② 55.0
③ 80.2
④ 85.5
⑤ 90.3

21 고온 작업환경의 쾌적조건을 나타내는 습구흑구온도지수를 산출할 때 필요한 요소는?

① 불쾌지수
② 카타냉각력
③ 자연습구온도
④ 등온지수
⑤ 쾌적선

22 다음 곤충의 다리마디 중 퇴절에 해당하는 것은?

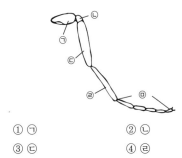

① ㉠   ② ㉡
③ ㉢   ④ ㉣
⑤ ㉤

23 바닥의 배수구와 건물 벽과의 거리는?

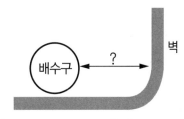

① 5cm   ② 10cm
③ 15cm   ④ 20cm
⑤ 50cm

24 다음은 식품저장법을 도식화하였다. 과실류의 저장온도로 적당한 것은?

냉동실 −18℃ 이하(육류의 냉동보관)	
온도계	어류, 육류 및 가금류
	알류·유제품
	과실류 및 채소류

① 0~3℃

② 3~5℃

③ 7~10℃

④ −4℃ 이하

⑤ 0℃

25 다음 그림이 나타내는 장치 이름은 무엇인가?

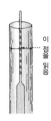

이 점을 읽음

① 온도계

② 비중계

③ 뷰렛

④ 피펫

⑤ 습도계

26 다음 균의 특징으로 틀린 것은?

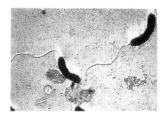

① 그람음성

② 무아포 간균

③ 단모균

④ 복통, 구토, 설사

⑤ 잠복기 평균 48시간

27 다음 North 곡선에서 결핵균의 곡선 형태를 나타내는 것은?

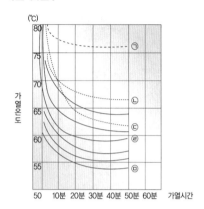

① ㉠

② ㉡

③ ㉢

④ ㉣

⑤ ㉤

28 다음 식품에서 우려되는 식중독은?

① Tetrodotoxin

② Venerupin

③ Saxitoxin

④ Cicutoxin

⑤ Solanine

29 다음 그림과 관련있는 곰팡이의 종류는?

포복균사

가근

① Mucor속
② Rhizopus속
③ Aspergillus속
④ Penicillium속
⑤ Bacillus속

30 다음 그림에서 회충의 암컷과 수컷이 서식하는 장소는?

암 컷

수 컷

① 소 장
② 대 장
③ 위
④ 항 문
⑤ 간

31 다음 그림의 명칭은 무엇인가?

① 회 충   ② 요 충
③ 편 충   ④ 선모충
⑤ 무구조충

32 열을 이용할 수 없는 경우 조직 배양액 멸균에 이용하는 방법은?

① 건열멸균
② 일광소독
③ 간헐멸균
④ 자외선 살균
⑤ 여과멸균

33 다음 그림이 나타나는 균의 명칭은?

① 탄저균
② 결핵균
③ 야토균
④ 리스테리아균
⑤ 살모넬라균

34 콜레라균이 유발하는 증상으로 관련이 적은 것은?

① 구 토   ② 설 사
③ 사지에 청색증   ④ 발 열
⑤ 쇼 크

35 다음은 편모를 기준으로 분류한 것이다. 속모균은?

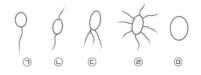

㉠   ㉡   ㉢   ㉣   ㉤

① ㉠   ② ㉡
③ ㉢   ④ ㉣
⑤ ㉤

36 다음 중 살모넬라의 TSI 배지의 배양조건으로 옳은 것은?

① 24℃에서 12~18시간 배양
② 30℃에서 12~18시간 배양
③ 35℃에서 18~24시간 배양
④ 37℃에서 22~36시간 배양
⑤ 40℃에서 12~18시간 배양

37 물벼룩과 연어, 송어를 중간숙주로 하는 기생충은 어느 것인가?

① 회 충
② 요 충
③ 유구조충
④ 광절열두조충
⑤ 무구조충

38 숯불에 구운 고기 등 가열로 검게 탄 식품, 담배연기, 자동차 배기가스, 쓰레기 소각장 연기 등에 포함되어 있는 발암물질은 무엇인가?

① 벤조피렌
② 다이옥신
③ 노닐페놀
④ 아미톨
⑤ PCB

39 사진의 곤충을 이용해서 방제할 수 있는 것으로 옳은 것은?

① 풍뎅이
② 모 기
③ 깔따구
④ 파 리
⑤ 벌

40 다음 그림과 같은 기구를 활용한 실험법은?

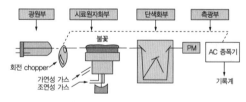

① 자외선가시선분광법
② 기체크로마토그래프
③ 비분산적외선분광분석법
④ 이온그래마토그래피
⑤ 원자흡수분광광도법

최종모의고사
3회

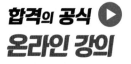

1과목 | 환경위생학

01 다음 중 복사열 측정에 사용되는 기구는 어느 것인가?

① 열선풍속계
② 흑구온도계
③ 카타온도계
④ 아스만통풍건습계
⑤ 아우구스트건습계

02 공기의 쾌적도를 측정하는 데 가장 유용한 지수는?

① 감각온도
② 불쾌지수
③ 카타냉각력
④ 건 · 습구온도지수
⑤ 수정감각온도

03 실내에서 안정 시 쾌적함을 느낄 수 있는 의복기후는?

① 18±1℃
② 24±1℃
③ 32±1℃
④ 38±1℃
⑤ 42±1℃

04 먹는물의 수질기준 항목 중 분변오염의 지표는?

① 일반세균 　　② 대장균
③ 과망간산칼륨 　④ 용존산소
⑤ 탁 도

05 산업재해로 인한 근로손실 정도를 나타내어 발생한 재해의 강도를 나타내는 지표는?

① 강도율
② 건수율
③ 도수율
④ 천인율
⑤ 발생률

06 초미세먼지(PM-2.5)의 대기환경기준(24시간 평균치)은?

① $10\mu g/m^3$ 이하
② $15\mu g/m^3$ 이하
③ $30\mu g/m^3$ 이하
④ $35\mu g/m^3$ 이하
⑤ $50\mu g/m^3$ 이하

07 대기오염물질의 자연적 발생원은?

① 활화산
② 대규모 공장
③ 디젤자동차
④ 소각장
⑤ 발전소

08 다중이용시설의 실내공기질 유지기준 항목은?

① 이산화질소
② 이산화탄소
③ 라 돈
④ 곰팡이
⑤ 총휘발성 유기화합물

09 다음 중 광화학 스모그의 대표적인 산화성 물질로 옳은 것은?

① SO_2
② 부유분진
③ $CaCO_3$
④ H_2S
⑤ O_3

10 폐수에 함유된 기름 성분을 분리하는 공정법은?

① 고도처리법
② 이온교환법
③ 부상분리법
④ 활성오니법
⑤ 연속회분식반응법

11 다음 중 난방과 냉방이 필요한 실내온도는 각각 몇 ℃ 기준인가?

① 난방 – 2℃, 냉방 – 20℃
② 난방 – 4℃, 냉방 – 22℃
③ 난방 – 6℃, 냉방 – 24℃
④ 난방 – 10℃, 냉방 – 26℃
⑤ 난방 – 12℃, 냉방 – 30℃

12 다음 중 자연채광에 좋은 창문의 개각 및 입사각은 몇 도인가?

① 개각 2° 이상, 입사각 20° 이상
② 개각 5° 이상, 입사각 20° 이상
③ 개각 1° 이상, 입사각 28° 이상
④ 개각 3° 이상, 입사각 30° 이상
⑤ 개각 5° 이상, 입사각 28° 이상

13 바다에 생활폐수의 다량유입으로 인해 해수가 붉게 변하는 오염현상은?

① 성층현상
② 적조현상
③ 생활농축
④ 자정작용
⑤ 비점오염

14 굴뚝이 높을수록 대기오탁 정도는?

① 심해진다.
② 낮아진다.
③ 기류가 크면 심해진다.
④ 비가 오면 심해진다.
⑤ 굴뚝의 높이와는 무관하다.

15 태평양 적도 인근 해수온도가 낮아지면서 생기는 이상기후 현상은?

① 엘니뇨   ② 황 사
③ 라니냐   ④ 쓰나미
⑤ 태 풍

16 수원지에서부터 가정까지의 급수 계통을 나타낸 것으로 옳은 것은?

① 취수 → 도수 → 정수 → 송수 → 배수 → 급수
② 취수 → 도수 → 송수 → 정수 → 배수 → 급수
③ 취수 → 도수 → 소독 → 정수 → 배수 → 급수
④ 취수 → 송수 → 정수 → 도수 → 배수 → 급수
⑤ 취수 → 도수 → 정수 → 배수 → 송수 → 급수

17 다음 중 창, 기타의 개구부로서 채광에 필요한 면적은 주택에 있어서 거실의 바닥면적의 얼마 이상이어야 좋은가?

① 1/3 이상   ② 1/7~1/5 이상
③ 1/10 이상   ④ 1/15 이상
⑤ 1/25~1/20 이상

18 생식, 발달, 항상성 유지 또는 행동을 조절하는 호르몬의 합성, 분비, 이동, 대사, 결합작용 등을 간섭하는 체외물질은?

① 규 소
② 오 존
③ 내분비교란물질
④ 석 면
⑤ 적외선

19 지표수와 지하수의 비교 중 옳은 것은?

① 지하수에서는 광화학 반응이 활발히 일어난다.
② 지표수는 연중 수온이 거의 일정하다.
③ 지표수의 원수는 지하수에 의존한다.
④ 심층수란 지하에서 솟아 나오는 물을 말한다.
⑤ 지표수가 지하수보다 유기물을 많이 함유하고 있다.

20 BOD 곡선(BOD Curve)에서 1단계 BOD를 유발시키는 물질은?

① 질소 화합물
② 철 화합물
③ 황 화합물
④ 인 화합물
⑤ 탄소 화합물

21 대기오염물질 중 유리를 손상시키는 화합물로 옳은 것은?

① 황화수소 ② 불 소
③ 일산화질소 ④ 이산화탄소
⑤ 암모니아

22 분뇨를 퇴비화시킬 때 최적 C/N비는 얼마인가?

① 20 : 1 ② 30 : 1
③ 40 : 1 ④ 50 : 1
⑤ 60 : 1

23 대기의 온실효과(Green House Effect)가 지구의 온도를 높이는 이유는?

① 화산폭발로 인한 방사열이 대기 중에 흡수되기 때문에
② 일산화탄소 증가로 자외선 부근의 복사열을 흡수하기 때문에
③ 아황산탄소 증가로 적외선 부근의 복사열을 흡수하기 때문에
④ 탄산가스 증가로 적외선 부근의 복사열을 흡수하기 때문에
⑤ 대기 중 먼지의 증가로 먼지가 복사열을 흡수하기 때문에

24 조혈기능 장애를 유발하는 물질은?

① 벤 젠
② 산화규소
③ 코발트
④ 아르곤
⑤ 바 륨

25 방사선 살균력이 강한 순서는?

① γ선 > β선 > α선
② γ선 > α선 > β선
③ α선 > β선 > γ선
④ β선 > γ선 > α선
⑤ α선 > γ선 > β선

26 의복위생에 관한 설명 중 옳은 것은?

① 방한력의 단위는 FP이다.
② 열전도율과 함기성은 비례한다.
③ 모직보다 견직의 흡수성이 크다.
④ 의복에 의한 체온조절이 가능한 기온범위는 0~50℃이다.
⑤ 기온이 8.8℃ 하강할 때마다 1CLO의 피복이 필요하다.

27 자동차 운전 시 탄화수소(HC)가 많이 나올 때의 조건으로 옳은 것은?

① 감속운행 시
② 고속운행 시
③ 가속운행 시
④ 정지 시
⑤ 공회전 시

28 물의 순환 과정이 올바르게 연결된 것은 무엇인가?

① 삼투 → 강수 → 유출 → 증발
② 강수 → 삼투 → 유출 → 증발
③ 강수 → 유출 → 삼투 → 증발
④ 유출 → 증발 → 삼투 → 강수
⑤ 증발 → 유출 → 삼투 → 강수

29 원수를 두꺼운 모래층에 통과시켜 부유물을 제거하는 공정은?

① 부 상
② 중 화
③ 여 과
④ 응 집
⑤ 소 독

30 「폐기물관리법」상 위해의료폐기물 중 시험·검사 등에 사용된 배양액, 슬라이드, 폐장갑의 분류는?

① 손상성폐기물
② 혈액오염폐기물
③ 병리계폐기물
④ 조직물류폐기물
⑤ 생물·화학폐기물

31 지정폐기물 중 특정시설에서 발생되는 폐기물은?

① 폐합성 고분자화합물
② 폐석면
③ 폐촉매
④ 폐알칼리
⑤ 폐유기용제

32 열경련증에 대한 예방방법으로 옳은 것은?

① 고압환경에서의 작업시간 단축
② 식염 및 소다 공급
③ 고지방성 음식과 음주 권유
④ 따뜻한 음료수 공급
⑤ 마스크 착용

33 다음 중 1ppm과 같은 농도 단위는?

① $\mu g/L$
② g/L
③ mg/m^3
④ mg/L
⑤ mg/ton

34 진동과 관련이 있는 질환으로 손가락이 창백해지며 심한 통증이 생기는 병은?

① C_5-dip
② 열중증
③ 잠함병(Caisson Disease)
④ 안구진탕증
⑤ 레이노 현상(Raynaud Phenomenon)

35 하수의 호기성 처리에 대한 설명으로 옳은 것은?

① 메탄가스가 발생한다.
② 비료 가치가 적다.
③ H_2S, NH_3 가스가 분해생성물이다.
④ 살수여상법과 활성오니법이 있다.
⑤ 악취가 발생한다.

36 다음 중 혐기성 처리 시 발생되는 무색, 무취, 폭발성 가스는?

① CH_4
② SO_2
③ H_2S
④ NH_3
⑤ Mercaptan

37 소음성 난청이 발생하는 주파수 대역은?

① 500~800Hz
② 1,000~1,500Hz
③ 1,800~2,300Hz
④ 2,500~2,800Hz
⑤ 3,000~6,000Hz

38 전리방사선에 대한 감수성이 가장 높은 장기는?

① 근육조직
② 신 경
③ 골 수
④ 피 부
⑤ 혈 액

39 위생적인 매립방식의 하나로 경사면에 폐기물을 쌓은 후 그 위에 흙을 덮는 방법의 명칭은?

① 위생매립
② 경사매립
③ 지역매립
④ 도랑매립
⑤ 계곡매립

40 소독약의 희석배수가 210이고, 석탄산의 희석배수가 70일 때 석탄산 계수는?

① 0.3
② 2.0
③ 3.0
④ 4.0
⑤ 5.0

41 Ringelmann Chart를 사용하여 어느 굴뚝의 매연 농도를 측정한 결과 5도 8회, 4도 12회, 3도 35회, 2도 45회, 1도 60회, 0도 180회였다면 이 매연의 농도는 몇 도인가?

① 1도(약 20%)
② 2도(약 40%)
③ 3도(약 60%)
④ 4도(약 80%)
⑤ 5도(약 100%)

42 만성 열중증으로 고온 작업환경에서 비타민 B_1의 결핍으로 발생하는 질병은?

① 열사병
② 열허탈증
③ 땀 띠
④ 열쇠약증
⑤ 열경련증

43 광화학 스모그는 자동차 등으로부터 대기 중에 배출되는 탄화수소와 (　　)이/가 태양광선을 받아 반응한 결과로 생긴다. 괄호 안에 알맞은 것은?

① 질소산화물(NO_X)
② 일산화탄소(CO)
③ 황산화물(SO_X)
④ 메탄가스(CH_4)
⑤ 미세먼지($PM-2.5$)

44 다음 중 인체에 노출되면 피부와 눈이 따갑고 섭취하면 극히 위험해 심할 경우 백혈병을 유발하는 것으로 옳은 것은?

① 벤 젠　　　　② 비 소
③ 납　　　　　④ 황화수소
⑤ 아 연

45 생물학적 폐수처리 과정에서 미생물에 의해 유기성 질소가 분해·산화되는 과정을 순서대로 나열한 것은?

① 유기성 질소 → NH_3-N → NO_2-N → NO_3-N
② 유기성 질소 → NH_3-N → NO_3-N → NO_2-N
③ 유기성 질소 → NO_2-N → NO_3-N → NH_3-N
④ 유기성 질소 → NO_3-N → NO_2-N → NH_3-N
⑤ NH_3-N → NO_2-N → 유기성 질소 → NO_3-N

46 염소처리에 사용하는 염소 중 살균력이 가장 높은 것은?

① Chloramine
② $Ca(OCl)_2$
③ OCl^-
④ $NaOCl$
⑤ $HOCl$

47 물의 여과 및 소독으로 인해 수인성 질병 환자의 감소 현상을 뜻하는 것으로 옳은 것은?

① 하노버열 현상
② 다운워시 현상
③ 밀스라인케 현상
④ 자정 현상
⑤ 부활 현상

48 산업폐수에 관한 설명으로 옳은 것은?

① 취사와 목욕 시에 발생한다.
② 생활용수로 사용된 물이다.
③ 작업공정에 따라 고농도의 중금속이 함유될 수 있다.
④ 산업폐수의 오염물질 중 음식물 찌꺼기가 가장 많은 부분을 차지한다.
⑤ 수질오염원 중 가장 많은 비율을 차지하고 있다.

49 1950년에 공장에서 발생한 황화수소가 분지지형인 인근 마을로 누출되어 많은 사상자를 낸 대기오염 사건은?

① 도노라 사건
② 뮤즈 계곡 사건
③ 로스앤젤레스 사건
④ 요코하마 사건
⑤ 포자리카 사건

50 하수처리 시 침사지에서 제거되는 사석(Grit)의 최종처리 방법으로 옳은 것은?

① 소 각
② 혐기성 분해
③ 호기성 분해
④ 매 립
⑤ 건 조

51 곤충의 질병 전파 중 기계적 전파에 속하는 것은?

① 사상충증
② 쯔쯔가무시증
③ 페스트
④ 발진열
⑤ 장티푸스

52 곤충에 의한 직접적 피해에 해당하는 것은?

① 발육형 전파
② 경란형 전파
③ 증식형 전파
④ 기계적 외상
⑤ 기계적 전파

53 외식사업장에서 위생곤충을 물리적으로 방제하는 방법은?

① 출입구에 에어커튼 설치하기
② 파리가 많이 드나드는 곳의 벽면에 유제를 40cc/m²으로 분무하기
③ 손님이 출입하는 현관에 액체 소독제 발판 설치하기
④ 바퀴 방제를 위해 1m 간격으로 독먹이 설치하기
⑤ 천연약제를 살포하는 자동분무기 설치하기

54 파리 유충이 동물의 조직에 기생하는 것을 무엇이라 하는가?

① 사상충증
② 편모충증
③ 승저증
④ 회선사상충증
⑤ 수면병

55 다음 중 샤가스병을 유발하는 해충은 무엇인가?

① 곱추파리
② 참진드기
③ 흡혈노린재
④ 벼룩
⑤ 등에

56 이의 생활사에 대한 설명으로 옳은 것은?

① 이의 알은 부화하는 데 대개 1개월 걸린다.
② 유충은 10회 탈피한다.
③ 성충은 10일 후부터 산란한다.
④ 페스트, 발진열 등을 매개한다.
⑤ 불완전변태를 한다.

57 쥐가 옮기는 살모넬라증의 병원체는 어디에 있는가?

① 쥐벼룩
② 쥐 이
③ 쥐진드기
④ 쥐의 분뇨
⑤ 쥐 털

58 다음 중 가장 대표적인 들쥐는?

① 등줄쥐
② 지붕쥐
③ 시궁쥐
④ 생 쥐
⑤ 울도생쥐

59 급성 살서제에 대한 설명으로 옳은 것은?

① 단일투여제이다.
② 항응혈성이 있다.
③ 저항성이 있다.
④ 사전미끼가 필요없다.
⑤ 와파린이 주로 사용된다.

60 구충 · 구서의 원칙이라 할 수 있는 것은?

① 발생 후기에 구제한다.
② 발생원(서식처)은 제거하지 않는다.
③ 광범위하게 동시에 실시한다.
④ 인축에 대한 영향은 고려하지 않아도 된다.
⑤ 일괄적인 방법으로 구제한다.

61 위생곤충의 완전변태를 결정하는 발육단계는?

① 알
② 번데기
③ 유 충
④ 자 충
⑤ 성 충

62 일본뇌염모기의 특징으로 옳은 것은?

① 작은빨간집모기라고도 한다.
② 우리나라에서 겨울철에 유행한다.
③ 증폭숙주는 닭이다.
④ 현성감염으로 옮긴다.
⑤ 주로 하수구에서 서식한다.

63 다음 중 파리가 옮기는 질병은?

① 뎅기열
② 일본뇌염
③ 발진열
④ 세균성이질
⑤ 발진티푸스

64 토고숲모기 유충의 서식장소는 어디인가?

① 약간의 염분이 섞인 물이 고여 있는 곳
② 보통 빗물이 고여 있는 곳
③ 늪이나 연못 같은 깨끗한 물
④ 웅덩이에 물이 고여 있는 곳
⑤ 하수구

65 뇌염모기를 구제하기 위하여 축사 벽에 잔류분무를 하고자 할 때 가장 알맞은 분무기의 노즐 형태는?

① 부채꼴
② 방사형
③ 원뿔형
④ 직선형
⑤ 부정형

66 모기의 번데기는 주로 어느 기관을 이용하여 수중에서 빠른 속도로 움직이는가?

① 날 개
② 미 절
③ 유영편
④ 다 리
⑤ 호흡각

67 곤충의 질병매개 방법 중 증식형에 속하는 질병은?

① 말라리아
② 페스트
③ 록키산홍반열
④ 사상충증
⑤ 로아사상충증

68 곤충의 욕반, 조간반의 부착된 위치로 옳은 것은?

① 기 절
② 전 절
③ 경 절
④ 부 절
⑤ 퇴 절

69 곤충의 화학적 구제방법으로 옳은 것은?

① 불임 수컷 방산
② 포식동물 이용
③ 서식처 제거
④ 트 랩
⑤ 발육억제제

70 다음 설명에 해당하는 곤충은?

- 몸에 비늘이 전혀 없다.
- 천적을 이용하여 구제한다.
- 알레르기원이다.
- 오염수질에도 생존한다.

① 깔따구
② 체체파리
③ 딸집파리
④ 등에모기
⑤ 트리아토민 노린재

71 다음 중 거미강에 속하는 것은?

① 가 재
② 지 네
③ 파 리
④ 벼 룩
⑤ 진드기

72 파리목의 단각아목에 해당하는 것은?

① 모기과
② 체체파리과
③ 먹파리과
④ 등에모기과
⑤ 등에과

73 모기의 성충을 구제하기 위하여 벽의 표면에 물약을 뿌리는 잔류분무의 장소별 효과순으로 옳은 것은?

| ㉮ 유리, 타일 | ㉯ 페인트 칠한 나무벽 |
| ㉰ 흙벽 | ㉱ 시멘트벽 |

① ㉮-㉯-㉰-㉱
② ㉮-㉯-㉱-㉰
③ ㉮-㉰-㉯-㉱
④ ㉯-㉱-㉮-㉰
⑤ ㉯-㉮-㉱-㉰

74 살충제 중 피레트린(Pyrethrin)의 설명으로 옳은 것은?

① 잔류기간이 길고, 포유류에 독성이 강하다.
② 식물에서 추출한 것으로 속효성이다.
③ 상표명은 Folidol이다.
④ 다른 살충제에 저항성이 생긴 파리의 구제에 많이 사용된다.
⑤ 현재 우리나라에서는 사용이 금지되어 있다.

75 56% 마라티온을 물에 타서 4% 희석액을 만들려면 몇 배의 물이 필요한가?

① 9배(1 : 9)
② 10배(1 : 10)
③ 13배(1 : 13)
④ 14배(1 : 14)
⑤ 20배(1 : 20)

76 맹독성으로 방역용으로 사용할 수 없는 살충제는?

① DDVP
② 파라티온
③ 말라티온
④ 다이아지논
⑤ 펜티온

77 잔류살포를 하여 모기, 파리, 바퀴, 빈대 등 해충을 구제하려할 때, 가장 이상적으로 분무하려면 벽 면적당 분무량과 분사거리로 옳은 것은?

① $20cc/m^2 - 40cm$
② $40cc/m^2 - 46cm$
③ $40cc/m^2 - 66cm$
④ $50cc/m^2 - 66cm$
⑤ $100cc/m^2 - 56cm$

78 유행성출혈열을 일으키는 한타바이러스가 분리된 쥐는?

① 곰 쥐
② 시궁쥐
③ 등줄쥐
④ 갈밭쥐
⑤ 두더지

79 다음 약제 중 독성이 가장 강한 것은?

① 나레드 $LD_{50}(mg/kg) - 250$
② 말라티온 $LD_{50}(mg/kg) - 100$
③ 파라티온 $LD_{50}(mg/kg) - 3$
④ 바이오레스메트린 $LD_{50}(mg/kg) - 8,600$
⑤ DDT $LD_{50}(mg/kg) - 118$

80 액체 전자모기향의 살충작용은?

① 가열연막
② 공간분무
③ 에어로졸
④ 잔류분무
⑤ 훈 증

81 「공중위생관리법」상 공중위생영업을 폐업한 자는 20일 이내에 누구에게 신고하여야 하는가?

① 질병관리청장
② 국립보건연구원장
③ 식품의약품안전처장
④ 시 · 도지사
⑤ 시장 · 군수 · 구청장

82 「공중위생관리법」상 공중위생감시원의 업무범위가 아닌 것은?

① 시설 및 설비의 확인
② 공중위생영업 관련 시설 및 설비의 위생상태 확인 · 검사
③ 위생지도 및 개선명령 이행여부의 확인
④ 공중위생관리법의 위반행위에 대한 신고 및 자료제공
⑤ 위생교육 이행여부의 확인

83 「공중위생관리법」상 위생사 면허를 받을 수 있는 사람은?

① 정신질환자
② 마약 중독자
③ 향정신성 의약품 중독자
④ 공중위생관리법을 위반하여 금고 이상의 실형을 선고받고 그 집행이 끝나지 아니한 자
⑤ 미성년자

84 「공중위생관리법」상 위생사 시험실시는 며칠 전에 공고해야 하는가?

① 10일
② 20일
③ 30일
④ 60일
⑤ 90일

85 「공중위생관리법」상 공중이 이용하는 건축물 · 시설물 등의 청결유지와 실내공기정화를 위한 청소 등을 대행하는 영업을 정의하는 용어는?

① 건물위생관리업
② 미용업
③ 세탁업
④ 숙박업
⑤ 이용업

86 「식품위생법」상 식품위생심의위원회의 조사 · 심의 사항이 아닌 것은?

① 식품위생에 관한 중요 사항
② 감염병환자의 관리에 관한 사항
③ 식중독 방지에 관한 사항
④ 식품 등의 기준과 규격에 관한 사항
⑤ 농약 · 중금속 등 유독 · 유해물질 잔류 허용 기준에 관한 사항

87 「식품위생법」상 기구 및 용기 · 포장에 관한 기준 및 규격을 정하여 고시하는 자는?

① 보건소장
② 시 · 도지사
③ 질병관리청장
④ 보건복지부장관
⑤ 식품의약품안전처장

88 「식품위생법」상 식품안전관리인증기준적용업소로 받은 인증의 유효기간은 인증을 받은 날로부터 얼마 동안인가?

① 6개월
② 1년
③ 2년
④ 3년
⑤ 5년

89 「식품위생법」상 식품위생교육기관 등이 하는 식품위생교육 및 위생관리책임자에 대한 교육내용으로 옳지 않은 것은?

① 학교위생관리
② 식품위생
③ 개인위생
④ 식품위생시책
⑤ 식품의 품질관리

90 「식품위생법」상 식품안전관리인증기준 적용업소의 정기교육훈련 시간은?

① 2시간 이내
② 4시간 이내
③ 6시간 이내
④ 8시간 이내
⑤ 16시간 이내

91 「식품위생법」상 리스테리아병에 걸린 동물의 부위 중 판매할 수 있는 것은?

① 혈 액
② 장 기
③ 고 기
④ 뼈
⑤ 가 죽

92 「식품위생법」상 괄호에 들어갈 내용을 바르게 나열한 것은?

> 기준·규격이 정해지지 아니한 화학적 합성품인 첨가물을 함유한 식품을 판매한 자에 대해서는 (   ) 이하의 징역 또는 (   ) 이하의 벌금에 처하거나 이를 병과할 수 있다.

① 1년 - 1천만원
② 3년 - 3천만원
③ 5년 - 5천만원
④ 8년 - 8천만원
⑤ 10년 - 1억원

93 「감염병의 예방 및 관리에 관한 법률」상 제1급감염병에 해당하는 것은?

① A형간염
② 중동호흡기증후군(MERS)
③ 한센병
④ 홍 역
⑤ 콜레라

94 「감염병의 예방 및 관리에 관한 법률」상 감염병 표본감시기관을 지정할 수 있는 자는?

① 질병관리청장
② 보건복지부장관
③ 보건소장
④ 시·도지사
⑤ 시장·군수·구청장

95 「감염병의 예방 및 관리에 관한 법률」상 필수예방접종을 실시하는 자는?

① 보건복지부장관
② 식품의약품안전처장
③ 국립보건연구원장
④ 시·도지사
⑤ 특별자치시장·특별자치도지사 또는 시장·군수·구청장

96 「감염병의 예방 및 관리에 관한 법률」상 약물소독을 실시할 때 승홍수의 농도로 옳은 것은?

① 승홍 0.1%, 식염수 0.1%, 물 99.8% 혼합액
② 승홍 1%, 식염수 1%, 물 98% 혼합액
③ 승홍 1%, 물 99% 혼합액
④ 승홍 2%, 물 98% 혼합액
⑤ 승홍 10%, 물 90% 혼합액

97 「감염병의 예방 및 관리에 관한 법률」상 고위험병원체를 분양받으려는 자가 행하여야 하는 절차는?

① 시·도지사 − 신고
② 시·도지사 − 허가
③ 질병관리청장 − 신고
④ 보건복지부장관 − 허가
⑤ 보건소장 − 신고

98 「감염병의 예방 및 관리에 관한 법률」상 예방접종증명서를 거짓으로 발급한 자에 대한 처벌은?

① 100만원 이하의 벌금
② 200만원 이하의 벌금
③ 300만원 이하의 벌금
④ 1천만원 이하의 과태료
⑤ 3천만원 이하의 과태료

99 「먹는물관리법」상 샘물 등의 개발허가의 연장기간은?

① 1년
② 2년
③ 3년
④ 4년
⑤ 5년

100 「먹는물관리법」상 먹는샘물의 제조업자가 매주 2회 이상 검사해야 하는 자가품질 검사항목은?

① 일반세균
② 쉬겔라
③ 살모넬라
④ 아황산환원혐기성포자형성균
⑤ 분원성연쇄상구균

101 「먹는물관리법」상 먹는염지하수의 개발허가를 받아야 하는 자는?

① 1일 취수능력 30톤 이상 개발하려는 자
② 1일 취수능력 50톤 이상 개발하려는 자
③ 1일 취수능력 100톤 이상 개발하려는 자
④ 1일 취수능력 300톤 이상 개발하려는 자
⑤ 1일 취수능력 500톤 이상 개발하려는 자

102 「먹는물관리법」상 자가품질검사 성적서의 보존기간은?

① 1개월
② 3개월
③ 6개월
④ 1년
⑤ 2년

103 「먹는물관리법」상 기준과 규격이 정하여지지 아니한 먹는샘물의 자가기준과 자가규격에 관한 검사를 시행하는 기관은?

① 국립환경과학원
② 유역환경청
③ 지방환경청
④ 시·도 보건환경연구원
⑤ 광역시의 상수도연구소

104 「폐기물관리법」상 폐기물분석전문기관이 아닌 것은?

① 한국보전협회

② 수도권매립지관리공사

③ 보건환경연구원

④ 한국환경공단

⑤ 환경부장관이 폐기물의 시험 · 분석 능력이 있다고 인정하는 기관

105 「하수도법」상 관할구역 안에서 발생하는 분뇨를 수집 · 운반 및 처리하는 자는?

① 환경부장관

② 보건복지부장관

③ 공공하수도관리청장

④ 시 · 도지사

⑤ 특별자치시장 · 특별자치도지사 · 시장 · 군수 · 구청장

1과목 | 공중보건학

01 「모자보건법」상 모자보건사업의 대상자와 그 정의로 옳은 것은?

① 신생아 : 출생 후 45일 이내의 영유아
② 영유아 : 출생 후 7년 미만인 사람
③ 모성 : 임산부와 가임기 여성
④ 임산부 : 임신 중이거나 분만 후 10개월 미만인 여성
⑤ 선천성 이상아 : 선천성 기형 또는 변형, 염색체 이상이 있는 출생 후 10년 된 아동

02 생후 6개월 된 영아에게 실시하는 예방접종은?

① 수 두
② 풍 진
③ 유행성이하선염
④ A형간염
⑤ 백일해

03 조선시대 때 왕실의료를 담당하던 기관은?

① 활인서
② 광혜원
③ 혜민서
④ 전의감
⑤ 내의원

04 장티푸스의 주된 전파경로로 옳은 것은?

① 환자의 혈액
② 환자의 피부나 점막
③ 파리나 모기 등의 곤충
④ 병원에서 사용하는 의료기구 등
⑤ 환자나 보균자의 대소변의 오염된 음식물

05 정신장애의 3차 예방활동에 해당하는 것은?

① 스트레스원을 피한다.
② 정신병이 발병하지 않도록 미연에 예방한다.
③ 사회복귀 후 재발을 막는 활동을 한다.
④ 조기치료하여 만성화를 막는다.
⑤ 조기발견을 한다.

06 수인성 감염병으로 옳은 것은?

① 황열, 뎅기열
② 장티푸스, 이질
③ 일본뇌염, 폴리오
④ 파상풍, 백일해
⑤ C형간염, 풍진

07 수인성 감염병 유행의 특성으로 옳은 것은?

① 환자 발생이 폭발적이다.
② 대체로 치명률이 높다.
③ 2차 발병률이 높다.
④ 급수지역과 환자발생지역이 다르다.
⑤ 일반적으로 성별, 연령별 발생률에 차이가 크다.

08 진단명 기준 환자 분류체계에 의거한 진료비 산정방법은?

① 포괄수가제　　② 행위별수가제
③ 인두제　　　　④ 총액계약제
⑤ 봉급제

09 다음 중 집단토론의 교육방법으로 옳은 것은?

① 대화식 교육방법　　② 왕래식 교육방법
③ 단편식 교육방법　　④ 강의식 교육방법
⑤ 상담식 교육방법

10 결핍 시 불임증, 유산을 유발할 수 있는 비타민은?

① 비타민 A　　② 비타민 B_1
③ 비타민 E　　④ 비타민 C
⑤ 비타민 K

11 보건교육 시 대중매체와 관련된 내용 중 옳은 것은?

① 집단결정에 도달하기 어렵다.
② 왕래식 교육방법이다.
③ 다른 방법에 비하여 비용이 적게 든다.
④ 개인사정이 고려된다는 장점이 있다.
⑤ 짧은 시간에 많은 사람에게 정보가 제공된다.

12 폐결핵의 가장 흔한 감염경로로 옳은 것은?

① 결핵균의 오염된 식품의 섭취에 의한 감염
② 매개곤충에 의한 감염
③ 피부상처를 통한 감염
④ 주사기 등 기구에 의한 감염
⑤ 기침이나 재채기에 의한 비말감염

13 역학연구에서 질병의 발생과 유행을 수학, 통계학적으로 규명하는 3단계 역학은?

① 분석역학　　② 기술역학
③ 실험역학　　④ 임상역학
⑤ 이론역학

14 역학의 시간적 현상 중 추세 변화를 보이는 질병으로 옳은 것은?

① 백일해　　　　　② 홍 역
③ 유행성 일본뇌염　④ 페스트
⑤ 장티푸스

15 역학의 요인 중 감수성과 저항력에 관련 있는 요인은?

① 병인적 요인　　② 환경적 요인
③ 사회적 환경　　④ 물리적 요인
⑤ 숙주적 요인

16 후향성 조사의 내용으로 옳은 것은?

① 급성감염병 조사
② 대조군 선정이 쉬움
③ 많은 시간 소요
④ 기억력 착오
⑤ 대상이 많아야 함

17 주로 후진국에서 나타나는 인구 구성형태는?

① 기타형　　② 종 형
③ 항아리형　④ 별 형
⑤ 피라미드형

18 다음 중 감수성 지수(접촉감염 지수)가 가장 높은 것은?

① 두 창
② 백일해
③ 디프테리아
④ 폴리오
⑤ 성홍열

19 백일해, 홍역 등은 질병발생의 시간적 특성으로 구분하면 어떻게 분류되는가?

① 추세변화   ② 주기적 변화
③ 계절적 변화   ④ 불시변화
⑤ 불규칙변화

20 역학적으로 여름에 발병률이 낮은 감염병으로 옳은 것은?

① 임 질   ② 인플루엔자
③ 유행성간염   ④ 이 질
⑤ 콜레라

21 인구정태통계에 해당하는 것은?

① 출 생   ② 인구센서스
③ 이 혼   ④ 혼 인
⑤ 사 망

22 다음 중 간접전파에 의한 질병은?

① 장티푸스, 콜레라
② 매독, 장티푸스
③ 결핵, 한센병
④ 황열, 임질
⑤ 결핵, 피부감염증

23 우리나라 건강보험의 특징으로 옳은 것은?

① 납입액에 비례하여 급여를 받는다.
② 균형예산의 장기보험이다.
③ 사전치료의 원칙을 따른다.
④ 보험가입이 자율성을 띤다.
⑤ 보험료는 부담능력에 따라 차등 부과된다.

24 비감염성 질환의 특징은?

① 세균에 의해 발병되는 질환
② 바이러스에 의해 발병되는 질환
③ 리케치아에 의해 발병되는 질환
④ 원충에 의해 발병되는 질환
⑤ 유전적인 소인에 의한 질환

25 다음 중 동물이나 곤충에 의한 감염병으로만 묶인 것은?

① 디프테리아, 백일해, 폐렴, 성홍열
② 한센병, 인플루엔자, 홍역, 풍진, 천연두
③ 이질, 살모넬라, 장티푸스, 파라티푸스
④ 광견병, 탄저, 말라리아, 발진티푸스
⑤ 일본뇌염, 파상풍, 탄저병, 성홍열

26 도수분포에 있어서 출현도수가 가장 많은 값을 나타내는 것은?

① 중앙치
② 상관계수
③ 평균치
④ 변이계수
⑤ 최빈치

27 감마글로불린과 혈청제제 등의 접종으로 얻는 면역은?

① 인공능동면역
② 인공수동면역
③ 자연능동면역
④ 자연수동면역
⑤ 선천면역

28 신장질환, 동맥경화증 등에 원인질환에 의해 2차적으로 발생하는 고혈압은?

① 본태성 고혈압
② 속발성 고혈압
③ 이완기 고혈압
④ 수축기 고혈압
⑤ 원발성 고혈압

29 만성질환의 예방대책은?

① 고콜레스테롤 음식 섭취하기
② 적정 체중 유지하기
③ 고염분 식사하기
④ 동물성 지방 과다 섭취하기
⑤ 음주와 흡연하기

30 현재 우리나라에서 시행되고 있는 건강보험은 언제부터 국민건강보험공단에서 통합하여 운영하고 있는가?

① 1989년
② 1995년
③ 1997년
④ 2000년
⑤ 2004년

31 가족계획사업의 효과판정상 가장 좋은 지표는?

① 영아사망률
② 모성사망률
③ 조출생률
④ 인구의 자연증가율
⑤ 모자비

32 「암관리법」상 30세 여성이 암검진사업을 이용하여 받을 수 있는 검진은?

① 간 암
② 위 암
③ 유방암
④ 대장암
⑤ 자궁경부암

33 다음 중 '폭로군의 발생률 – 비폭로군의 발생률'로 산출되는 것은?

① 특이도
② 민감도
③ 예측도
④ 귀속위험도
⑤ 상대위험도

34 다음 중 조사망률의 공식으로 옳은 것은?

① 연간 출생수/인구×1,000
② 연간 사망수/인구×1,000
③ 사산수/연간 출산수×1,000
④ 연간 혼인건수/인구×1,000
⑤ 연간 영아사망수/연간 출생아수×1,000

35 다음 중 영구적 피임방법으로 옳은 것은?

① 콘돔 사용
② 월경주기법
③ 자궁 내 장치
④ 정관절제술
⑤ 경구피임약

36 유전자변형농산물(GMO)을 만드는 방법으로 금 또는 텅스텐 등 금속미립자에 유전자를 코팅하여 식물세포 내로 넣는 방법은?

① 아그로박테리움법
② 원형질 세포법
③ RIDL법
④ 포테이토법
⑤ 유전자총법

37 다음 중 대장균군의 오염경로는?

① 공 기
② 토 양
③ 음식물
④ 우 유
⑤ 분 변

38 식물성 자연독의 연결이 옳은 것은?

① 목화씨 – 테무린(Temuline)
② 피마자 – 리신(Ricin)
③ 벌꿀 – 아코니틴(Aconitine)
④ 오디, 부자 – 사포닌(Sponin)
⑤ 독맥(보리) – 고시폴(Gssypol)

39 부패한 감자에서 생성되는 독성물질은?

① Sepsine
② Tetrodotoxin
③ Gossypol
④ Amygdaline
⑤ Cicutoxin

40 식품의 안전성을 평가하기 위해 최대무작용량 (MNEL)을 결정하는 독성시험은?

① 염색체이상시험
② 아급성독성시험
③ 만성독성시험
④ 유전독성시험
⑤ 최기형성시험

41 다음 중 왜우렁이를 제1중간숙주로 하는 기생충으로 옳은 것은?

① 간디스토마
② 폐디스토마
③ 동양모양선충
④ 유구조충
⑤ 유극악구충

42 대량으로 가열조리한 동물성 단백질 식품을 소분하여 보관하면 예방할 수 있는 식중독 원인균은?

① Listeria monocytogenes
② Acetobacter aceti
③ Enterococcus faecalis
④ Clostridium perfringens
⑤ Morganella morganii

43 Campylobacter jejuni에 관한 설명으로 옳은 것은?

① 구 균
② 편성혐기성
③ 편모 없음
④ 그람음성
⑤ 포자 형성

44 다음 중 치명률이 가장 높고 신경증상을 나타내는 식중독균은?

① 살모넬라균
② 장구균
③ 포도상구균
④ 비브리오균
⑤ 보툴리누스균

45 신선하지 않은 생선과 조개를 덜 익혀 먹을 때 발생하기 쉬운 식중독은?

① 포도상구균 식중독
② 보툴리누스균 식중독
③ 비브리오균 식중독
④ 살모넬라균 식중독
⑤ 장구균 식중독

46 다음 중 Aspergillus flavus가 생성하는 독소는?

① Aflatoxin
② Muscarine
③ Solanine
④ Cicutoxin
⑤ Gossypol

47 다음 중 섭조개가 갖고 있는 독소는?

① Tetrodotoxin
② Solanine
③ Muscarin
④ Saxitoxin
⑤ Sepsine

48 식품의 산패란 주로 무엇이 변질된 것인가?

① 무기질
② 지 방
③ 비타민
④ 탄수화물
⑤ 단백질

49 경구감염이 주된 경로이지만 유충이 피부로 침입하여 발생할 수 있는 기생충 감염병은?

① 간흡충증
② 회충증
③ 구충증
④ 요충증
⑤ 폐흡충증

50 인수공통감염병은?

① 야토병
② 폴리오
③ 장티푸스
④ 콜레라
⑤ 이 질

51 신선한 생선의 조건에 해당하는 것은?

① 아가미 색이 회색이다.
② 눈알이 외부로 뛰어나와 있다.
③ 눈의 상태가 불투명하다.
④ 육질이 흐물흐물하다.
⑤ 항문이 열려 있다.

52 원인식품을 가열처리하여도 식중독을 유발할 수 있는 세균은?

① Salmonella typhi
② Vibrio parahaemolyticus
③ Escherichia coli
④ Staphylococcus aureus
⑤ Clostridium perfringens

53 진균독의 원인이 되는 미생물은?

① 곰팡이
② 세 균
③ 바이러스
④ 원생동물
⑤ 효모생성균

54 장티푸스에 대한 설명으로 옳은 것은?

① 병원균은 Salmonella paratyphi이다.
② 잠복기는 2~3일 전후이다.
③ 완치된 후에도 보균하여 균을 배출하는 경우도 있다.
④ 쌀뜨물과 같은 심한 설사를 한다.
⑤ 주로 공기로 전파된다.

55 병원성대장균 O157 : H7이 생성하는 독소는?

① 오크라톡신(Ochratoxin)
② 뉴로톡신(Neurotoxin)
③ 테트로도톡신(Tetrodotoxin)
④ 삭시톡신(Saxitoxin)
⑤ 베로톡신(Verotoxin)

56 부패세균으로 우유를 청색으로 변화시키는 균은?

① Pseudomonas fluorescens
② Pseudomonas synxantha
③ Pseudomonas syncyanea
④ Serratia marcescens
⑤ Lactobacillus lactis

57 세균의 생육에 대한 것으로 옳은 것은?

① 수분은 16% 이상에서 잘 번식한다.
② pH 6.5~7.5의 중성에서 잘 발육한다.
③ 70℃ 이상의 온도에서도 생육할 수 있다.
④ 곰팡이보다 생육의 속도가 느리다.
⑤ 2분법으로 증식하는 특성이 있다.

58 붉은곰팡이(Fusarium)속이 생성하는 독소이며, 가축의 비정상적인 발정을 일으키는 것은?

① 트리코테센(Trichothecene)
② 오크라톡신(Ochratoxin)
③ 루브라톡신(Rubratoxin)
④ 제랄레논(Zearalenone)
⑤ 푸모니신(Fumonisin)

59 다음 중 육류로부터 감염되는 기생충은?

① 회 충
② 편 충
③ 간흡충
④ 무구조충
⑤ 아니사키스

60 식품첨가물 중 빵과 양과자에 주로 사용되는 보존료는 무엇인가?

① 소르브산칼륨
② 안식향산나트륨
③ 파라옥시안식향산
④ 데히드로초산
⑤ 프로피온산칼슘

61 HACCP 제도의 7원칙 중 원칙 4단계에 해당하는 것은?

① 중요관리점 결정
② 모니터링체계 확립
③ 위해요소 분석
④ 기록유지방법 설정
⑤ 검증절차 수립

62 육류발색제로 사용되는 것은?

① 아질산나트륨
② 차아염소산나트륨
③ 소명반
④ 황산제1철
⑤ 안식향산나트륨

63 간흡충의 제1중간숙주는?

① 소고기
② 게
③ 크릴새우
④ 왜우렁이
⑤ 돼지고기

64 독소형 식중독의 원인균에 해당하는 것은?

① Salmonella typhimurium
② Clostridium botulinum
③ Vibrio parahaemolyticus
④ Campylobacter jejuni
⑤ Yersinia enterocolitica

65 다음 중 토양에 서식하며, 아포를 형성하는 균으로 옳은 것은?

① Salmonella
② Escherichia
③ Vibrio
④ Proteus
⑤ Bacillus

66 저온살균법(Pasteurization)은 몇 ℃에서 몇 분간 가열하는가?

① 63℃, 30분간 가열
② 90℃, 50분간 가열
③ 100℃, 30분간 가열
④ 120℃, 30분간 가열
⑤ 121℃, 30분간 가열

67 치즈와 버터, 마가린의 보존료로 사용하는 것은 무엇인가?

① 벤조산나트륨
② 소르브산칼륨
③ 데히드로초산(DHA)
④ 프로피온산나트륨
⑤ 하이포염소산나트륨

68 콜린에스테라아제 활성의 저해로 아세틸콜린이 축적되어 신경계에 이상이 나타나는 농약은?

① 유기불소제
② 유기수은제
③ 비소제
④ 유기인제
⑤ 유기염소제

69 식품보관 방법 중 물리적 방법에 해당하는 것은?

① 산저장법
② 염장법
③ 당장법
④ 자외선 조사
⑤ 방부제 처리

70 다음 중 식품의 점도를 증가시키고 교질상의 미각을 향상시키는 데 효과가 있는 것은?

① 조미료
② 산화방지제
③ 품질개량제
④ 호 료
⑤ 표백제

71 청매실의 Amygdaline이 분해되어 독작용을 나타내는 물질은 무엇인가?

① 청산(HCN)
② 아민(Amine)
③ 솔라닌(Solanine)
④ 알코올(Alcohol)
⑤ 아트로핀(Atropine)

72 급성회백수염의 병원체는?

① Poliomyelitis virus
② Streptococcus pneumoniae
③ Salmonella typhi
④ Shigella dysenteriae
⑤ Vibrio cholerae

73 용혈성 연쇄상구균이 병원체인 경구감염병은?

① 콜레라
② 성홍열
③ 백일해
④ 발진티푸스
⑤ 유행성 간염

74 식품으로 인해 생기는 건강장애의 원인물질 중 외인성에 해당하는 것은?

① 복어독
② 유해첨가물
③ 시안배당체
④ 식이성 알레르겐
⑤ 버섯독

75 미생물의 번식으로 단백질이 분해되어 발생하는 식품 변질은?

① 발 효
② 변 패
③ 갈 변
④ 산 패
⑤ 부 패

01 다음 카타온습도계는 무엇을 측정하는 기구인가?

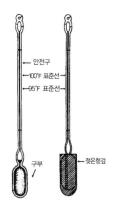

① 복사열
② 실외기습
③ 실내기압
④ 실내기류
⑤ 쾌적온도

02 다음 그림은 무엇을 나타내는 것인가?

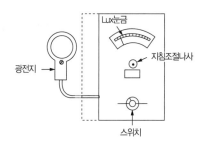

① 온도측정기
② 기압측정기
③ 소음측정기
④ 조도측정기
⑤ 부유물질측정기

03 환경대기 중의 먼지농도를 측정하는 기기는?

① 자외선가시선분광광도계
② 고용량 공기시료채취기
③ 원자흡수분광광도계
④ 비분산적외선분광광도계
⑤ 고성능 액체크로마토그래피

04 다음 기구를 사용하여 검사할 수 있는 것은?

① 낙하세균
② 비산먼지
③ 강하먼지
④ 실내습도
⑤ 실내온도

05 다음 그림은 광전지 조도계의 일부를 나타낸 것이다. ⓒ 부분은 무엇인가?

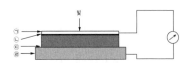

① 철 판　　　　② 셀 렌
③ 유리판　　　　④ 얇은 금속막
⑤ 전 구

06 진동 가속도 레벨을 나타내는 단위는?

① Sone　　　　② Hz
③ dB　　　　④ Phon
⑤ Bq

07 다음은 데포지 게이지(Deposit Gauge)를 나타낸 것이다. 강하분진을 측정하고자 할 때 이끼 발생을 방지하기 위하여 포집병에 넣는 약품은?

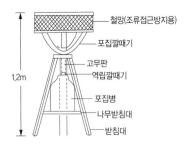

철망(조류접근방지용)
포집깔때기
고무판
역립깔때기
1.2m
포집병
나무받침대
받침대

① 알코올　　　　② 증류수
③ 식염수　　　　④ 황산동
⑤ BOD

08 다음 사진에 보이는 기구의 이름은 무엇인가?

① 전자현미경
② 기압계
③ 조도계
④ 백필터
⑤ 집락계산기

09 다음과 같은 방법으로 소음을 측정하고자 할 때 측정자와 소음계의 간격으로 옳은 것은?

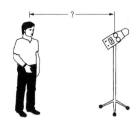

① 0.1m　　　　② 0.5m
③ 1.0m　　　　④ 1.5m
⑤ 2.0m

10 다음은 염소주입곡선을 나타낸 것이다. 불연속점은 어디인가?

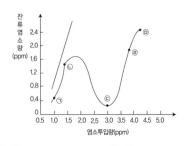

① ㉠　　　　② ㉡
③ ㉢　　　　④ ㉣
⑤ ㉤

11 다음 그림에 해당하는 모기의 명칭은?

① 토고숲모기
② 빨간집모기
③ 작은빨간집모기
④ 중국얼룩날개모기
⑤ 왕모기

12 다음과 같은 형태의 바퀴를 무엇이라 하는가?

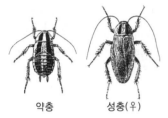

약충   성충(우)

① 먹바퀴
② 독일바퀴
③ 미국바퀴
④ 일본바퀴
⑤ 이질바퀴

13 실내공기에 존재하는 석면을 측정하는 시험방법은?

① 자외선/가시선분광법
② 위상차현미경법
③ 중량법
④ 알파비적검출법
⑤ 고성능액체크로마토그래피

14 미꾸라지로 방제할 수 있는 위생곤충은?

① 말벌 유충
② 나방 유충
③ 개미 유충
④ 모기 유충
⑤ 벼룩 유충

15 다음 그림은 어떤 파리에 해당하는가?

① 집파리
② 띠금파리
③ 체체파리
④ 침파리
⑤ 초파리

16 다음 그림은 어떤 곤충의 두부에 해당하는가?

① 모 기
② 파 리
③ 바 퀴
④ 빈 대
⑤ 나 방

17 다음 그림과 같은 흡혈성 파리는 무엇인가?

성충(배면)

두부(옆면)

유충의 후기문

① 집파리 ② 침파리
③ 금파리 ④ 띠금파리
⑤ 체체파리

18 다음 그림에 해당하는 진드기는 무엇인가?

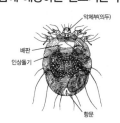

악체부(의두)

배판
인상돌기

항문

① 쥐진드기
② 옴진드기
③ 공주진드기
④ 모낭진드기
⑤ 털진드기

19 다음 그림에 해당하는 쥐로 몸이 가늘며 귓바퀴가 크고 동작이 매우 빠른 쥐는?

① 곰 쥐
② 생 쥐
③ 등줄쥐
④ 시궁쥐
⑤ 들 쥐

20 다음 그림에 해당하는 진드기는 무엇인가?

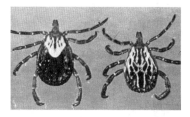

① 좀진드기
② 옴진드기
③ 참진드기
④ 공주진드기
⑤ 털진드기

21 다음 그림은 무엇을 방제하기 위한 장치인가?

① 쥐
② 모 기
③ 빈 대
④ 바 퀴
⑤ 나 방

22 다음 그림은 극미량 살포장면이다. 잘못된 것은?

① 폭
② 속 도
③ 각 도
④ 살포량
⑤ 풍 속

23 다음 그림은 무엇을 측정하는 과정인가?

1. 농축배양기를 패드에 가한다(커버를 벗기고 패드를 새것으로 교체한 다음, Endo 배양기를 가한다).

2. 필터홀더에 필터의 중심을 맞추어 놓는다.

3. 필터홀더 위에 여과 깔때기를 맞추어 놓는다.

4. 일정량(정수배용적)의 검수를 깔때기에 주입한다.

5. 필터홀더에서 멤브레인필터를 꺼낸다. 이 필터를 패드 위에 놓는다.
6. 페트리접시의 뚜껑을 덮는다.

7. 24시간 동안 배양한다.
8. 18시간 동안 배양한다.
9. 멤브레인필터상의 군락수를 계산한다.

① 세 균
② 먼 지
③ 중금속
④ 바이러스
⑤ 부유물질

24 다음 통조림 표시 중 하단의 7J05는 무엇을 의미하는가?

MOYL
LAAC
7J05

① 제조회사 고유번호
② 통조림 조리방법
③ 통조림의 크기
④ 제조연월일
⑤ 내용물질

25 우유의 저온살균을 위한 North 곡선에서 중간대에 해당하는 부분은?

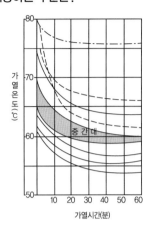

① 연쇄상구균 형성저지선
② 장티푸스균 형성저지선
③ 결핵균 형성저지선
④ 디프테리아균 형성저지선
⑤ 리스테리아 형성저지선

26 다음 중 식품용기의 바닥으로 가장 적절한 것은?

①
②

③
④

⑤

27 다음 그림과 같이 찌그러진 통조림에서 문제가 될 수 있는 것은?

통조림

① 액성의 변화
② 내용물의 고형화
③ 포르말린(Formalin) 중독
④ 유해성 금속의 용출
⑤ 유통기한 변동

28 다음 그림에 해당하는 말채찍 모양의 기생충은 무엇인가?

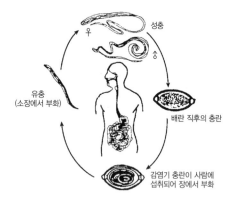

① 요 충
② 회 충
③ 편 충
④ 유구조충
⑤ 무구조충

29 다음 중 살모넬라균 TSI배지에서 사면부 색깔의 변화로 옳은 것은?

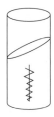

① 적 색
② 황 색
③ 청 색
④ 보라색
⑤ 녹 색

30 먹는물 수질기준 중 건강상 유해영향 무기물질에 해당하는 것은?

① 벤 젠
② 페 놀
③ 유리잔류염소
④ 암모니아성 질소
⑤ 과망간산칼륨

31 다음 그림은 달걀의 신선도를 알아보기 위해 11%의 식염수(NaCl)에 달걀을 담근 것이다. 가장 신선한 것은?

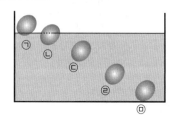

① ㉠   ② ㉡
③ ㉢   ④ ㉣
⑤ ㉤

32 다음 중 손을 소독할 때 사용하는 것으로 적당한 것은?

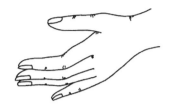

① 오존(Ozone) ② 석탄산
③ 생석회 ④ 산성비누
⑤ 역성비누

33 다음 중 HACCP의 화학적 위해요소는?

① 식중독균
② 바이러스
③ 곰팡이
④ 중금속
⑤ 부패미생물

34 다음 그림에 해당하는 곤봉형 간균이 일으키는 질병으로 옳은 것은?

① 콜레라 ② 장티푸스
③ 유행성간염 ④ 디프테리아
⑤ 이질균

35 다음 그림에 해당하는 균으로 Neurotoxin을 생산하는 균의 명칭은?

① 대장균균
② 보툴리누스균
③ 포도상구균
④ 살모넬라균
⑤ 장티푸스균

36 다음 중 장독소인 Enterotoxin을 생성하는 균은 무엇인가?

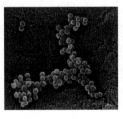

① 장염비브리오균
② 보툴리누스균
③ 포도상구균
④ 살모넬라균
⑤ 리스테리아균

37 다음 중 3~4%의 식염배지에서 잘 자라는 호염 세균은?

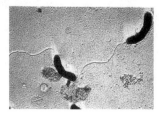

① 웰치균
② 살모넬라균
③ 보툴리누스균
④ 장염비브리오균
⑤ 포도상구균

38 사진과 같은 방법으로 발견할 수 있는 위생곤충은?

① 등 에
② 빈 대
③ 파 리
④ 모 기
⑤ 깔따구

39 그림에서 미생물이 기하급수적으로 증식하는 구간은?

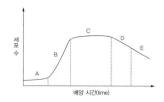

① A
② B
③ C
④ D
⑤ E

40 다음 그림에 해당하는 균의 형태로 옳은 것은?

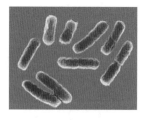

① 구 균
② 간 균
③ 사상균
④ 나선균
⑤ 단모균

최종모의고사

4회

1과목 | 환경위생학

01 다음 설명의 단위로 가장 적당한 것은?

> 일정한 노출시간 동안 실험동물의 50%가 살아남는 농도를 말한다.

① DO
② LC_{50}
③ TLM_{50}
④ LD_{50}
⑤ THM

02 대기 중의 함량이 높아질 경우 온실효과를 일으키는 기체는?

① CO_2
② CO
③ SO_2
④ NO_2
⑤ O_3

03 조사한 물에서 NH_3-N이 검출되었을 때 알 수 있는 것은?

① 분변오염
② COD
③ BOD
④ 대장균
⑤ SS

04 고압증기멸균법에 대한 설명으로 옳은 것은?

① 63~65℃ 30분 소독, 포자 사멸
② 100℃ 1시간 멸균, 포자 생존
③ 121℃ 20분 멸균, 포자 사멸
④ 140℃ 30분 멸균, 포자 생존
⑤ 160℃ 30분 멸균, 포자 생존

05 다음 중 불감기류를 나타낸 것은?

① 0.01m/sec
② 0.5m/sec
③ 1m/sec
④ 2m/sec
⑤ 3m/sec

06 호수나 저수지에서 물의 온도차이로 인해 여름과 겨울철에 많이 발생하여 오염을 가중시키는 것을 무엇이라 하는가?

① 점오염
② 비점오염
③ 적 조
④ 부영양화
⑤ 성층현상

07 고온(高溫) 연소할 때 주로 발생되는 질소화합물은 무엇인가?

① HCN
② 2CN
③ NO_X
④ NH_2
⑤ N_2O

08 무풍 시 실내 자연환기의 작용은 주로 무엇에 의해 발생하는가?

① 실내외의 기온차
② 실내외의 습도차
③ 기압차
④ 기체의 확산
⑤ 실내외의 불감기류차

09 수질오염에서 부영양화 현상의 특성은?

① 수소이온농도는 강산성이다.
② 현탁물질이 없다.
③ 질소와 인의 농도가 낮다.
④ 투시거리가 길다.
⑤ 플랑크톤이 많이 발생한다.

10 다음 중 진동에 의해 나타나는 장애로 옳은 것은?

① 직업성 난청
② 성대결절
③ 경견완증후군
④ 레이노병
⑤ 진폐증

11 석탄연료 연소 시 CO가스의 다량 배출원인은 무엇인가?

① 질소가스의 다량배출 시
② 탄산가스 농도 증가 시
③ 탄소 성분의 완전연소 시
④ 질소가스 성분의 완전연소 시
⑤ 탄소 성분의 불완전연소로 발화시점 및 소화시점

12 다음 중 상수에 있어서 Mills-Reinke 현상의 설명으로 옳은 것은?

① 간염을 유발한다.
② 염소주입 시 세균감소 현상이 나타난다.
③ 대장균과 잡균의 열성질환이 발생한다.
④ 물을 통한 세균감염 예가 많다.
⑤ 물 여과 시 세균수의 감소현상이 나타난다.

13 수원의 종류 중 탁도가 가장 높은 물은 무엇인가?

① 우 수 　　② 천 수
③ 복류수 　　④ 지하수
⑤ 지표수

14 수질검사에 있어서 과망간산칼륨($KMnO_4$) 소비량의 증가에 대한 의의로 옳은 것은?

① 증발잔유율
② 높은 세균 감염률
③ 높은 탁도
④ 색도 및 경도
⑤ 다량의 유기물 존재

15 활성오니법에서 슬러지 일령(Sludge Age)이란 무엇을 뜻하는가?

① 폭기조 내 부유물질 농도
② 폭기조 내 슬러지 체류시간
③ 폭기조 내 BOD 부하량
④ 폭기조 내 부유물질 부하량
⑤ 폭기조 내 폐수의 평균시간

16 먹는물에서 심미적 영향을 미치는 물질에 관한 기준 중 색도의 수질기준은 몇 도를 넘지 않아야 하는가?

① 1도 　　② 2도
③ 3도 　　④ 5도
⑤ 10도

17 여름철 도시지역에서 광화학 반응에 의해 생성되는 2차 대기오염물질은?

① 알데하이드
② 황화수소
③ 이산화황
④ 일산화탄소
⑤ 암모니아

18 하천의 생물학적 자정작용은?

① 응 집
② 희 석
③ 분 해
④ 중 화
⑤ 혼 합

19 런던스모그에 대한 설명으로 옳은 것은?

① 주오염 성분은 SO_2이다.
② 습도가 70% 이하인 곳에서 발생한다.
③ 여름철 낮에 발생한다.
④ 침강성 역전을 보인다.
⑤ 광화학 스모그의 일종이다.

20 완속여과법에 대한 설명으로 옳은 것은?

① 수면이 잘 동결되는 지역이 좋다.
② 역류세척을 한다.
③ 건설비가 적게 든다.
④ 여과속도는 120~150m/day이다.
⑤ 세균제거율은 98~99%이다.

21 오존층을 파괴하는 주요 물질은?

① 황화수소(H_2S)
② 일산화탄소(CO)
③ 프레온가스(CFC_S)
④ 수증기(H_2O)
⑤ 이황화탄소(CS_2)

22 물의 경도를 낮추기 위해 연수화 과정에서 제거해야 하는 물질은?

① 불소(F)
② 알루미늄(Al)
③ 크롬(Cr)
④ 마그네슘(Mg)
⑤ 아연(Zn)

23 공기 중 인체에 유해한 납(연)이 배출되는 원인은?

① 연료인 중유 중의 납
② 휘발유에 첨가하는 첨가제
③ 공장폐수 중의 납
④ 토양에서 비산하는 납
⑤ 이상 모두 아님

24 여러 사람이 모이는 밀폐된 실내의 환경조건이 인체에 해로운 이유는?

① 산소의 감소
② 군집독의 발생
③ 이산화탄소의 감소
④ 실내온도의 하강
⑤ 공기의 물리적 요소의 변화

25 다음 중 하수의 혐기성 처리법에 해당하는 것은?

① 살수여과법
② 임호프탱크법
③ 활성오니법
④ 회전원판법
⑤ 산화지법

26 다음 중 폐기물을 가장 위생적으로 처리하는 방법은?

① 해양투기법   ② 소각법
③ 매립법   ④ 활성오니법
⑤ 퇴비법

27 열경련의 주요 원인은?

① 중추신경 마비
② 염분 배출량이 많을 때
③ 순환기계 이상
④ 뇌 온도 상승
⑤ 의식상실

28 인간이 순응할 수 있는 온도의 범위는?

① 5~40℃
② 10~50℃
③ 5~50℃
④ 10~35(40)℃
⑤ 0~50℃

29 다음 중 폐기물 해양투기에 관한 해양오염 방지 협약으로 옳은 것은?

① 교토의정서
② 런던협약
③ 바젤협약
④ 몬트리올의정서
⑤ 람사협약

30 습열을 이용한 소독법은?

① 유통증기멸균법
② 초음파멸균법
③ 세균여과법
④ 자외선멸균법
⑤ 방사선멸균법

31 석탄산계수가 4이고 석탄산의 희석배수가 30인 경우, 실제 소독약품의 희석배수는?

① 15배
② 28배
③ 32배
④ 60배
⑤ 120배

32 공기 중의 농도가 0.03% 정도이면서 무색, 무취인 것은?

① CO_2
② SO_2
③ H_2O
④ Mn
⑤ H

33 소음 작업으로 인해 초기에 난청을 발견 가능한 주파수로 옳은 것은?

① 1,000Hz
② 2,000Hz
③ 3,000Hz
④ 4,000Hz
⑤ 5,000Hz

34 지정폐기물에 관한 설명으로 옳은 것은?

① 폐산 : pH 4.0 이하인 것

② 오니류 : 수분함량이 5% 이상이거나 고형물함량이 95% 미만인 것

③ 폐유 : 기름성분 2% 이상 함유한 것

④ 폴리클로리네이티드비페닐 함유 폐기물(액체상태) : 1L당 1mmg 이상 함유한 것

⑤ 폐알칼리 : pH 12.5 이상인 것

35 불쾌지수(DI)가 얼마 이상이면 견딜 수 없는가?

① 50

② 60

③ 70

④ 80

⑤ 85

36 생물화학적 산소요구량(BOD)은 몇 ℃에서 얼마 동안 저장한 후 측정한 값인가?

① 10℃, 1일간

② 10℃, 5일간

③ 15℃, 3일간

④ 20℃, 7일간

⑤ 20℃, 5일간

37 질식사가 초래될 때 공기의 조건은?

① CO_2 3% 이상, O_2 10% 이하

② CO_2 10% 이상, O_2 7% 이하

③ CO_2 7% 이상, O_2 7% 이하

④ CO_2 5% 이상, O_2 7% 이하

⑤ CO_2 15% 이상, O_2 10% 이하

38 다음은 산성 강우에 대한 내용이다. 괄호 안에 들어갈 말은?

> 산성 강우는 pH (   ) 이하의 강우를 말하며, 대기 중의 (   )가 강우에 포함되어 위의 산도를 지니게 된 것이다.

① 5.0, CO_2

② 6.5, NO_2

③ 5.6, CO_2

④ 5.0, NO_2

⑤ 4.5, SO_2

39 실온에서 자극성이 강한 냄새를 띠며, 새집증후군의 주요물질은?

① 이산화탄소

② 일산화탄소

③ 아황산가스

④ 포름알데하이드

⑤ 오 존

40 수중에 불소가 너무 많으면(1ppm 이상) 어떤 현상이 일어나는가?

① 반상치

② 우 치

③ 충 치

④ 무 관

⑤ 정상치

41 물의 색도를 제거하기 위하여 가장 적당한 방법은?

① 보통 침전법

② 약품 침전법

③ 완속 여과법

④ 급속 여과법

⑤ 자외선 살균법

42 정수과정에서 수중의 유기물질과 염소가 반응하여 생성되는 트리할로메탄(THM)은?

① 클로로포름
② 톨루엔
③ 카바릴
④ 벤 젠
⑤ 자일렌

43 일교차에 대한 설명으로 옳은 것은?

① 일출 30분 전의 온도와 14시경의 온도와의 차이를 말한다.
② 일교차는 내륙이 해양보다 작다.
③ 일교차는 산악의 분지에서는 작고 산림 속에서는 크다.
④ 일출 2시간 전의 온도와 16시경의 온도와의 차이를 말한다.
⑤ 일출 30분 후의 온도와 14시경의 온도와의 차이를 말한다.

44 다음 중 가스상 오염물질 처리방법으로 옳은 것은?

① 흡착법
② 여과집진방법
③ 세정집진방법
④ 원심력 집진방법
⑤ 중력집단방법

45 BOD에 대한 설명 중 옳은 것은?

① BOD는 유기물이 혐기성 상태에서 분해안정화되는 데 요구되는 산소량이다.
② BOD는 보통 10℃에서 5일간 시료를 배양했을 때 소비된 산소량으로 표시된다.
③ BOD가 과도하게 높으면 DO는 감소하며 악취가 발생된다.
④ BOD는 오염의 지표로서 하수 중의 용존산소량을 나타낸다.
⑤ BOD는 수중의 유기물 농도가 높으면 감소한다.

46 대류권에서 고도가 100m 상승함에 따라 낮아지는 기온은?

① 0.35℃
② 0.65℃
③ 0.95℃
④ 1.25℃
⑤ 2.25℃

47 탄소화합물이 불완전 연소될 때 발생하는 입자의 지름이 1μm 이상인 입자상 물질은?

① 안개(fog)
② 검댕(soot)
③ 매연(smoke)
④ 증기(vapor)
⑤ 훈연(fume)

48 먹는물의 세균을 효과적으로 제거할 수 있는 소독법은?

① 염소법
② 과망간산칼륨법
③ 중크롬산칼륨법
④ 포기법
⑤ 적외선법

49 1군 발암물질인 라돈이 가장 많이 발생하는 것은?

① 페인트
② 목 재
③ 화강암
④ 축전지
⑤ 플라스틱

50 다음 중 이상적인 소독제의 구비조건으로 옳은 것은?

① 석탄산 계수치가 낮을 것
② 인축에 독성이 강할 것
③ 안정성이 있고 물에 잘 녹을 것
④ 사용방법이 어려울 것
⑤ 침투력이 약할 것

2과목 | **위생곤충학**

51 곤충의 체벽(표피)을 구성하는 여러 가지 층(Layer) 중 가장 외부층은?

① 근 육　　　② 기저막
③ 표피세포　④ 내표피
⑤ 왁스층

52 다음 중 유충이 탈피하여 번데기가 되는 과정을 무엇이라고 하는가?

① 부화과정　② 탈피과정
③ 용화과정　④ 우화과정
⑤ 유화과정

53 개미의 특징으로 옳은 것은?

① 독립적인 생활을 한다.
② 먹이 특성은 잡식성이다.
③ 불완전변태를 한다.
④ 수개미는 여왕개미보다 크다.
⑤ 환경 변화에 대한 적응력이 약하다.

54 지카바이러스를 매개하는 모기는?

① 중국얼룩날개모기　② 작은빨간집모기
③ 긴얼룩다리모기　　④ 지하집모기
⑤ 흰줄숲모기

55 다음 중 유기인계 살충제로 옳은 것은?

① 벤디오카브
② DDT
③ 헵타클로르
④ 말라티온
⑤ 피페로닐 사이크로닌

56 트리아토민 노린재가 옮기는 질병은 무엇인가?

① 록키산홍반열　　② 뎅기열
③ 샤가스병　　④ 황 열
⑤ 쯔쯔가무시증

57 수질오염과 관련하여 공장폐수의 어류에 대한 치사량을 구할 때의 단위는?

① ADI　　② LC_{50}
③ LP_{50}　　④ TLM_{48}
⑤ BLI

58 살서제 중 만성 살서제에 해당하는 것은?

① Antu
② Vacor=RH787
③ Zinc Phosphide
④ Warfarin
⑤ Calciferol

59 자동차에 장착한 대형 가열연막기로 공간살포를 하려고 할 때 가장 적당한 시기는 어느 때인가?

① 비오는 날　　② 정 오
③ 해 질 녘　　④ 저 녁
⑤ 상관없음

60 가열연막 소독에 대한 설명한 것으로 옳은 것은?

① 방제원가가 잔류분무에 비하여 비교적 저렴함
② 하수구, 돌 틈, 풀잎 아랫면에 약제침투가 어려움
③ 대기에 노출 시 대기오염 및 기타 곤충에 악영향을 끼치지 않음
④ 지열이 높은 낮시간대에 효과가 있음
⑤ 분사구는 45° 하향함

61 다음 중 만성 살서제의 설명으로 옳은 것은?

① 1회 다량 투여보다 4~5회 소량 중복투여가 효과적이다.
② 한 번 먹으면 쥐가 잘 먹지 않는다.
③ 1~2일 후 설치한 살서제를 수거한다.
④ 사전미끼를 설치해야 한다.
⑤ 독성이 강하여 먹은 쥐는 약 24시간 이내로 죽는다.

62 클로로피크린 등을 사용하여 살충하는 방법의 명칭은?

① 훈증제
② 잔류제
③ 기피제
④ 불임제
⑤ 발육억제제

63 체체파리가 매개하는 질병은?

① 홍 역
② 콜레라
③ 장티푸스
④ 쯔쯔가무시증
⑤ 아프리카수면병

64 뉴슨스에 해당하는 곤충은?

① 등 에
② 바 퀴
③ 빈 대
④ 파 리
⑤ 하루살이

65 독나방 유충이 발생하는 장소를 확인하기 위해 조사해야 하는 곳은?

① 거 실
② 산 림
③ 하수구
④ 정화조
⑤ 지하실

66 쥐에 대한 설명으로 옳은 것은?

① 생후 2일 후에 눈을 뜬다.
② 생쥐는 경계심이 많다.
③ 시력은 적녹색맹이다.
④ 촉각이 발달해서 야간 활동성이다.
⑤ 단독 개별생활을 한다.

67 보기와 같은 생활사를 가진 곤충은?

> • 유충은 2회 탈피하고 3령기가 되면 번데기로 된다.
> • 번데기 기간은 4~5일이다.
> • 알의 부화기간은 1일 미만이다.
> • 완전변태를 한다.

① 파 리
② 바 퀴
③ 빈 대
④ 이
⑤ 진드기

68 이질바퀴에 대한 설명으로 옳은 것은?

① 체장은 35~40mm이다.
② 체색은 밝은 황색을 띤다.
③ 가주성 바퀴 중 가장 소형이다.
④ 전흉배판에는 2줄의 흑색 종대를 띤다.
⑤ 전국적으로 분포한다.

69 냉장고 밑에 숨어 있는 바퀴를 방제하려고 할 때 적합한 노즐의 형태는?

① 직선형
② 부채형
③ 원추형
④ 원추-직선 조절형
⑤ 원뿔형

70 즐치벼룩에 해당하는 것은?

① 사람벼룩
② 모래벼룩
③ 개벼룩
④ 닭벼룩
⑤ 열대쥐벼룩

71 보기와 같은 형태적 특징을 보이는 곤충은?

> • 흉부는 흑갈색이다.
> • 흉부는 4개의 흑색 종선이 있다.
> • 유충의 색은 거의 백색이다.
> • 촉각 극모는 우상(羽狀)이다.

① 딸집파리
② 쇠파리
③ 체체파리
④ 쉬파리
⑤ 집파리

72 다음 중 말피기관의 설명으로 옳은 것은?

① 소화효소 생성
② 먹이를 일시 저장
③ 노폐물 여과
④ 먹이의 역행 방지
⑤ 생식기관

73 발진티푸스가 가장 많이 발생하는 계절은?

① 봄
② 여 름
③ 가 을
④ 겨 울
⑤ 관계없음

74 빌딩 지하공간에서 서식·활동하며, 흡혈을 하지 않아도 산란이 가능한 모기는?

① 지하집모기
② 이집트숲모기
③ 중국얼룩날개모기
④ 작은빨간집모기
⑤ 토고숲모기

75 분류학상 빈대가 속하는 목(Order)은?

① 노린재목
② 진드기목
③ 나비목
④ 벼룩목
⑤ 파리목

76 여행가방이나 고가구를 통해서 전파되는 위해곤충은?

① 빈 대
② 깔따구
③ 진드기
④ 등 에
⑤ 노린재

77 희석용매가 불필요하고 원제를 50μm 이하의 미립자로 방출하는 것은?

① 잔류분무
② 미스트
③ 분제살포
④ 가열연막
⑤ 극미량연무

78 살충제 용기 표지에 '주의(CAUTION)' 의미는?

① 실질적 무독성
② 저(低)독성
③ 중(中)독성
④ 고(高)독성
⑤ 극미독성

79 등에가 매개하는 질병은?

① 말라리아
② 튜라레미아
③ 사상충증
④ 황 열
⑤ 리슈마니아

81 「공중위생관리법」상 위생사의 업무 중 대통령령으로 정하는 업무는?

① 음료수의 처리 및 위생관리
② 위생용품의 위생관리
③ 영업허가
④ 보건관리업무
⑤ 유해 곤충 매개체 관리

82 「공중위생관리법」상 보건복지부장관이 위생사의 면허를 취소하는 처분을 할 때 거쳐야 하는 절차는?

① 보 상
② 재 심
③ 소 청
④ 심 문
⑤ 청 문

80 치사량의 살충제를 뿌렸을 때 방제가 되었던 위해곤충이 살아있는 경우는 어떤 저항성인가?

① 교차 저항성
② 환경적 저항성
③ 생태적 저항성
④ 대사 저항성
⑤ 생리적 저항성

83 「공중위생관리법」상 위생서비스수준의 평가에 따른 일반관리대상 업소의 등급은?

① 녹색 등급
② 황색 등급
③ 백색 등급
④ 붉은색 등급
⑤ 청색 등급

84 「공중위생관리법」상 공중위생영업자의 위생교육 시간은?

① 6개월마다, 1시간
② 6개월마다, 2시간
③ 매년, 1시간
④ 매년, 3시간
⑤ 매년, 6시간

85 「공중위생관리법」상 위생사의 면허증을 다른 사람에게 빌려준 사람에 대한 벌칙은?

① 100만원 이하의 과태료
② 200만원 이하의 과태료
③ 300만원 이하의 벌금
④ 1년 이하의 징역 또는 1천만원 이하의 벌금
⑤ 3년 이하의 징역 또는 3천만원 이하의 벌금

86 「식품위생법」상 가금 인플루엔자에 걸린 동물을 사용하여 판매할 목적으로 식품 또는 식품첨가물을 제조 · 가공 · 수입 또는 조리한 자가 처하는 벌칙은?

① 1년 이상의 징역
② 2년 이상의 징역
③ 3년 이상의 징역
④ 5년 이상의 징역
⑤ 7년 이상의 징역

87 「식품위생법」상 집단급식소에서 조리 · 제공한 식품의 매회 1인분 분량을 보관하는 기준은?

① 10℃, 96시간
② 5℃, 120시간
③ 0℃, 120시간
④ -18℃, 144시간
⑤ -5℃, 144시간

88 「식품위생법」상 건강진단 대상자는 건강진단을 언제 받아야 하는가?

① 영업 시작 전
② 영업 종사 후 3일 이내
③ 영업 종사 후 7일 이내
④ 영업 종사 후 14일 이내
⑤ 영업 종사 후 1개월 이내

89 「식품위생법」상 식품위생교육을 받지 않아도 되는 식품접객업자는?

① HACCP 인증을 받은 경우
② 위생사 면허를 소지한 경우
③ 종업원을 2명 이하 두는 경우
④ 영업한 지 10년이 넘은 경우
⑤ 매출이 100만원 이하인 경우

90 「식품위생법」상 단란주점영업, 유흥주점영업을 허가하는 자는?

① 식품의약품안전처장
② 국립보건연구원장
③ 질병관리청장
④ 시 · 도지사
⑤ 특별자치시장 · 특별자치도지사 또는 시장 · 군수 · 구청장

91 「식품위생법」상 식중독 환자를 진단한 의사는 누구에게 보고하여야 하는가?

① 보건복지부장관
② 국무총리
③ 질병관리청장
④ 보건소장
⑤ 특별자치시장 · 시장 · 군수 · 구청장

92 「식품위생법」상 식품안전정보원의 사업으로 옳은 것은?

① 식품위생에 관한 교육·연구 기관의 육성 및 지원
② 식품산업에 관한 조사·연구
③ 건강 위해가능 영양성분 함량 모니터링 및 정보제공
④ 식품 등의 기준과 규격에 관한 사항
⑤ 식품이력추적관리의 등록·관리

93 「감염병의 예방 및 관리에 관한 법률」상 생물테러감염병에 해당하는 것은?

① 콜레라
② 탄 저
③ 뎅기열
④ 큐 열
⑤ 웨스트나일열

94 「감염병의 예방 및 관리에 관한 법률」상 예방접종의 효과에 관한 조사를 실시하는 자는?

① 식품의약품안전처장
② 국립보건연구원장
③ 질병관리청장
④ 보건소장
⑤ 특별자치도지사 또는 시장·군수·구청장

95 「감염병의 예방 및 관리에 관한 법률」상 일시적으로 식품접객업 업무 종사의 제한을 받는 감염병은?

① 요충증
② 간흡충증
③ 콜레라
④ 장흡충증
⑤ 연성하감

96 「감염병의 예방 및 관리에 관한 법률」상 소독업자는 소독에 관한 사항을 기록하고 얼마간 보존하여야 하는가?

① 3개월
② 6개월
③ 1년
④ 2년
⑤ 3년

97 「감염병의 예방 및 관리에 관한 법률」상 예방위원의 직무가 아닌 것은?

① 역학조사
② 감염병 발생의 정보 수집
③ 감염병환자 등의 관리 및 치료
④ 위생교육
⑤ 감염병환자 등의 치료에 관한 기술자문

98 「감염병의 예방 및 관리에 관한 법률」상 질병관리청장은 감염병의 예방 및 관리에 관한 기본계획을 몇 년마다 수립·시행하여야 하는가?

① 1년
② 2년
③ 3년
④ 5년
⑤ 10년

99 「먹는물관리법」상 대통령령으로 정하는 규모 이상의 샘물을 개발하려는 자는 누구의 허가를 받아야 하는가?

① 식품의약품안전처장
② 보건복지부장관
③ 질병관리청장
④ 환경부장관
⑤ 시·도지사

100 「먹는물관리법」상 샘물보전구역을 지정할 수 있는 자는?

① 보건복지부장관
② 환경부장관
③ 식품의약품안전처장
④ 시 · 도지사
⑤ 시장 · 군수 · 구청장

101 「먹는물관리법」상 샘물 등의 개발허가의 유효기간은?

① 1년
② 2년
③ 3년
④ 4년
⑤ 5년

102 「먹는물관리법」상 먹는샘물 등의 제조업에 종사하지 못하는 질병은?

① 콜레라, 결핵, 폴리오
② 콜레라, 파라티푸스, 폴리오
③ 장티푸스, A형간염, 세균성이질
④ 장티푸스, 파라티푸스, 세균성이질
⑤ 장출혈성대장균감염증, 장티푸스, 홍역

103 「먹는물관리법」상 먹는물의 수질기준 중 심미적 영향물질은?

① 카바릴
② 페 놀
③ 알루미늄
④ 불 소
⑤ 셀레늄

104 「폐기물관리법」상 주사바늘, 봉합바늘, 수술용 칼날 등은 어느 의료폐기물에 속하는가?

① 조직물류폐기물
② 손상성폐기물
③ 병리계폐기물
④ 일반의료폐기물
⑤ 혈액오염폐기물

105 「하수도법」상 분뇨처리시설의 방류수수질기준으로 옳은 것은?

① 총인(T-P) : 20mg/L 이하
② 총질소(T-N) : 70mg/L 이하
③ 부유물질(SS) : 50mg/L 이하
④ 총유기탄소량(TOC) : 60mg/L 이하
⑤ 생물화학적 산소요구량(BOD) : 30mg/L 이하

1과목 | 공중보건학

01 학교보건에서 가장 먼저 시행해야 하는 것은?

① 학교보건봉사
② 학교보건교육
③ 학교급식
④ 학교환경위생관리
⑤ 학교정신보건과 사고예방, 응급처치

02 근대시기에 보건학 발달에 기여한 인물의 업적으로 바르게 연결된 것은?

① 뢴트겐(Roentgen) – 환경위생학 실시
② 페텐코퍼(Pettenkofer) – X–선 발견
③ 비스마르크(Bismarch) – 감염병 감염설의 입증 동기 마련
④ 파스퇴르(Pasteur) – 미생물설 주장
⑤ 코흐(Koch) – 사회보장제도 창시

03 사회자, 발표자, 청중이 모두 주제에 대한 전문가이며 2~5명의 발표자가 발표를 한 후 청중과 함께 논의하는 보건교육 방법은?

① 심포지엄
② 브레인스토밍
③ 강의법
④ 역할극
⑤ 버즈세션

04 조선시대 의료담당기관의 연결이 옳은 것은?

① 활인서 – 보건행정 담당
② 전형사 – 의약 담당
③ 혜민서 – 왕실의료 담당
④ 내의원 – 서민의료 담당
⑤ 광혜원 – 감염병환자 담당

05 제5차 국민건강증진종합계획의 사업분야 중 건강생활 실천 중점과제에 포함되지 않는 것은?

① 비 만
② 금 연
③ 절 주
④ 신체활동
⑤ 영 양

06 보건소의 업무 중에서 특별히 지역주민의 만성질환 예방 및 건강한 생활습관 형성을 지원하기 위하여 읍·면·동을 기준으로 1개씩 설치할 수 있는 지역보건의료기관은?

① 보건지소
② 정신건강복지센터
③ 건강생활지원센터
④ 보건진료소
⑤ 보건의료원

07 세계보건기구의 회원국에 대한 가장 중요한 기능은?

① 기술지원
② 재정지원
③ 의약품지원
④ 기술요원지원
⑤ 보건의료시설지원

08 우리나라 최초의 사회보장제도로 옳은 것은?

① 산재보험　　　② 연금보험
③ 건강보험　　　④ 고용보험
⑤ 생명보험

09 우리나라에서 채택하고 있는 진료비의 지불체계는?

① 굴신제
② 환불제
③ 공제제
④ 제3자 지불제
⑤ 직접지불제

10 다음 중 추세변화에 해당하는 것으로만 묶인 것은?

① 백일해, 디프테리아
② 장티푸스, 디프테리아
③ 홍역, 백일해
④ 홍역, 장티푸스
⑤ 백일해, 장티푸스

11 행위별 수가제에 대한 설명으로 옳은 것은?

① 행정적으로 간단하다.
② 과잉진료로 의료비가 상승할 수 있다.
③ 진료서비스 제공이 최소화되는 경향이 있다.
④ 질병치료보다 예방활동에 중점을 둔다.
⑤ 의료수준이 낮고 의학발전을 저해한다.

12 국민생활수준의 향상과 함께 감염병의 양상도 변화한다. 증가의 경향을 나타내는 질환은?

① 뇌염, 말라리아
② 두창, 트라코마
③ 홍역, 디프테리아
④ 성병, 감염성 간염
⑤ 재귀열, 발진티푸스

13 태반감염이 가능한 질병으로만 묶인 것은?

① 매독, 콜레라
② 매독, 풍진
③ 나병, 요충증
④ 콜레라, 풍진
⑤ 장티푸스, 요충증

14 감염할 수 있는 병원체의 능력을 뜻하는 용어로 병원체가 숙주에서 발육증식하는 것을 무엇이라 하는가?

① 감수성　　　② 감 염
③ 감염기　　　④ 공 생
⑤ 감염력

15 다음 중 질병과 전파의 방법이 옳게 묶인 것은?

① 배설 - 발진열, 발진티푸스
② 혈액 - 폴리오, 말라리아
③ 공기 - 감기, 홍역
④ 상처 - 탄저병, 아메바성이질
⑤ 분비물 - 디프테리아, 매독

16 질병발생의 3대 요소로 옳은 것은?

① 숙주, 환경, 소질
② 병인, 숙주, 환경
③ 병인, 환경, 감염
④ 병인, 숙주, 유전
⑤ 환경, 감염, 소질

17 어떤 질병이 1년을 주기로 대유행이 반복된다면 어떤 변화인가?

① 추세변화
② 순환변화
③ 불규칙변화
④ 돌연유행성 변화
⑤ 계절적 변화

18 표준정규분포의 표준편차는?

① −1
② 0
③ 1
④ 0.1
⑤ 2

19 사균백신, 생균백신, 톡소이드(Toxoid) 접종으로 얻어지는 면역은?

① 자연능동면역
② 자연수동면역
③ 인공능동면역
④ 인공수동면역
⑤ 감염면역

20 질병명과 매개체의 연결이 옳은 것은?

① 발진열 – 학질모기
② 발진티푸스 – 쥐
③ 페스트 – 진드기
④ 재귀열 – 파리
⑤ 황열 – 모기

21 결핵의 집단검사 시 가장 먼저 실시하는 것은?

① X-ray 직접 촬영
② X-ray 간접 촬영
③ 객담검사
④ 혈액검사
⑤ PPD 반응검사

22 한 명의 여자가 가임기간 동안에 낳은 여자아이의 수로 나타내는 인구지표는?

① 조자연증가율
② 인구증가율
③ 총재생산율
④ 합계출산율
⑤ 조출생률

23 습지의 보호와 지속 가능한 이용에 관한 국제협약은?

① 교토의정서
② 파리협정
③ 바젤협약
④ 몬트리올의정서
⑤ 람사르협약

24 연평균 인구증가율이 7.0%라면 인구의 크기가 2배가 되는 데 필요한 연수는?

① 50년
② 40년
③ 30년
④ 20년
⑤ 10년

25 우리나라에서 근대적 의미의 국세조사를 실시한 최초의 연도와 국세조사의 명칭으로 옳은 것은?

① 1925년, 조선국세조사
② 1925년, 간이국세조사
③ 1935년, 총인구조사
④ 1940년, 인구센서스
⑤ 1944년, 간이국세조사

26 인구주택총조사는 몇 년 간격으로 언제를 기준으로 실시하는가?

① 매년 7월 1일
② 매년 10월 1일
③ 5년마다 10월 1일
④ 5년마다 11월 1일
⑤ 10년마다 11월 1일

27 간접적인 효과가 가장 큰 보건교육방법은?

① 사회보건
② 보건행정
③ 학교보건교육
④ 주민교육
⑤ 보건법규

28 다음 중 2차 성비에 해당하는 것은?

① 출생 시 성비
② 사망 시 성비
③ 태아의 성비
④ 혼령기 성비
⑤ 현재 인구의 성비

29 보건통계에서 말하는 모집단이란 무엇인가?

① 연구대상이 되는 전체집단
② 전체집단에서 추출한 측정값의 집합
③ 단위시간 동안 다른 측정값의 변화량
④ 모든 측정값을 다 더해서 자료의 개수로 나누어 구한 값
⑤ 가장 중앙에 위치하는 집단

30 2차 세계대전 당시 군사작전상의 문제 해결을 위하여 학자들이 고안한 것으로, 사업 집행상황을 조사하는 운영연구에 해당하는 것은?

① PPBS   ② SA
③ OR   ④ PERT
⑤ POSDCORB

31 골격과 치아를 형성하며, 혈액 응고에 관여하는 무기질은?

① 요오드   ② 칼 륨
③ 인   ④ 칼 슘
⑤ 불 소

32 영아사망률을 계산할 때 분자에 해당하는 것은?

① 생후 1주일 이내 사망한 영아수
② 생후 4주일 이내 사망한 영아수
③ 생후 3개월 이내 사망한 영아수
④ 생후 6개월 이내 사망한 영아수
⑤ 생후 1년 이내 사망한 영아수

33 비생산층인구는 60, 생산층인구는 100일 때, 부양비는 몇 %인가?

① 45%
② 50%
③ 55%
④ 60%
⑤ 65%

34 우리나라의 WHO 가입내용으로 옳은 것은?

① 우리나라는 서태평양지역의 소속이다.
② 63번째 가입국이 되었다.
③ 지역사무소의 본부는 도쿄이다.
④ 소속국으로 일본, 인도네시아, 몽골, 중국 등이 있다.
⑤ 1945년에 가입하였다.

35 다음 중 우리나라 전체의 암발생률 1위 암으로 옳은 것은?

① 대장암
② 갑상선암
③ 폐 암
④ 위 암
⑤ 간 암

36 다음 중 실온에서 보관해도 변질과 무관한 식품은 무엇인가?

① 올리브유　　② 삼겹살
③ 통조림　　④ 바나나
⑤ 떡

37 방사선 살균법 중 투과력이 제일 약한 방사선은 무엇인가?

① β선　　② γ선
③ δ선　　④ χ선
⑤ α선

38 식품의 보존법 중 화학적 보존법은?

① 가열법
② 건조법
③ 냉장법
④ 밀봉법
⑤ 염장법

39 우유 살균에서 시간과 온도의 관계를 그린 노스(North) 곡선은 어떤 균을 파괴하기 위해 연구되었는가?

① 디프테리아균
② 결핵균
③ 장티푸스균
④ 연쇄상구균
⑤ 대장균

40 동결 저항성이 강하여 냉동식품의 분변오염 지표균으로 이용되는 것은?

① Pseudomonas aeruginosa
② Enterococcus faecalis
③ Proteus vulgaris
④ Streptococcus pyogenes
⑤ Escherichia coli

41 세균수가 식품 1g당 얼마이면 부패로 판정하는가?

① $10^{2\sim3}$
② $10^{3\sim4}$
③ $10^{5\sim6}$
④ $10^{7\sim8}$
⑤ $10^{9\sim10}$

42 식품안전관리인증기준(HACCP)의 제1단계에 시행해야 하는 것은?

① 기록 유지(Record Keeping)
② 위해요소 분석(Hazard Analysis)
③ 중요관리점(Critical Control Point) 설정
④ 허용한계기준 결정
⑤ 모니터링 방법의 설정

43 불규칙적인 발열이 나타나며, 가축 유산의 원인이 되는 인수공통감염병은?

① 결 핵
② Q 열
③ 브루셀라증
④ 살모넬라병
⑤ 리스테리아병

44 그람양성의 호기성 간균이며 강한 내열성 포자를 형성하는 균은?

① Proteus
② Bacillus
③ Pseudomonas
④ Clostridium
⑤ Escherichia

45 식품위생상 중요한 곰팡이 중 알코올 발효균에 주로 이용되며 원예작물(딸기, 귤, 채소 등)에 증식하는 변패의 원인균은 무엇인가?

① Penicillium
② Fusarium
③ Aspergillus oryzae
④ Aspergillus niger
⑤ Rhizopus

46 육류의 변질 및 부패과정의 pH 변화로 옳은 것은?

① 알칼리성 → 산성 → 중성
② 알칼리성 → 중성 → 산성
③ 중성 → 산성 → 알칼리성
④ 액성의 변화 없음
⑤ 산성 → 중성 → 알칼리성

47 어패류에 의해서 감염되는 기생충 중, 특히 은어를 날로 먹었을 때 감염될 우려가 높은 것은?

① 요코가와흡충
② 광절열두조충
③ 유극악구충
④ 간흡충
⑤ 아니사키스

48 다음 중 치명률이 가장 높고 신경증상을 나타내는 식중독 원인균은?

① 포도상구균
② 보툴리누스균
③ 살모넬라균
④ 비브리오균
⑤ 대장균

49 다음 중 독소형 식중독은?

① 바실러스 세레우스 식중독
② 살모넬라 식중독
③ 병원성대장균 식중독
④ 장염비브리오 식중독
⑤ 캠필로박터 식중독

50 발열과 설사, 복통을 유발하며 보균자의 담낭에서 서식하는 균은?

① 장티푸스균
② 브루셀라균
③ 비브리오콜레라균
④ 이질균
⑤ 파라티푸스균

51 물에 녹기 쉬운 무색의 가스살균제로 방부력이 강하여 0.1%로서 포자균에 유효하며, 단백질을 변성시키고 중독 시 두통, 위통, 구토 등의 중독 증상을 일으키는 물질은?

① 승 홍
② 불화수소
③ 붕 산
④ 포름알데히드
⑤ 크레졸

52 곰팡이 대사산물로 온혈동물에 해독을 주는 물질군을 총칭하는 것은?

① Antibiotics
② Inhibitor
③ Mycotoxin
④ Mycotoxicosis
⑤ Amanitatoxin

53 포도상구균 식중독의 원인물질은?

① 엔테로톡신(Enterotoxin)
② 테트로도톡신(Tetrodotoxin)
③ 에르고톡신(Ergotoxin)
④ 아플라톡신(Aflatoxin)
⑤ 솔라닌(Solanine)

54 알레르기성 식중독을 일으키는 세균은?

① Morganella morganii
② Pseudomonas fluorescence
③ Proteus vulgaris
④ Proteus rettgeri
⑤ Serratia marcescens

55 껌 기초제와 피막제로 사용되는 식품첨가물은?

① 데히드로초산나트륨
② 차아염소산나트륨
③ 아질산나트륨
④ 초산비닐수지
⑤ 규소수지

56 부패의 정의로 옳은 것은?

① 무기질이 pH의 변화에 의해서 변질되는 현상
② 지방이 공기 중의 산소에 의해 변질되는 현상
③ 단백질이 혐기적인 조건에서 미생물에 의해 변질되는 현상
④ 비타민이 분해되어 저분자 물질이 되는 현상
⑤ 탄수화물이 미생물 작용에 의해 알코올을 생성하는 현상

57 디프테리아의 원인균은?

① Corynebacterium diphtheriae
② Shigella dysenteriae
③ Bordetella pertussis
④ Mycobacterium tuberculosis
⑤ Brucella suis

58 황변미(yellowed rice) 중독의 원인이 되는 주미생물은?

① Claviceps purpurea
② Fusarium tricinctum
③ Aspergillus flavus
④ Penicillium citreoviride
⑤ Rhizopus delemar

59 대변에서 나온 충란에 감염되며 음식과 함께 인체로 들어가 15시간 안에 탈피하여 장간막을 뚫고 간으로 침입하는 기생충은?

① 요 충
② 십이지장충
③ 편 충
④ 동양모양선충
⑤ 회 충

60 가열이 불충분한 돼지고기의 섭취로 감염될 수 있는 기생충은?

① 선모충, 무구조충
② 회충, 십이지장충
③ 유구조충, 선모충
④ 무구조충, 아니사키스
⑤ 광절열두조충, 톡소플라스마

61 크림빵을 먹고 3시간 후 배탈이 났다면 식중독의 원인균으로 옳은 것은?

① 살모넬라
② 포도상구균
③ 장염비브리오
④ 웰치균
⑤ 보툴리누스균

62 세균성 경구감염병은?

① 폴리오
② 콜레라
③ 유행성간염
④ 인플루엔자
⑤ 전염성설사증

63 항문 주위의 가려움을 나타내고 스카치테이프 검출법을 이용하는 기생충은?

① 동양모양선충
② 편 충
③ 요 충
④ 회 충
⑤ 십이지장충

64 호염성 세균으로 주원인식품은 어패류, 생선회 등이며, 60℃ 정도의 가열로도 사멸하는 식중독 균은?

① 살모넬라균
② 장염비브리오균
③ 병원성대장균
④ 캠필로박터균
⑤ 황색포도상구균

65 용혈성요독증후군을 유발하는 병원성대장균은?

① 장관출혈성 대장균(EHEC)
② 장병원성 대장균(EPEC)
③ 장독소원성 대장균(ETEC)
④ 장관흡착성 대장균(EAEC)
⑤ 장침입성 대장균(EIEC)

66 식품 부패 시 트리메틸아민의 함량은?

① 0~0.01mg% 이상
② 0.1~0.3mg% 이상
③ 0.1~1mg% 이상
④ 0~1mg% 이상
⑤ 3~4mg% 이상

67 다음 중 탄수화물이 탈 경우 발생하는 화학물질로 옳은 것은?

① 모노글리세리드
② 멜라노이딘
③ 폴리카보네이트
④ 콜 린
⑤ 아크릴아마이드

68 식기 및 도마, 주사기 등에 널리 사용되는 소독법은?

① 고압증기멸균법
② 자비소독법
③ 석탄산소독법
④ 간헐멸균법
⑤ 화염멸균법

69 발색제(색소고정제)의 경육 제품의 사용기준은?

① 0.07g/kg
② 0.05g/kg
③ 0.04g/kg
④ 0.03g/kg
⑤ 0.01g/kg

70 대합조개, 섭조개, 홍합이 갖고 있는 독소의 성분은?

① 아트로핀(atropine)
② 삭시톡신(saxitoxin)
③ 베네루핀(venerupin)
④ 무스카린(muscarine)
⑤ 테트로도톡신(tetrodotoxin)

71 글리실리진산2나트륨의 첨가가 허가된 식품은 무엇인가?

① 벌 꿀
② 청량음료
③ 간 장
④ 초콜릿
⑤ 물 엿

72 푸른곰팡이(Penicillium)속이 생성하는 신경독은?

① 말토리진(maltoryzine)
② 아플라톡신(Aflatoxin)
③ 오크라톡신(Ochratoxin)
④ 제랄레논(Zearalenone)
⑤ 파툴린(Patulin)

73 방사선조사 식품에 사용할 수 있는 동위원소는?

① Co-60
② Fe-59
③ I-131
④ U-238
⑤ Ba-140

74 치즈, 마가린, 버터에 허용된 방부제로 옳은 것은?

① 황산나트륨
② 데히드로초산(DHA)
③ 디부틸히드록시아니졸
④ 디부틸히드록시톨루엔
⑤ 모노소디움 글루타메이트

75 다음 중 감자에서 생성되는 독소는?

① Solanine
② Muscarine
③ Gossypol
④ Amygdalin
⑤ Cicutoxin

01 대기오염공정시험기준에서 미세먼지의 입경 기준은?

① 5μm 이하

② 10μm 이하

③ 12μm 이하

④ 15μm 이하

⑤ 20μm 이하

03 다음은 원자흡수분광광도법의 그림이다. A~D 까지 바르게 연결한 것은?

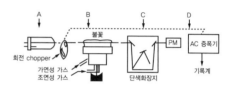

	A	B	C	D
①	시료원자화부	광원부	단색화부	측광부
②	광원부	시료원자화부	측광부	단색화부
③	광원부	시료원자화부	단색화부	측광부
④	광원부	측광부	단색화부	시료원자화부
⑤	단색화부	시료원자화부	광원부	측광부

02 그림의 소음계로 환경기준 중 일반지역의 소음 측정에서, 가능한 한 측정점 반경 얼마 이내에 장애물이 없어야 하는가?

① 1.5m

② 2.5m

③ 3.0m

④ 3.5m

⑤ 4.0m

04 하수 · 폐수의 물리적 처리 중 비중이 큰 무기성 입자가 다른 입자의 영향을 받지 않고 침전할 경 우 침전속도에 관한 법칙은?

① 라울의 법칙

② 스토크스의 법칙

③ 허블의 법칙

④ 헨리의 법칙

⑤ 보일-샤를의 법칙

05 용액 중에 분자가 물리적 또는 화학적 결합력에 의해서 고체 표면에 붙는 현상은?

① 응 집
② 중 화
③ 흡 착
④ 탈 착
⑤ 침 전

06 링겔만차트를 사용하여 굴뚝에서 배출되는 매연을 측정할 때, 2도이면 흰색비율은 전체의 몇 %인가?

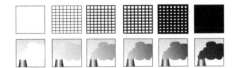

① 20%   ② 40%
③ 60%   ④ 80%
⑤ 100%

07 암소음이 93dB(A)이고 대상소음이 96dB(A)일 때, 보정대상소음은 몇 dB(A)인가?

[암소음 영향에 대한 보정도]

측정소음도와 암소음의 차	3	4	5	6	7
보정치	−3	−2		−1	

① 92dB(A)
② 93dB(A)
③ 94dB(A)
④ 95dB(A)
⑤ 96dB(A)

08 역성비누(invert soap)의 주성분은?

① 지방족화합물
② 질산염
③ 4급 암모늄염
④ 과산화수소
⑤ 초산은

09 다음과 같은 방법으로 소음을 측정하고자 할 때, 측정자와 소음계 간의 간격으로 옳은 것은?

① 0.1m
② 0.5m
③ 1.0m
④ 1.5m
⑤ 2.0m

10 열처리나 화학적 살균제를 사용할 수 없는 액체를 살균할 때 사용하는 비가열 살균법은?

① 간헐멸균법
② 염소소독법
③ 세균여과법
④ 자비멸균법
⑤ 건열멸균법

11 용존산소(DO)의 분석 시 종말점 색깔의 변화로 옳은 것은?

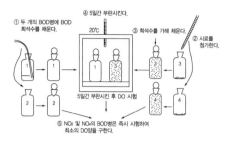

① 무색~적색

② 무색~청색

③ 청색~황색

④ 청색~무색

⑤ 무색~황색

12 사진의 기기를 사용하여 미세먼지(PM-10)를 측정하는 방법은?

① 저용량 공기포집법

② 고용량 공기포집법

③ 베타선법

④ 광산란법

⑤ 광투과법

13 먹는물의 건강상 유해영향 유기물질에 관한 기준으로 옳은 것은?

① 사염화탄소는 0.001mg/L를 넘지 아니할 것

② 페놀은 0.05mg/L를 넘지 아니할 것

③ 벤젠은 0.1mg/L를 넘지 아니할 것

④ 톨루엔은 7mg/L를 넘지 아니할 것

⑤ 파라티온은 0.06mg/L를 넘지 아니할 것

14 폴리염화비닐(PVC) 재질의 식품 포장재에서 용출될 수 있는 내분비교란 물질은?

① 둘 신

② 카드뮴

③ 니트로소아민

④ 프탈레이트화합물

⑤ 실리콘

15 다음 BOD(Biochemical Oxygen Demand) 곡선에서 탄소성분이 분해되는 곡선은?

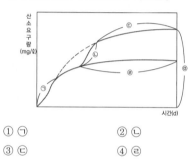

① ㉠　　　　② ㉡

③ ㉢　　　　④ ㉣

⑤ ㉤

16 한 가족의 분뇨 4~6개월분을 저장할 수 있는 크기이며, 대소변 유입구의 변기 반대쪽에 출구를 설치하여 분뇨를 퍼낼 수 있도록 된 변소의 유형은?

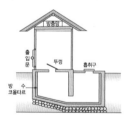

① 분뇨 분리식 변소　　② 메탄가스 발생식 변소

③ 수조 변소　　　　　④ 수세식 변소

⑤ 농촌형 부패소

17 식품보관 냉장고는 벽으로부터 몇 cm 위치에 있는 것이 좋은가?

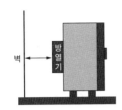

① 1cm

② 5cm

③ 10cm

④ 50cm

⑤ 100cm

18 단백질 식품의 신선도와 부패 판정을 위한 검사는?

① 요오드가

② 검화가

③ 과산화물가

④ 휘발성 염기질소

⑤ 카르보닐가

19 주방에서 벽이 갖추어야 할 3가지 조건은?

① 내수성 자재, 어두운 색, 매끈할 것

② 내수성 자재, 밝은 색, 매끈할 것

③ 내수성 자재, 밝은 색, 거칠 것

④ 침수성 자재, 어두운 색, 거칠 것

⑤ 침수성 자재, 밝은 것, 매끈할 것

20 다음 생활사의 기생충에 해당하는 것은?

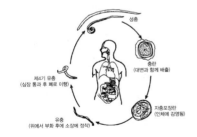

① 폐흡충

② 편 충

③ 간흡충

④ 십이지장충

⑤ 회 충

21 다음 통조림의 제조표시 중 3D02가 의미하는 것은?

① 2002년 3월 20일

② 2002년 3월 2일

③ 2003년 12월 2일

④ 2003년 10월 3일

⑤ 2003년 3월 20일

22 냉장고에 식품을 보관하는 방법 중 상단에 저장하는 식품으로 옳은 것은?

냉동실 −18℃ 이하	
온도계	상 : 0~3℃
	중 : 5℃ 이하
	하 : 7~10℃

① 달 걀

② 과 일

③ 어패류

④ 조리식품

⑤ 유제품

23 다음 중 HACCP의 하위구조인 SSOP의 설명으로 옳은 것은?

① 적정제조기준

② 위생관리기준

③ 위해요소관리기준

④ 중점관리제조관리기준

⑤ 위생제조기준

24 식품 섭취 후 2~4시간 내에 구역질, 구토, 복통, 설사를 유발하는 독소형 식중독균은?

① 황색포도상구균(Staphylococcus)

② 비브리오(Vibrio)

③ 리스테리아(Listeria)

④ 캠필로박터(Campylobacter)

⑤ 에어로모나스(Aeromonas)

25 다음 그림에서 곤충의 두부형태 중 두안 부분에 해당하는 곳은?

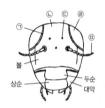

① ㉠ ② ㉡
③ ㉢ ④ ㉣
⑤ ㉤

26 다음 중 체체파리에 해당하는 것은?

① ②

③ ④

⑤

27 바퀴의 촉각의 형태는?

① 곤봉상 ② 저치상
③ 주수상 ④ 주모상
⑤ 편 상

28 다음과 같은 유충을 가지는 곤충은 무엇인가?

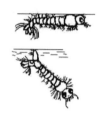

① 파 리 ② 모 기
③ 바 퀴 ④ 빈 대
⑤ 등 에

29 어류의 사후변화 순서로 옳은 것은?

① 부패 → 사후강직 → 자기소화 → 강직해제

② 사후강직 → 자기소화 → 강직해제 → 부패

③ 자기소화 → 사후강직 → 강직해제 → 부패

④ 사후강직 → 강직해제 → 자기소화 → 부패

⑤ 강직해제 → 사후강직 → 자기소화 → 부패

30 다음 그림은 어떤 곤충을 나타내는가?

① 고양이벼룩

② 유럽쥐벼룩

③ 장님쥐벼룩

④ 개벼룩

⑤ 사람벼룩

31 다음은 집파리가 먹이를 섭취할 때 작용하는 순판과 전구치의 모양들이다. 직접섭취형은 어느 것인가?

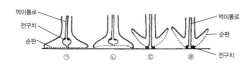

① ㉠
② ㉡
③ ㉢
④ ㉣
⑤ 상관 없음

32 현미경으로 세균의 형태와 배열을 관찰하여 그린 다음 그림 중 포도상구균은?

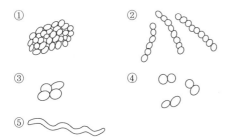

33 다음 그림에 해당하는 균은?

① 대장균군
② 보툴리누스균
③ 포도상구균
④ 장염비브리오균
⑤ 비브리오균

34 다음 중 저작기 구형을 가진 곤충은?

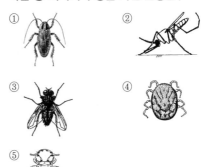

35 「식품공전」상 유가공품의 일반적인 '초고온순간처리법'의 온도와 시간은?

① 50~55℃에서 90분간
② 58~62℃에서 60분간
③ 63~65℃에서 30분간
④ 72~75℃에서 15~20초간
⑤ 130~150℃에서 0.5~5초간

36 다음 그림과 같이 표면 잔류분무 시 가장 널리 사용되는 분사구는?

① 직선형
② 방제형
③ 원추형
④ 중공원추형
⑤ 부채형

37 다음 그림 중 벼룩의 부절에 해당하는 부분은?

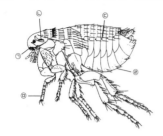

① ㉠
② ㉡
③ ㉢
④ ㉣
⑤ ㉤

38 사진에 해당하는 위생곤충이 인체에 일으키는 피해는?

① 기생충증
② 피부염
③ 관절염
④ 출혈열
⑤ 뇌 염

39 다음 그림에 해당하는 진드기가 매개하는 감염병은?

① 참호열
② 말라리아
③ 록키산홍반열
④ 사상충증
⑤ 쯔쯔가무시증

40 군대, 난민촌, 감옥과 같이 사람이 밀집된 비위생적 환경에서 주로 나타나며, 사람의 음모나 겨드랑이털에서 서식하는 곤충의 종류는?

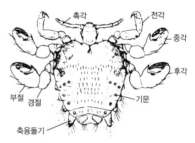

① 털진드기
② 머릿니
③ 빈 대
④ 사면발니
⑤ 권연벌레

최종모의고사
5회

1과목 | 환경위생학

01 산성비의 수소이온농도(pH) 기준은?

① 4.2 이하
② 4.6 이하
③ 5.2 이하
④ 5.6 이하
⑤ 7.2 이하

02 온도, 습도, 기류의 3가지 인자에 의해 이루어지는 체감온도는?

① 감각온도
② 복사온도
③ 온열온도
④ 쾌적온도
⑤ 지적온도

03 다음 중 상대습도를 나타낸 것은?

① (절대습도−포화습도)×100
② 일정 공기가 포화상태로 함유할 수 있는 수증기량
③ 현재 공기 $1m^3$ 중에 함유한 수증기량
④ (절대습도÷포화습도)×100
⑤ (포화습도−절대습도)×100

04 다음 중 군집독을 일으키는 가스의 변화를 바르게 설명한 것은?

① CO_2 증가, O_2 감소, 악취 증가, 기타 가스의 증가
② CO_2 증가, O_2 증가, 악취 증가, 기타 가스의 증가
③ CO_2 증가, O_2 감소, 악취 감소, 기타 가스의 증가
④ CO_2 증가, O_2 감소, 악취 증가, 기타 가스의 감소
⑤ CO_2 감소, O_2 감소, 악취 증가, 기타 가스의 증가

05 공기에 의한 희석, 강우에 의한 세정으로 설명할 수 있는 현상은?

① 열섬현상
② 탄소의 동화작용
③ 온실효과
④ 공기의 자정작용
⑤ 기온역전

06 표준대기압과 같은 값은?

① 760mmHg
② $22.9lb/in^2$
③ $1.0136kg/m^2$
④ $1053.6mmH_2O$
⑤ $1.013×10^6N/m^2$

07 다음의 제진장치(분진제거시설) 중 제진효율이 가장 좋은 집진장치는?

① 관성력 집진장치
② 원심력 집진장치
③ 세정 집진장치
④ 중력 집진장치
⑤ 전기 집진장치

08 겨울철에 많이 발생하는 일산화탄소 중독의 원인은?

① CO가 자극성 가스이므로 호흡장애를 주기 때문이다.
② CO_2가 CO로 환원되고 헤모글로빈과 결합하기 때문이다.
③ CO는 인체 호흡과 관계가 깊기 때문이다.
④ CO_2는 O_2보다 헤모글로빈과의 결합력이 훨씬 강하기 때문이다.
⑤ CO는 O_2보다 헤모글로빈과의 결합력이 훨씬 강하기 때문이다.

09 다음 중 목욕장의 수질기준에서 욕조수의 과망간산칼륨의 소비량은 몇 이하인가?

① 5mg/L
② 10mg/L
③ 15mg/L
④ 20mg/L
⑤ 25mg/L

10 염소 살균력이 높은 것부터 배열된 것은?

① OCl^- > HOCl > Chloramine
② OCl^- > Chloramine > HOCl
③ HOCl > OCl^- > Chloramine
④ HOCl > Chloramine > OCl^-
⑤ Chloramine > HOCl > OCl^-

11 다음은 광화학 반응과정을 간단히 기술하였다. 괄호 안에 들어갈 내용은?

> • O_2 + (   ) → NO + O
> • $O + O_2 → O_3$
> • $O_3 + NO → NO_2 + O_2$

① 가시광선
② 자외선
③ 적외선
④ α-선
⑤ γ-선

12 벨기에의 뮤즈계곡 사건, 미국의 도노라사건 및 런던 스모그 사건의 공통적인 주요 대기오염 원인물질은?

① SO_2
② O_3
③ CS_2
④ NO_2
⑤ HC

13 Ringelmann Chart는 어디에 사용하는 것인가?

① 매연농도 측정
② CO_2 검출
③ NO_2 검출
④ SO_2 검출
⑤ CO 검출

14 다음 중 완속여과법의 설명으로 옳은 것은?

① 미국식 여과법이며 건설비용이 적게 든다.
② 탁도·색도·조류가 심할 때 유리하다.
③ 모래층 청소는 사면대치에 의한다.
④ 추운 지역과 대도시에 적합하다.
⑤ 약품침전을 사용하여야 한다.

15 다음 정수처리 과정 중 천연 응집보조제인 것은?

① 황산알루미늄
② 벤토나이트
③ 석회분말
④ 황산실리카
⑤ 폴리염화알루미늄

16 하·폐수에 호기성 처리를 했을 때 주로 발생하는 기체는?

① 메탄(CH_4)
② 일산화탄소(CO)
③ 이산화탄소(CO_2)
④ 황화수소(H_2S)
⑤ 암모니아(NH_3)

17 다음 중 지표수의 특징으로 옳은 것은?

① 상수도의 원수로 이용된다.
② 부유성 유기물이 적다.
③ 경도가 높다.
④ 수온, 탁도의 변화가 거의 없다.
⑤ 용존산소를 적게 함유하고 있다.

18 잠함병 질소의 용해가 잘되는 순서대로 나열하면?

① 물 > 혈액 > 지방
② 지방 > 물 > 혈액
③ 혈액 > 지방 > 물
④ 물 > 지방 > 혈액
⑤ 혈액 > 물 > 지방

19 온열인자의 요소는?

① 기온, 기습, 기압, 지형
② 기온, 기습, 기류, 복사열
③ 기온, 기습, 지형, 일조량
④ 기온, 기압, 복사량, 일조량
⑤ 기온, 기압, 일조량, 지형

20 1g 라듐과 같은 양의 방사선을 방출하는 라듐의 양의 단위는?

① Roentgen　　② Rad
③ Rem　　　　④ Candela
⑤ Curie

21 병원의 쓰레기 처리법 중 가장 위생적인 것은?

① 매몰 처분
② 소각 처분
③ 퇴비화
④ 해양 투기
⑤ 가축사료 이용

22 다음 중 도수율을 구하는 공식은?

① $\dfrac{재해건수}{평균실근로자수} \times 10^3$

② $\dfrac{손실작업일수}{연근로시간수} \times 10^3$

③ $\dfrac{재해건수}{연근로시간수} \times 10^6$

④ $\dfrac{재해건수}{연근로시간수} \times 10^3$

⑤ $\dfrac{손실근로일수}{재해건수} \times 10^3$

23 「폐기물관리법」상 의료폐기물 중 손상성폐기물은?

① 폐백신
② 배양용기
③ 슬라이드
④ 수술용 칼날
⑤ 일회용 주사기

24 수도관의 녹을 방지하기 위한 코팅제와 통조림 캔에 포함된 물질은?

① 폼알데하이드
② 자일렌
③ 아세톤
④ 톨루엔
⑤ 비스페놀 A

25 포자형성균을 멸균하는 가장 좋은 소독법은?

① 일광소독   ② 자비소독

③ 고압증기멸균   ④ 알코올소독

⑤ 건열멸균

26 살균력이 강하여 약 1,000배로 희석하여 사용하는 소독제는?

① 포르말린

② 크레졸수

③ 석탄산수

④ 승 홍

⑤ 과산화수소

27 의복의 방한력을 표시하는 단위는?

① Sv

② Gy

③ Bq

④ lx

⑤ CLO

28 자동차의 배출가스나 노후 페인트, 농약, 인쇄소 작업 시 중독 가능성이 높은 금속은?

① 망 간   ② 카드뮴

③ 비 소   ④ 크 롬

⑤ 납

29 화학적 소독제 중 3종의 이성체(O, M, P-Cresol)가 있고, 독성은 약하지만 살균력은 페놀보다 강하며, 소독에 사용되는 농도는 3% 수용액으로 기구, 천, 분변, 객담의 소독에 사용되는 것은?

① 알코올   ② 크레졸

③ 염소 화합물   ④ 과산화수소

⑤ 머큐로크롬

30 광원으로부터 단위시간당 단위면적에서 나오는 빛의 양은?

① 반사율(reflection)

② 조도(illumination)

③ 휘도(luminance)

④ 광도(candela)

⑤ 광속(lumen)

31 금속중독에 따른 장애가 바르게 연결된 것은?

① 크롬(Cr^{6+}) 중독 – 조혈기능 장애

② 카드뮴(Cd) 중독 – 이타이이타이병

③ 비소(As) 중독 – 미나마타병

④ 연(납, Pb, Lead) 중독 – 비중격천공

⑤ 수은(Hg) 중독 – 흑피증

32 분뇨 정화조의 구조로 옳은 것은?

① 부패조 → 예비 여과조 → 산화조 → 소독조

② 예비 여과조 → 부패조 → 산화조 → 소독조

③ 부패조 → 산화조 → 예비 여과조 → 소독조

④ 산화조 → 부패조 → 예비 여과조 → 소독조

⑤ 예비 여과조 → 부패조 → 소독조 → 산화조

33 물의 정수과정 중 조류(Algae), 색도, 콜로이드 등을 제거하는 방법은?

① 침 전

② 응 집

③ 살 균

④ 여 과

⑤ 폭 기

34 먹는물에서 100mL당 총대장균군의 수질기준은?

① 불검출

② 5CFU 이하

③ 10CFU 이하

④ 20CFU 이하

⑤ 50CFU 이하

35 분뇨처리 시 냄새를 유발하는 기체는?

① NH_3와 CH_4

② CH_4

③ CH_4와 H_2S

④ NH_3와 H_2S

⑤ H_2S와 CO

36 다음 중 점오염원에 해당하는 것은?

① 농경지배수

② 산업폐수

③ 거리청소로 인한 배수

④ 폭우로 인한 배수

⑤ 공사장으로부터의 배수

37 다음 중 눈의 피로가 적은 조명은?

① 간접조명

② 반간접조명

③ 직접조명

④ 굴절조명

⑤ 반직접조명

38 다음 중 폐포 침착률이 가장 큰 먼지는?

① 0.1μm 이하 ② 0.2~0.3μm

③ 0.5~5.0μm ④ 5.0~7.0μm

⑤ 8.0μm 이상

39 인체에서 열을 가장 많이 생산하는 부위는?

① 폐

② 뇌

③ 골격근

④ 심 장

⑤ 소 장

40 태양광선 중 파장이 가장 긴 것은?

① 적외선

② γ-선

③ 가시광선

④ X-선

⑤ 자외선

41 다음 중 자외선의 가장 대표적인 광선인 도노선 (Dorno-ray)의 파장은?

① 290~315Å

② 400~700Å

③ 900~1,200Å

④ 2,200~2,500Å

⑤ 2,800~3,200Å

42 다음 중 하수 처리의 경우 혐기성 세균 분해 시 발생되어 누적되는 물질로 가장 옳은 것은?

① CO_2 ② H

③ CH_4 ④ O_3

⑤ H_2S

43 하천의 화학적 자정작용은?

① 중 화 ② 희 석

③ 혼 합 ④ 여 과

⑤ 분 해

44 다음 중 불연속점(Break Point) 염소처리에 대한 설명으로 옳은 것은?

① 유리형 잔류염소 출현 시까지 처리
② 잔류염소 최하강점 이하
③ 잔류염소 최하강점 이상으로 염소처리
④ 간헐적으로 염소처리
⑤ 불연속적으로 염소처리

45 산업보건에서 근로자의 육체적 작업강도를 나타내는 지표는?

① 재해발생률
② 에너지 대사율
③ 작업밀도량
④ 중독률
⑤ 기초대사율

46 일반적으로 경도(hardness)가 높은 물은?

① 지표수
② 하천수
③ 천 수
④ 호소수
⑤ 지하수

47 부영양화 발생의 원인물질은?

① 질소, 인
② 칼슘, 나트륨
③ 벤젠, 페놀
④ 카드뮴, 불소
⑤ 시안, 염소

48 채광 효율을 높이기 위한 방법으로 옳은 것은?

① 창은 북향이 좋다.
② 채광과 환기를 위해 가로로 된 높은 창이 좋다.
③ 창의 면적은 바닥 면적의 1/7~1/5 이상 되는 것이 좋다.
④ 입사각(앙각)은 4~5° 이상, 개각(가시각)은 27~28° 이상이 좋다.
⑤ 거실의 안쪽 길이는 바닥에서 창틀 윗부분의 3배 이상인 것이 좋다.

49 산업피로의 외부적 요인으로 옳은 것은?

① 작업환경
② 체력부족
③ 영양상태
④ 수면부족
⑤ 작업미숙

50 다음 중 용존산소(DO)의 농도가 증가하는 조건은?

① 유속이 느릴수록
② 난류가 작을수록
③ 염분이 높을수록
④ 기압이 낮을수록
⑤ 수온이 낮을수록

51 뉴슨스에 대한 설명으로 옳은 것은?

① 주관적이므로 사람마다 다르게 취급한다.
② 뉴슨스는 질병을 일으킨다.
③ 깔따구, 귀뚜라미, 모기는 뉴슨스다.
④ 질병매개곤충으로 분류된다.
⑤ 도시보다 시골에서 더욱 문제가 되고 있다.

52 완전변태에서 볼 수 있는 발육단계는?

① 알 – 유충 – 성충
② 알 – 유충 – 번데기 – 성충
③ 알 – 번데기 – 성충
④ 알 – 성충 – 유충
⑤ 알 – 유충 – 자충 – 성충

53 곤충에 의한 생물학적 매개 중 발육증식형인 것은?

① 사상충증
② 뇌 염
③ 말라리아
④ 페스트
⑤ 쯔쯔가무시증

54 학질모기는 어느 속에 속하는가?

① 왕모기속
② 숲모기속
③ 얼룩날개모기속
④ 집모기속
⑤ 늪모기속

55 인가 주변 폐기물 집합장의 고인 물에서 발생하는 모기는?

① 빨간집모기
② 광릉왕모기
③ 중국얼룩날개모기
④ 큰검정들모기
⑤ 토고숲모기

56 구기가 퇴화되었고, 알레르기원이 되는 위생곤충은?

① 털진드기
② 말 벌
③ 벼 룩
④ 깔따구
⑤ 등 에

57 다음 곤충 중 약충과 성충의 서식처가 같은 것은?

① 빈 대
② 파 리
③ 모 기
④ 독나방
⑤ 벼 룩

58 중증열성혈소판감소증후군(SFTS)을 일으키는 진드기로 일명 살인진드기로 불리는 것은?

① 옴진드기
② 작은소참진드기
③ 개진드기
④ 작은가루진드기
⑤ 집먼지진드기

59 살충제 제제 중 마이크로캡슐제의 특징은?

① 살포 시 용매 냄새가 난다.
② 잔류기간이 짧다.
③ 수서해충 방제 시 사용된다.
④ 약제 기피성이 증가한다.
⑤ 인체에 대한 안전성이 높다.

60 보기와 같은 특성을 가진 곤충은?

> • 군거성   • 야행성
> • 잡식성   • 질주성

① 바 퀴
② 개 미
③ 깔따구
④ 진드기
⑤ 등 에

61 대형바퀴로 가슴부위에 현저한 황색무늬가 윤상으로 있고 가운데는 거의 흑색인 것은 무슨 종인가?

① 먹바퀴
② 독일바퀴
③ 이질바퀴
④ 집바퀴
⑤ 경도바퀴

62 다음 중 벼룩이 매개하는 감염병으로만 묶인 것은?

① 재귀열, 일본뇌염
② 발진열, 페스트
③ 참호열, 황열
④ 페스트, 참호열
⑤ 말라리아, 장티푸스

63 독나방에 대한 설명으로 옳은 것은?

① 종령기에 독모가 가장 적다.
② 주간 활동성이다.
③ 성충의 수명은 28일이다.
④ 군서성으로 연 2~3회 발생한다.
⑤ 접촉하면 피부염을 유발한다.

64 독침으로 사람에게 피해를 주는 곤충은?

① 땅 벌
② 파 리
③ 벼 룩
④ 깔따구
⑤ 학질모기

65 가옥 안팎에서 서식하는 쥐로 땅을 파고 서식하며 몸통에 비해 꼬리가 약간 짧고 굵은 쥐는?

① 등줄쥐
② 곰 쥐
③ 생 쥐
④ 애금쥐
⑤ 시궁쥐

66 쥐를 방제하는 가장 효과적인 방법은?

① 급성 살서제를 투여한다.
② 만성 살서제를 투여한다.
③ 먹을 것과 서식처를 제거한다.
④ 천적을 이용한다.
⑤ 쥐덫을 사용한다.

67 가열연막에 대한 설명으로 옳은 것은?

① 정오 시간에 살포한다.
② 대기오염을 일으키지 않는다.
③ 바람의 방향을 고려할 필요가 없다.
④ 지형을 고려해 살포폭을 조정하지 않아도 된다.
⑤ 분사구는 하향하여 연무한다.

68 털진드기가 옮기는 감염병으로 옳은 것은?

① 사상충증
② 뎅기열
③ 말라리아
④ 일본뇌염
⑤ 쯔쯔가무시증

69 먹파리가 매개하는 질병은?

① 모래파리열
② 회선사상충증
③ 로아사상충증
④ 오로야열
⑤ 말레이사상충증

70 북방에 서식하는 광택이 없는 검정색의 바퀴로 겨울에 동면을 하는 종으로 옳은 것은?

① 먹바퀴
② 독일바퀴
③ 미국바퀴
④ 집바퀴
⑤ 이질바퀴

71 가을철에 많으며 들쥐에 의해 전파되는 바이러스성 질병은?

① 발진티푸스
② 탄저병
③ 유행성 일본뇌염
④ 유행성출혈열
⑤ 장티푸스

72 생물학적 전파 중 바르게 짝지어진 것은?

① 중국얼룩날개모기 – 일본뇌염 – 발육증식형
② 작은빨간집모기 – 말라리아 – 증식형
③ 진드기 – 사상충증 – 경란형
④ 등에 – 로아사상충증 – 발육형
⑤ 토고숲모기 – 쯔쯔가무시증 – 발육형

73 모기나 진드기에 사용하는 기피제는?

① 카바릴(Carbaryl)
② 디디티(DDT)
③ 디트(DEET)
④ 벤디오카브(Bendiocarb)
⑤ 펜티온(Fenthion)

74 속효성이고, 잔류기간이 짧아 실내 공간살포용으로 적합한 살충제는?

① 유기염소계
② 유기인계
③ 카바메이트계
④ 무기인계
⑤ 피레트로이드계

75 어떤 약제에 저항성일 때 유사한 다른 약제에도 자동적으로 저항성이 생기는 경우를 무엇이라고 하는가?

① 내 성
② 생태적 저항성
③ 생리적 저항성
④ 교차 저항성
⑤ 환경적 저항성

76 다음 중 유기염소제 살충제로 옳은 것은?

① DDT
② Malathion
③ Naled
④ Fenthion
⑤ DDVP

77 시멘트벽과 같은 흡수력이 좋은 벽면에 잔류효과가 오래가도록 하는 제제는?

① 유 제
② 용 제
③ 입 제
④ 수용제
⑤ 수화제

78 파리를 구제할 때 천적으로 주로 이용되는 곤충은?

① 기생벌
② 여왕개미
③ 무당벌레
④ 달팽이
⑤ 딱정벌레

79 유기인계 살충제의 특징으로 옳은 것은?

① 아세틸콜린에스터라아제 활성을 억제한다.
② 살충력이 약하다.
③ 적용해충의 범위가 좁다.
④ 잔류문제가 발생한다.
⑤ 현재 사용이 금지되어 있다.

80 DDT가 질병 관리상 공헌한 질병명과 매개체를 올바르게 연결한 것은?

① 장티푸스 – 파리
② 말라리아 – 모기
③ 콜레라 – 음식물
④ 이질 – 모기
⑤ 발진티푸스 – 바퀴

81 「공중위생관리법」상 위생사 시험에 응시할 수 없는 사람은?

① 전문대학에서 위생에 관한 교육과정을 이수한 사람
② 학점인정으로 위생에 관한 학위를 취득한 사람
③ 대학교에서 보건에 관한 교육과정을 이수한 사람
④ 외국의 위생사 면허를 가진 사람
⑤ 고등학교를 졸업하고 위생업무에 3년 이상 종사한 사람

82 「공중위생관리법」상 영업신고 전에 위생교육을 받아야 하는 자 중 부득이한 사유로 미리 교육을 받을 수 없는 경우 영업개시 후 언제까지 교육을 받을 수 있는가?

① 1개월 이내
② 2개월 이내
③ 3개월 이내
④ 6개월 이내
⑤ 1년 이내

83 「공중위생관리법」상 다음 ( )에 들어갈 내용으로 옳은 것은?

> 위생교육 실시단체의 장은 위생교육을 수료한 자에게 수료증을 교부하고, 수료증 교부대장 등 교육에 관한 기록을 (   ) 이상 보관·관리하여야 한다.

① 6개월
② 1년
③ 2년
④ 3년
⑤ 5년

84 「공중위생관리법」상 행정처분이 확정된 공중위생영업자에 대한 위반사실을 공표할 때 포함되는 사항이 아닌 것은?

① 공중위생영업의 종류
② 위반 내용
③ 영업소의 대표자 성명
④ 행정처분의 내용
⑤ 영업소의 연매출

85 「공중위생관리법」상 위생사의 업무범위가 아닌 것은?

① 위생용품의 위생관리
② 음료수의 처리 및 위생관리
③ 공중위생영업소의 위생관리
④ 유해 곤충·설치류 및 매개체 관리
⑤ 공중이용시설기준 적합 여부의 확인

86 「식품위생법」상 판매 등이 금지되는 동물의 질병에 해당하지 않는 것은?

① 리스테리아병
② 살모넬라병
③ 파스튜렐라병
④ 선모충증
⑤ 레지오넬라증

87 「식품위생법」상 식품조사처리업을 허가하는 자는?

① 보건복지부장관
② 식품의약품안전처장
③ 국무총리
④ 시·도지사
⑤ 시장·군수·구청장

88 「식품위생법」상 집단급식소의 설치기준으로 옳은 것은?

① 1회 30명 이상
② 1회 50명 이상
③ 1회 100명 이상
④ 1회 200명 이상
⑤ 1회 300명 이상

89 「식품위생법」상 식품안전관리인증기준 대상 식품은?

① 커피류
② 요구르트
③ 특수용도식품
④ 냉동고구마
⑤ 오이지

90 「식품위생법」상 '영업'의 대상에 해당하지 않는 것은?

① 식 품
② 식품첨가물
③ 기 구
④ 용기 · 포장
⑤ 위생용품

91 「식품위생법」상 (   )에 들어갈 것으로 옳은 것은?

식품의약품안전처장은 식품이력추적관리기준에 따라 등록한 영유아 식품을 제조 · 가공 또는 판매하는 자에 대하여 식품이력추적관리기준의 준수 여부 등을 (   )마다 조사 · 평가하여야 한다.

① 1년
② 2년
③ 3년
④ 5년
⑤ 10년

92 「식품위생법」상 마황, 부자, 섬수, 사리풀을 원료로 사용하여 판매할 목적으로 식품을 제조한 자에 대한 처벌은?

① 1년 이상의 징역
② 2년 이상의 징역
③ 3년 이상의 징역 또는 3천만원 이하의 벌금
④ 5년 이상의 징역 또는 5천만원 이하의 벌금
⑤ 10년 이하의 징역 또는 1억원 이하의 벌금

93 「감염병의 예방 및 관리에 관한 법률」상 감염병이 발생하여 유행할 우려가 있다고 인정되면 지체 없이 역학조사를 실시하여야 하는 자는?

① 보건복지부장관
② 질병관리청장
③ 식품의약품안전처장
④ 국립검역소장
⑤ 보건소장

94 「감염병의 예방 및 관리에 관한 법률」상 역학조사에 포함되는 내용이 아닌 것은?

① 감염병의 감염원인
② 감염병환자 등의 인적 사항
③ 감염병의 예방대책
④ 감염병환자 등의 발병일
⑤ 감염병환자 등에 관한 진료기록

95 「감염병의 예방 및 관리에 관한 법률」상 검역위원의 직무가 아닌 것은?

① 역학조사
② 감염병환자 등의 추적
③ 감염병병원체에 오염된 장소의 소독
④ 감염병환자 등의 관리 및 치료에 관한 기술자문
⑤ 검역의 공고

96 「감염병의 예방 및 관리에 관한 법률」상 질병관리청장 및 시·도지사가 실시하는 실태조사 중 '감염병 실태조사'에 포함되어야 할 사항이 아닌 것은?

① 의료기관의 감염관리 교육 및 감염예방
② 감염병환자 등의 임상적 증상 및 경과
③ 감염병환자 등의 연령별·성별·지역별 분포
④ 감염병환자 등의 진단·검사·처방 등 진료정보
⑤ 감염병의 진료 및 연구와 관련된 인력·시설 및 장비

97 「감염병의 예방 및 관리에 관한 법률」상 필수예방접종 또는 임시예방접종을 받은 사람에게 예방접종증명서를 발급하여야 하는 자는?

① 질병관리청장, 특별자치시장·특별자치도지사 또는 시장·군수·구청장
② 국민건강보험공단 이사장
③ 식품의약품안전처장
④ 국립환경과학원장국
⑤ 관할 보건소장

98 「감염병의 예방 및 관리에 관한 법률」상 특별자치시장·특별자치도지사 또는 시장·군수·구청장이 임시예방접종을 실시할 때 미리 정하여 공고하여야 하는 사항이 아닌 것은?

① 예방접종의 장소
② 예방접종을 받을 사람의 범위
③ 예방접종약품의 수량
④ 예방접종의 일시
⑤ 예방접종의 종류

99 「먹는물관리법」상 먹는물의 수질기준으로 옳은 것은?

① 불소 – 1.5mg/L
② 납 – 0.1mg/L
③ 페놀 – 0.5mg/L
④ 암모니아성 질소 – 0.05mg/L
⑤ 카바릴 – 0.04mg/L

100 「먹는물관리법」상 먹는샘물 등에 관한 기준과 성분에 관한 규격을 정하여 고시할 수 있는 자는?

① 보건복지부장관
② 환경부장관
③ 보건소장
④ 시·도지사
⑤ 시장·군수·구청장

101 「먹는물관리법」상 먹는물공동시설을 관리하는 시장·군수·구청장은 수질검사결과를 얼마간 보존하여야 하는가?

① 3개월
② 6개월
③ 1년
④ 2년
⑤ 3년

102 「먹는물관리법」상 품질관리인을 두어야 하는 곳은?

① 먹는샘물 판매업자
② 정수기 제조업자
③ 먹는샘물 수입업자
④ 정수기 판매업자
⑤ 수처리제 판매업자

103 「먹는물관리법」상 수질개선부담금의 부과 대상자는?

① 정수기 제조업자
② 냉·온수기 설치·관리자
③ 먹는물관련영업자
④ 먹는샘물 등의 수입판매업자
⑤ 수처리제 제조업자

104 「폐기물관리법」상 혈액, 체액, 분비물 등이 묻어 있는 탈지면과 붕대는 어느 의료폐기물에 속하는가?

① 조직물류폐기물
② 병리계폐기물
③ 손상성폐기물
④ 혈액오염폐기물
⑤ 일반의료폐기물

105 「하수도법」상 개인하수처리시설을 설치하려는 경우 누구에 신고하여야 하는가?

① 환경부장관
② 국립보건연구원장
③ 식품의약품안전처장
④ 보건소장
⑤ 특별자치시장·특별자치도지사·시장·군수·구청장

01 다음 중 건강보험제도의 궁극적 목적으로 옳은 것은?

① 국민의 질병 예방
② 국민건강 증진
③ 질병의 진단과 치료
④ 국민의 출산과 사망
⑤ 보험서비스 제공

02 특정 유역에서 폐흡충증이 일정한 발생 양상을 유지하며 지속적으로 나타날 때의 역학현상은?

① 주기적(Periodic)
② 토착적(Endemic)
③ 범발적(Pandemic)
④ 유행적(Epidemic)
⑤ 산발적(Sporadic)

03 국민건강증진종합계획을 수립해야 하는 자는?

① 시 · 도지사
② 보건복지부장관
③ 시장 · 군수 · 구청장
④ 질병관리청장
⑤ 보건소장

04 보건행정의 동적 단계 순서로 옳은 것은?

㉮ 보건문제 발견
㉯ 역학적 조사 실시
㉰ 기술적인 사회적 조치 결정
㉱ 재정적 뒷받침과 관계 행정기관의 지도와 협조 필요

① ㉮ → ㉰ → ㉯ → ㉱
② ㉮ → ㉱ → ㉰ → ㉯
③ ㉮ → ㉯ → ㉰ → ㉱
④ ㉮ → ㉯ → ㉱ → ㉰
⑤ ㉮ → ㉱ → ㉯ → ㉰

05 가설 증명을 위해 관찰하여 특정요인과 특정질병 간의 인과관계를 알아낼 수 있도록 설계된 2단계 역학은?

① 이론역학
② 경험역학
③ 실험역학
④ 분석역학
⑤ 기술역학

06 우리나라의 보건소 설치기준 중 옳은 것은?

① 시 · 군 · 구에 1개소 설치
② 시 · 도에 1개소씩 설치
③ 리 · 동에 보건지소 설치
④ 필요하다고 인정되는 때 어느 곳이나
⑤ 읍 · 면 단위에 보건진료소 설치

07 공개테러 발생 시 가장 먼저 신고해야 하는 기관으로 옳은 것은?

① 보건소 ② 질병관리청
③ 경찰서 ④ 식품의약품안전처
⑤ 보건복지부

08 인구증가를 나타내는 계산식으로 옳은 것은?

① 유입인구 + 유출인구
② 자연증가 + 사회증가
③ 유입인구 − 유출인구
④ 연간출생수 − 연간사망수
⑤ 연간출생수 + 연간사망수

09 우리나라에서 전국민에게 건강보험이 실시된 연도는?

① 1963년 ② 1977년
③ 1989년 ④ 1995년
⑤ 2000년

10 세계보건기구 서태평양 지역사무소 본부가 있는 곳은?

① 호주 시드니 ② 인도 뉴델리
③ 태국 방콕 ④ 일본 동경
⑤ 필리핀 마닐라

11 다음 인간 병원소 중 가장 관리하기 어려운 대상은?

① 급성 감염병환자
② 건강(만성)보균자
③ 회복기의 보균자
④ 만성 감염병환자
⑤ 감염병에 의한 사망자

12 현성감염보다 불현성감염이 더 많은 것으로 알려진 질병은?

① 말라리아 ② 공수병
③ 홍 역 ④ 일본뇌염
⑤ 디프테리아

13 질병명과 매개체의 연결이 옳은 것은?

① 발진열 − 학질모기
② 발진티푸스 − 쥐
③ 페스트 − 진드기
④ 재귀열 − 파리
⑤ 황열 − 모기

14 WHO에서 근절을 선언했지만 생물테러 시 사용되는 것은?

① 마버그열 ② 두 창
③ 야토병 ④ 보툴리눔독소증
⑤ 탄 저

15 감염병 생성의 6가지 과정을 나열하였다. 괄호 안에 들어갈 내용은?

> 병원체 → 병원소 → 병원소로부터 병원체 탈출 → 전파 → ( ) → 숙주의 감수성 및 면역성

① 신숙주에의 탈출 ② 신숙주에의 침입
③ 직접전파 ④ 간접전파
⑤ 병원체의 탈출

16 교육환경보호구역 중 절대보호구역은 학교정문으로부터 얼마까지인가?

① 50m ② 100m
③ 200m ④ 300m
⑤ 500m

17 만성질환의 일반적 특성은?

① 질병 진행에 개인차가 없다.
② 질병 원인이 명확하다.
③ 연령 증가에 따라 유병률이 감소한다.
④ 질병 경과가 짧다.
⑤ 생활습관이 영향을 미친다.

18 비말감염(Droplet Infection)의 조건으로 가장 적당한 것은?

① 밀집된 군중   ② 영양부족
③ 피 로   ④ 상 처
⑤ 매개곤충의 서식

19 모자보건사업의 주요 평가지표는?

① 건강수명   ② 비례사망지수
③ 노년부양비   ④ 손상사망률
⑤ 영아사망률

20 일제강점기 경찰국에 설치되었던 보건행정조직은?

① 후생과   ② 사회과
③ 위생과   ④ 보건과
⑤ 노동과

21 역학조사를 하는 목적에 가장 가까운 것은?

① 감염병의 전염경로 파악
② 감염병의 관리 및 통제
③ 공중보건학의 발전
④ 질병의 궁극적 치료
⑤ 질병발생의 원인 규명

22 숙주에 침입한 병원체가 심각한 임상증상과 장애를 일으키는 정도를 의미하는 것은?

① 감수성
② 면역력
③ 병원력
④ 감염력
⑤ 독 력

23 남자의 흡연에 관한 담배 보건통계를 작성하려할 때 모집단으로 옳은 것은?

① 우리나라 남자 전체
② 흡연하는 남자 전체
③ 비흡연하는 남자 전체
④ 남자 중 폐질환 환자 전체
⑤ 우리나라 전체 흡연자

24 검사자의 체중이 100kg, 키가 2m일 때, 비만정도는?(단 체질량 지수(BMI)로 판단)

① 20   ② 25
③ 30   ④ 35
⑤ 50

25 질병의 관리대책 중 회복기 혈청이나 항독소를 환자 또는 위험에 처해있는 사람에게 주는 방법은?

① 선천면역   ② 자연능동면역
③ 인공능동면역   ④ 자연수동면역
⑤ 인공수동면역

26 보건교육방법 중 여러 개의 분단으로 나누어 토론하고 전체회의에서 종합하는 토의방법은?

① 심포지엄   ② 버즈세션
③ 패널토의   ④ 집단토의
⑤ 세미나

27 한 여자가 일생 동안 낳을 것으로 예상되는 평균 출생아 수를 무엇이라고 하는가?

① 합계출산율
② 총재생산율
③ 순재생산율
④ 인구증가율
⑤ 조자연증가율

28 영유아 영양판정에 사용되는 지수는 무엇인가?

① 체질량지수(BMI)
② 브로카법
③ 카우프지수
④ 뢰러지수
⑤ 복부비만

29 임신부가 초기에 감염되면 선천성 기형아를 낳을 수 있는 질환은?

① 콜레라
② 장티푸스
③ 소아마비
④ 풍 진
⑤ 임 질

30 질병의 예방활동에서 3차 예방에 해당하는 것은?

① 건강검진
② 질병치료
③ 예방접종
④ 재활치료
⑤ 보건교육

31 보건교육 후 학습대상자가 성취수준을 달성했는지 측정하기 위한 평가유형은?

① 구조평가
② 진단평가
③ 과정평가
④ 총괄평가
⑤ 형성평가

32 유병률을 산출할 때 분자에 해당하는 것은?

① 일정기간 동안 위험에 노출된 인구수
② 조사시점(기간)의 환자수
③ 환자와 접촉한 감수성자수
④ 해당 연도에 새로 발생한 환자수
⑤ 특정 질병에 의한 사망수

33 산포도의 용어 중 편차의 제곱의 평균에 대한 제곱근을 뜻하는 것은?

① 분 산
② 변이계수
③ 평균편차
④ 표준편차
⑤ 사분위편차

34 환자가 의료비용의 일부를 부담함으로써 의료이용의 남용을 방지하여 건강보험의 재정 안정성을 도모하기 위한 것은?

① 대지급금
② 차입금
③ 준비금
④ 과징금
⑤ 본인일부부담금

35 지역사회 주민의 자발적인 참여를 강조하는 특성은?

① 공공성
② 조장성
③ 기술성
④ 봉사성
⑤ 과학성

36 포름알데하이드가 용출될 우려가 있는 열경화성 수지는?

① 염화비닐수지
② 폴리아세탈수지
③ 폴리에틸렌 수지
④ 멜라민수지
⑤ 아크릴수지

37 다음의 설명에 해당하는 식중독균은?

- 장독소(enterotoxin) 생성
- 식중독 형태 : 구토형 혹은 설사형
- 원인식품 : 식육제품, 전분질 식품

① Bacillus cereus
② Escherichia coli
③ Vibrio parahaemolyticus
④ Campylobacter jejuni
⑤ Clostridium perfringens

38 PCB(Polychlorinated Biphenyl)가 외국에서 생산 금지는 물론 사용까지 금지된 가장 큰 이유는?

① 자연환경 속의 식물들을 사멸시키므로
② 자연계에서 수명이 길고 생물체에서 측정량이 증가하여 마침내는 중독을 일으킬 위험성이 있다고 생각되므로
③ 인체에 대한 맹독성 때문에
④ 농산물의 수확이 날로 감소하는 원인이 되므로
⑤ 체내 축적이 저하되었기 때문에

39 대장균의 정성시험법의 순서로 옳은 것은?

① 추정 – 완전 – 확정
② 확정 – 추정 – 완전
③ 추정 – 확정 – 완전
④ 완전 – 추정 – 확정
⑤ 확정 – 완전 – 추정

40 소독제와 소독 시 사용하는 농도의 연결로 옳은 것은?

① 석탄산 : 30~50% 수용액
② 알코올 : 70% 수용액
③ 크레졸 : 30% 수용액
④ 과산화수소 : 10% 수용액
⑤ 승홍 : 30% 수용액

41 그람음성의 미호기성 세균으로 생육 최적온도가 42℃이며, 오염된 닭고기에 의해 발생할 수 있는 식중독균은?

① Vibrio vulnificus
② Bacillus cereus
③ Staphylococcus aureus
④ Clostridium botulinum
⑤ Campylobacter jejuni

42 식품을 장기간 냉장보관(5℃)하는 동안 생육하여 감염형 식중독을 일으키는 세균은?

① Clostridium perfringens
② Staphylococcus aureus
③ Salmonella typhimurium
④ Vibrio parahaemolyticus
⑤ Listeria monocytogenes

43 미생물의 생육을 억제할 수 있는 당의 농도는 몇 % 이상이어야 하는가?

① 40%　　　　② 55%

③ 50%　　　　④ 65%

⑤ 70%

44 쌀밥의 변질에 관여하는 미생물은?

① Pseudomonas속

② Serratia속

③ Leuconostoc속

④ Pediococcus속

⑤ Bacillus속

45 식품에 존재하는 미생물 중 곰팡이에 해당하는 것은?

① Penicillium　　② Bacillus

③ Pseudomonas　④ Clostridium

⑤ Staphylococcus

46 채소류를 통해서 매개되는 기생충은 무엇인가?

① 폐디스토마

② 동양모양선충

③ 간디스토마

④ 광절열두조충

⑤ 유구조충

47 중온균의 발육 최적온도는?

① 5~15℃　　　② 25~37℃

③ 40~60℃　　　④ 70~80℃

⑤ 85~90℃

48 다음 중 독소형 식중독 원인균인 것은?

① 웰치균　　　　② 장구균

③ 포도상구균　　④ 병원성 대장균

⑤ 아리조나균

49 식품 중의 생균수를 측정하는 목적은?

① 식품의 산패 여부를 알기 위하여

② 식중독균의 여부를 알기 위하여

③ 분변세균의 오염 여부를 알기 위하여

④ 신선도의 여부를 알기 위하여

⑤ 감염병균의 오염 여부를 알기 위하여

50 우유의 저온살균(Pasteurization)이 잘 되었는지를 검사하는 방법으로 적당한 것은?

① Lactose Test

② Peroxidase Test

③ Methylene Blue Test

④ Phosphatase Test

⑤ Coagulase Test

51 다음 중 지적온도에 관한 설명으로 옳은 것은?

① 미생물의 사멸온도

② 미생물의 증식 불능온도

③ 미생물의 증식 가능온도

④ 미생물의 증식 최적온도

⑤ 미생물의 증식 정지온도

52 연기 속에 함유되어 살균작용을 하는 성분은?

① 포름알데하이드

② 디히드로아세트산

③ 소르빈산

④ 안식향산

⑤ 석탄산

53 농약에 의한 식중독 중 독소가 가장 길게 잔류하는 것은 무엇인가?

① 유기인제
② 유기염소제
③ 비소제
④ 유기수은제
⑤ 유기불소제

54 호염세균에 의한 식중독 예방법으로 가장 옳은 것은?

① 세균이 증식하기 전 빠르게 조리한다.
② 해수로 씻는다.
③ 가열조리한다.
④ 예방접종을 한다.
⑤ 청결한 환경을 유지한다.

55 독소형 식중독균에 속하며 신경증상을 일으킬 수 있는 원인균은?

① Salmonella enteritidis
② Yersinia enterocolitica
③ Clostridium botulinum
④ Vibrio parahaemolyticus
⑤ Listeria monocytogenes

56 아플라톡신에 관한 설명으로 옳은 것은?

① 탄수화물이 풍부한 곡류가 주 오염원이다.
② 독성은 아플라톡신 G_2가 가장 강하다.
③ 90℃에서 15분간 가열조리하면 분해된다.
④ Penicillium속 곰팡이가 생성하는 독소이다.
⑤ 수분활성도를 높이면 생성을 방지할 수 있다.

57 다음의 정의에 해당하는 HACCP 용어는?

> 중요관리점에 설정된 한계기준을 적절히 관리하고 있는지 여부를 확인하기 위하여 수행하는 일련의 계획된 관찰이나 측정하는 행위

① 검증(Verification)
② 위해요소 분석(Hazard Analysis)
③ 개선조치(Corrective Action)
④ 모니터링(Monitoring)
⑤ 위해요소(Hazard)

58 모시조개에 의한 간장독 식중독 원인물질은?

① 시구아톡신(ciguatoxin)
② 테트라민(tetramine)
③ 아플라톡신(aflatoxin)
④ 베네루핀(venerupin)
⑤ 네오수르가톡신(neosurugatoxin)

59 자연독 중 치사율이 가장 높으며, 골격근의 마비와 호흡곤란을 일으키는 것은?

① 감자독
② 복어독
③ 맥각독
④ 조개류독
⑤ 곰팡이독

60 다음 중 살균력이 가장 강한 자외선 파장은?

① 50nm
② 265nm
③ 340nm
④ 480nm
⑤ 720nm

61 자연독 식중독과 병인물질과의 연결이 옳은 것은?

① 감자 중독 – Solanine
② 버섯 중독 – Venerupin
③ 조개 중독 – Tetrodotoxin
④ 복어 중독 – Ergotoxin
⑤ 독미나리 중독 – Sepsine

62 다음 중 맥각균이 생성하는 독소는?

① Citrinin
② Sporofusarin
③ Ochratoxin
④ Ergotamine
⑤ Patulin

63 다음 중 내인성 독을 갖고 있는 것으로 옳은 것은?

① 잔류농약
② 복 어
③ 디프테리아
④ 아우라민
⑤ PCB

64 세균성 식중독의 특징으로 옳은 것은?

① 면역성이 있는 경우가 많다.
② 잠복기는 경구감염병보다 길다.
③ 균이 미량이더라도 발병한다.
④ 식품에서 사람으로 최종 감염되며, 2차 감염은 거의 없다.
⑤ 독력이 강하다.

65 유해성 착색료는?

① 둘신(Dulcin)
② 롱갈리트(Rongalite)
③ 아우라민(Auramine)
④ 페릴라틴(Perillartine)
⑤ 삼염화질소(Nitrogen trichloride)

66 식품 중의 생균수 안전한계는 얼마인가?

① 10/g
② 10^2/g
③ 10^3/g
④ 10^5/g
⑤ 10^8/g

67 피막제를 뿌리는 이유를 가장 잘 설명한 것은?

① 세균의 침입을 막기 위해
② 부풀게 하기 위해
③ 잘 섞이게 하기 위해
④ 호흡작용을 제한하여 수분의 증발을 방지하기 위해
⑤ 거품을 소멸하기 위해

68 HACCP 지정 집단급식의 육안확인이 필요한 선별 및 검사구역의 조도는?

① 100룩스 이상
② 220룩스 이상
③ 320룩스 이상
④ 480룩스 이상
⑤ 540룩스 이상

69 미국식품의약청(FDA)이 최초로 승인한 GMO(유전자변형식품) 식품은?

① 대 두
② 옥수수
③ 면 화
④ 카놀라
⑤ 토마토

70 식품첨가물로서 규소수지의 사용 용도는?

① 소포제
② 껌기초제
③ 유화제
④ 호 료
⑤ 이형제

71 식품용기의 도금이나 도자기의 유약성분에서 용출되는 성분으로 칼슘(Ca)과 인(P)의 손실로 골연화증을 초래할 수 있는 금속은?

① 납
② 안티몬
③ 수 은
④ 비 소
⑤ 카드뮴

72 산화방지제의 효과를 크게 발휘할 수 있는 것은?

① 사탕류
② 분 유
③ 육 류
④ 버 터
⑤ 밀가루

73 다음 설명에 해당하는 기생충은?

> • 인체의 감염경로는 경구감염과 경피감염이다.
> • 대변과 함께 배출된 충란은 30℃ 전후의 온도에서 부화하여 인체에 감염성이 강한 사상유충이 되고, 노출된 인체의 피부와 접촉으로 감염되어 소장상부에서 기생한다.

① 회 충
② 요 충
③ 구 충
④ 편 충
⑤ 선모충

74 다음 설명과 관계가 깊은 식중독 원인균은?

> • 호염성 세균이다.
> • 60℃ 정도의 가열로도 사멸하므로, 가열조리하면 예방할 수 있다.
> • 주 원인식품은 어패류, 생선회 등이다.

① Salmonella typhimurium
② Vibrio parahaemolyticus
③ Escherichia coli
④ Campylobacter jejuni
⑤ Morganella morganii

75 인수공통감염병으로 동물에게는 유산, 사람에게는 열병을 일으키는 질환은?

① 결 핵
② Q 열
③ 탄 저
④ 돼지단독
⑤ 파상열

01 사진은 초자기구를 160~170℃에서 1~2시간 멸균하는 기기이다. 이 기기의 명칭은?

① 유통증기멸균기
② 자비멸균기
③ EO가스멸균기
④ 건열멸균기
⑤ 고압증기멸균기

02 식품 제조시설의 작업장 내벽에는 바닥으로부터 몇 미터까지 밝은색으로 내수성 설비를 해야 하는가?

① 0.5m
② 1.0m
③ 1.5m
④ 2.0m
⑤ 2.5m

03 다음 그림과 같은 기구를 무엇이라 하는가?

① 자기일사계
② 모발습도
③ 아스만통풍온도계
④ 자기습도계
⑤ 풍차풍속계

04 다음 그림의 명칭은 무엇인가?

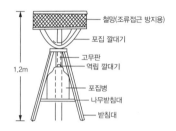

① 풍차풍속계
② 아우구스트 건습계
③ 아네로이드 기압계
④ 데포지 게이지
⑤ 적산기체계량기

05 다음 조명방식에 해당하는 것은?

① 직접조명
② 간접조명
③ 반직접조명
④ 반간접조명
⑤ 직간접조명

06 광전지 조도계에서 빛을 전류로 바꾸는 부분은?

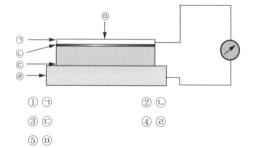

① ㉠
② ㉡
③ ㉢
④ ㉣
⑤ ㉤

07 다음 그림의 플룸 분산상태는 어떤 형인가?

① 환상형
② 지붕형
③ 원추형
④ 훈증형
⑤ 부채형

08 다음 염소주입곡선 중 불연속점은 어디인가?

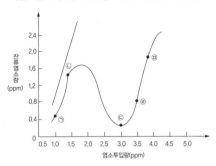

① ㄱ   ② ㄴ
③ ㄷ   ④ ㄹ
⑤ ㅁ

09 사진의 장비로 측정 가능한 것으로 옳은 것은?

① 비산먼지
② 이산화탄소
③ 강하먼지
④ 아황산가스
⑤ 일산화탄소

10 다음 그림과 같은 생활사를 가지며 황달을 발생하게 하는 기생충으로 옳은 것은?

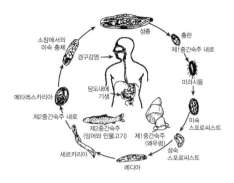

① 회 충
② 편 충
③ 간흡충
④ 폐흡충
⑤ 무구조충

11 다음 그림과 같은 구성도를 가지며 휘발성 유기화합물을 측정하는 데 쓰이는 기기는?

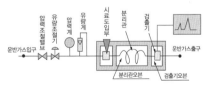

① 흡광광도법
② 원자흡수분광광도법
③ 적외선분석법
④ 가스크로마토그래피법
⑤ 데포지 게이지

12 그림과 같이 환자의 체온변화가 나타나며, 동물에게 유산을 일으킬 수 있는 인수공통감염병은?

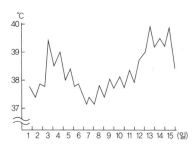

① 브루셀라증

② 탄 저

③ 말라리아

④ 야토병

⑤ 장관독소원성대장균감염증

13 다음 중 DO 분석 및 측정 시의 지시약으로 옳은 것은?

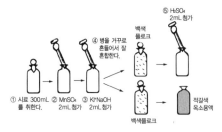

① 황산알루미늄

② 티오황산나트륨

③ 아황산나트륨

④ 과망간산칼륨

⑤ 수산화암모늄

14 다음 기구의 명칭은 무엇인가?

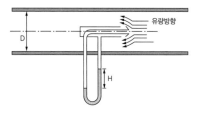

① 피토관   ② 오리피스

③ 자기식 유량측정기   ④ 벤투리미터

⑤ 파샬플룸

15 주입염소량과 잔류염소와의 관계 그래프에서 염소가 물속의 암모니아와 결합하여 클로라민(Chloramine)이 형성되는 구간은?

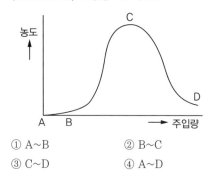

① A~B   ② B~C

③ C~D   ④ A~D

⑤ D

16 폐수 부유물질(SS ; Suspended Solid)의 실험에 관한 설명으로 옳지 않은 것은?

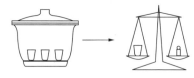

① 시료는 황산데시케이터로 방냉한다.

② 여지의 건조조건은 85~90℃이다.

③ 물에 용해되지 않는 물질이다.

④ 시료의 여과 전후의 유리섬유 여지의 무게차를 산출하여 부유물질의 양을 구한다.

⑤ 시료는 105~110℃에서 2시간 동안 건조한다.

17 다음은 무엇을 나타내는 도표인가?

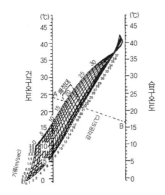

① 기후의 온열지수
② 가벼운 운동 시 감각온도
③ 상의를 벗었을 때의 감각온도
④ 음주 시의 감각온도
⑤ 안정 시의 감각온도

18 다음 중 원자흡수분광광도법으로 측정할 수 없는 것은?

① 구 리
② 수 은
③ 카드뮴
④ 잔류염소
⑤ 칼 륨

19 다음은 폐흡충의 충란이다. 제1중간숙주에 해당하는 것은?

① 물벼룩
② 가 재
③ 연 어
④ 다슬기
⑤ 돼지고기

20 다음은 어떤 중금속에 의한 식중독의 특징인가?

- 이타이이타이병
- 광산폐수에 오염된 어패류 및 농작물
- 법랑제품 · 도기의 유약 성분

① 비 소
② 납
③ 카드뮴
④ 수 은
⑤ 구 리

21 다음에 해당하는 곰팡이의 종류는?

① Mucor속
② Rhizopus속
③ Aspergillus속
④ Penicillium속
⑤ Neurospora속

22 다음 그림은 어떤 기생충의 구조인가?

① 편 충
② 십이지장충
③ 갈고리충
④ 요 충
⑤ 회 충

23 다음 그림에 해당하는 기생충은?

① 무구조충　　② 유구조충
③ 간디스토마　④ 폐디스토마
⑤ 십이지장충

24 다음 중 콜레라균에 해당하는 것은?

① 　②

③ 　④

⑤

25 미생물 증식곡선의 순서가 옳은 것은?

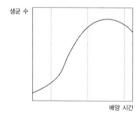

① 유도기 → 대수증식기 → 정체기 → 사멸기
② 유도기 → 정체기 → 대수증식기 → 사멸기
③ 사멸기 → 유도기 → 대수증식기 → 정체기
④ 사멸기 → 대수증식기 → 정체기 → 유도기
⑤ 사멸기 → 정체기 → 대수증식기 → 유도기

26 식품 중의 총균수를 측정하는 방법으로 옳은 것은?

① 현미경을 사용하여 미생물의 세균수 추정
② 현미경을 사용하여 집락수 계산
③ Petri Dish를 사용하여 집락수 계산
④ Petri Dish를 사용하여 세균수 측정
⑤ 집락수에서 세균수 산출

27 평판한천배지의 접종순서로 알맞은 것은?

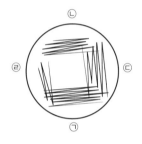

① ㉠ → ㉡ → ㉢ → ㉣
② ㉡ → ㉢ → ㉠ → ㉣
③ ㉢ → ㉡ → ㉠ → ㉣
④ ㉡ → ㉠ → ㉣ → ㉢
⑤ ㉣ → ㉡ → ㉢ → ㉠

28 다음 그림과 같은 생활사를 가지며 다슬기가 중간숙주인 기생충은?

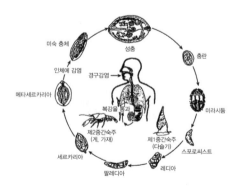

① 무구조충　　② 십이지장충
③ 간디스토마　④ 폐디스토마
⑤ 유구조충

29 다음 곡선과 관계있는 것은?

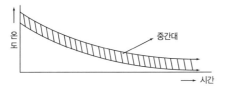

① 장티푸스균　　② 결핵균
③ 유산균　　　　④ 디프테리아균
⑤ 장염비브리오균

30 사진에서 보이는 장티푸스균의 편모 및 균의 형태는?

① 단모성 구균
② 단모성 나선균
③ 주모성 구균
④ 주모성 간균
⑤ 양모성 구균

31 다음 그림은 어떤 모기의 미절인가?

호흡관모

① 빨간집모기속
② 늪모기속
③ 얼룩날개모기속
④ 집모기속
⑤ 숲모기속

32 다음 그림의 쓰레기 같은 더미에서 파리유충의 서식지로 가장 부적당한 곳은?

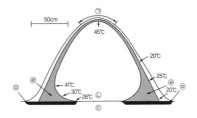

① ㉠　　　　　　② ㉡
③ ㉢　　　　　　④ ㉣
⑤ ㉤

33 다음 기구의 명칭은?

① 극미량 연무기
② 휴대용 가열연무기
③ ULV 연무기
④ 동력분무기
⑤ 자동차 장착용 가열연무기

34 농촌 재래가옥의 목재나 벽지에 살며, 사람의 피를 빨아먹지만 사람에게 질병을 옮기지 않는 곤충은?

① 모 기　　　　　② 개 미
③ 벼 룩　　　　　④ 빈 대
⑤ 바 퀴

35 사진처럼 붉은색을 띠는 위생곤충은?

① 깔따구 유충
② 등에 유충
③ 모래파리 유충
④ 등에모기 유충
⑤ 체체파리 유충

36 사진의 위생곤충은?

① 꿀 벌
② 호리병벌
③ 맵시벌
④ 호박벌
⑤ 말 벌

37 어떤 사람이 독나방을 쫓고 나서 피부가 부었다가 가라앉는 증상이 나타났다. 이는 독나방의 어떤 부분 때문인가?

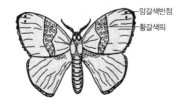

① 독 침
② 독 액
③ 독 모
④ 날 개
⑤ 다 리

38 다음과 같은 생활사를 갖는 진드기는?

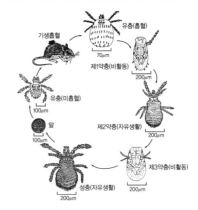

① 옴진드기
② 참진드기
③ 모낭진드기
④ 털진드기
⑤ 공주진드기

39 다음과 같은 유문등으로 방제 가능한 것은?

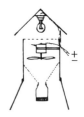

① 쥐
② 바 퀴
③ 나 방
④ 진드기
⑤ 파 리

40 그림 중 학질모기알집의 형태로 옳은 것은?

①

②

③

④

⑤

영양사 면허증 취득은 SD에듀와 함께!

- 과년도 시험을 반영한 핵심이론
- 시험에서 만나볼 적중예상문제
- 최종 실력점검을 위한 모의고사 1회분
- 최신 식품 · 영양관계법규 반영
- 2020 한국인 영양소 섭취기준 반영
- 빨리보는 간단한 키워드
- 47회 출제키워드 분석

- 출제예상 모의고사 6회분 수록
- 핵심만 콕콕 짚은 해설
- 최신 식품 · 영양관계법규 반영
- 빨리보는 간단한 키워드
- 47회 출제키워드 분석

SD에듀 영양사 한권으로 끝내기

| 가격 | 45,000원

SD에듀 영양사 실제시험보기

| 가격 | 26,000원

※ 도서의 이미지와 가격은 변경될 수 있습니다.

필기+실기
합격 필독서

Since 2003 22년간 12.4만 독자들의 선택

베스트셀러 **1위**

Sanitarian
SD에듀

위생사

최종모의고사

+ **안심도서**
항균 99.9%

편저
국민건강교육학회

주관 및 시행
한국보건의료인국가시험원

▌정답 및 해설

SD에듀
(주)시대고시기획

정답 및 해설

최종모의고사

정답 및 해설

01	02	03	04	05	06	07	08	09	10
①	②	①	③	⑤	⑤	③	④	①	①
11	12	13	14	15	16	17	18	19	20
②	④	④	②	①	③	⑤	⑤	①	③
21	22	23	24	25	26	27	28	29	30
①	⑤	⑤	①	⑤	②	②	③	④	④
31	32	33	34	35	36	37	38	39	40
③	②	①	⑤	③	④	③	⑤	③	①
41	42	43	44	45	46	47	48	49	50
⑤	③	④	④	⑤	①	①	①	⑤	②
51	52	53	54	55	56	57	58	59	60
②	③	⑤	④	③	③	②	①	②	⑤
61	62	63	64	65	66	67	68	69	70
③	③	③	②	④	⑤	③	②	③	③
71	72	73	74	75	76	77	78	79	80
④	④	③	③	④	③	④	⑤	③	③
81	82	83	84	85	86	87	88	89	90
①	②	①	②	②	⑤	⑤	⑤	④	②
91	92	93	94	95	96	97	98	99	100
⑤	⑤	③	③	②	②	①	③	①	③
101	102	103	104	105					
③	②	④	①	④					

1과목 | 환경위생학

01

세계보건기구(WHO)의 환경보건전문위원회는 "환경위생이란, 인간의 신체적 발육, 건강 및 생존에 유해한 영향을 미치거나 미칠 가능성이 있는 인간의 물질적 환경요인 모두를 관리하는 것이다."라고 규정하였다.

02

기후

- 일정한 지역에서 장기간에 걸쳐 나타나는 대기현상의 평균적인 상태로 기상은 시시각각 변화하는 순간적인 대기현상이지만 기후는 장기간의 대기현상을 종합한 것이다.
- 기후의 3요소 : 기온, 기류, 기습
- 기후변화를 일으키는 기후인자 : 위도, 해발고도, 지형, 수륙분포, 토양

※ 4대 온열인자 : 기온, 기습, 기류, 복사열

03

자외선은 근자외선($3,100 \sim 3,900 Å$)과 $3,100 Å$ 이하인 원자외선으로 구분하며, 피부홍반($2,900 \sim 3,250 Å$) 및 피부암($2,900 \sim 3,340 Å$), 색소 침착을 야기하는 자외선의 파장은 $3,600 Å$ 부근에서 최고 수준이다.

04

① 열복사량의 측정
② 실내기류의 측정
④ · ⑤ 체온, 낮은 온도 등의 측정

05

카타온도계는 실내기류 측정, 즉 공기 중에서 $36.5℃$의 인체표면에 열손실 정도 측정 시 사용하며, 카타온도계의 최상의 눈금은 $100℉$, 최하의 눈금은 $95℉$이다.

06

로스앤젤레스 사건

1954년 로스앤젤레스에서 다량의 자동차로부터 배출되는 질소산화물과 탄화수소는 광화학 반응을 통하여 대기 중에 오존을 포함한 각종 광산화물을 발생시켰다.

07

일산화탄소는 탄소성분의 불완전연소로 인해 발생한다. 주배출원은 자동차 배기가스로 헤모글로빈과의 친화력이 산소보다 높다. 중독 시 중추신경계 장애를 일으킨다.

08

호기성 처리의 장점

- 상징(처리)수의 BOD · SS 농도가 낮다.
- 냄새가 발생하지 않는다.
- 비료 가치가 크다(퇴비화).
- 시설비(시설투자비)가 적게 든다.
- 혐기성보다 반응기간이 짧다.

호기성 처리의 단점

- 산소 공급을 하여야 한다.
- 운전비가 많이 든다.
- 많은 동력비가 든다.
- 슬러지 생성량이 많다.
- 소화슬러지의 수분이 많다.

09

일산화탄소

무색 · 무취 · 무자극성으로 중독 시 중추신경계의 장애를 일으킨다. 헤모글로빈과의 친화력이 산소보다 200~300배 강하며 CO와 Hb의 해리를 촉진하기 위해 고압산소요법을 사용하여 치료한다. 일산화탄소는 공기보다 가볍고, 보온성이 있으며, 식물에 피해를 적게 준다.

10

잠함병 또는 감압병은 고기압 상태에서 중추신경계에 마취작용을 하며, 정상 기압으로 갑자기 복귀할 때 체액 및 지방조직에 발생되는 질소가스가 주원인이 되어 기포를 형성하여 모세혈관에 혈전현상을 일으키게 되는 것을 말한다.

11

지표식물이란 오염물에 대해 민감하게 반응하는 식물로, PAN에 대한 지표식물로는 강낭콩이 있다.

12

산성비

- 공장, 자동차 등으로 대기 중에 방출된 황산화물(SO_X)과 질소산화물(NO_X)이 수분과 결합하여 황산(H_2SO_4)과 질산(HNO_3)이 되고 이들이 우수에 용해되어 pH 5.6 이하의 강수가 되는 것을 말한다.
- 원인물질 : 황산 65%, 질산 30%, 염산 5%

13

6가크롬에 중독되면 손톱바닥, 손등, 안면 등에 발진과 구진이 나타나며, 발진이 궤양으로 발전한다. 특히 분진이나 미스트로 접촉하기가 쉬워 비출혈과 가피 형성을 반복하게 되고 심해지면 비중격천공증이 나타난다.

14

일시경도(탄산경도)

- 유발물질 : $Ca(HCO_3)_2$, $Ca(OH)_2$, $Mg(HCO_3)_2$, $Mg(OH)_2$
- 끓이면 경도를 제거할 수 있다.

영구경도(비탄산경도)

- 유발물질 : $MgCl_2$, $MgSO_4$, $CaSO_4$, $Mg(NO_3)_2$
- 끓여도 경도를 제거할 수 없다.

15

공기의 자정작용

- 공기 자체의 희석작용
- 강우에 의한 세정작용
- 산소, 오존 및 과산화수소 등에 의한 산화작용
- 태양광선 중 자외선에 의한 살균작용
- 식물의 탄소동화작용에 의한 CO_2와 O_2의 교환작용
- 중력에 의한 침강작용

16

다중이용시설 중 지하역사, 지하도상가, 철도역사의 대합실, 도서관 · 박물관 및 미술관, 영화상영관 등의 일산화탄소 실내공기질 유지기준은 10ppm 이하이다.

17

오존소독은 pH와 상관없이 살균력이 좋으며, 발암물질인 THM을 생성하지 않는다. 가격이 비싸며, 잔류성이 없어 2차 오염의 위험이 있다.

18

지역난방
- 의미 : 열병합발전소(전기생산공정 중 발생하는 폐열수를 난방에 이용하는 시설)·쓰레기소각장 등에서 나온 열로 아파트 단지 등 대단위 지역에 일괄적으로 난방을 공급하는 방식이다.
- 지역난방의 이점
  - 대규모적인 열원기기를 사용한 에너지의 효율적 이용
  - 대기오염의 방지
  - 에너지의 안전이용
  - 각 건물의 스페이스 절감
  - 유지·관리에 있어서의 전체적인 생력화(省力化) 등

19

트리할로메탄(THM)은 메탄의 유도체인 유기할로겐 화합물로서 발암물질이다. 이의 원인물질인 미량의 유기물 제거와 생성된 트리할로메탄의 활성탄 흡착 등의 대책이 필요하다.

20

지하수는 빗물, 지표수가 땅속으로 유입된 것으로 토양의 자정작용에 의해 여과·흡착된다. 지표수에 비하여 오염기회가 적으며 지질의 영향과 경도가 높은 편에 속한다.

21

세정 집진장치
액적, 액막, 기포 등을 이용하여 가스를 세정시킴으로써 입자의 부착 또는 응집을 일으키게 하여 먼지를 분리하는 장치로, 입자상 물질과 가스상 물질을 동시에 처리하는 장점이 있다.

22

새집증후군을 일으키는 물질은 휘발성 유기화합물과 여러 오염물질이 있다. 벤젠, 톨루엔, 클로로폼, 아세톤, 스타이렌, 포름알데하이드, 라돈, 석면, 질소산화물, 오존, 미세먼지 등이다.

23

수소이온농도(pH)
- 용액 1L 속에 존재하는 수소이온의 몰수를 의미한다.
- 산성(pH 7 미만), 중성(pH 7), 염기성(pH 7 초과)
- pH 1의 차이는 실제 수소이온의 수가 10배 차이를 보이는 것이다.

24

유기용제는 기름때나 지방을 잘 녹이는 성질이 있어 피부에 묻으면 지방질을 녹이며, 몸에 잘 흡수되고, 쉽게 증발하기 때문에 호흡기를 통해 흡수된다. 노출 시 두통, 흥분성과 운동 부조화 등이 나타나며, 심한 경우에는 혼수상태 및 발작이 나타나고 사망할 수도 있다.

25

이산화탄소
온난화지수가 가장 낮지만 산업혁명 이후 급증한 화석연료의 사용으로 전체 온실가스 배출량의 77%를 차지하며, 대기 중 농도가 급속히 증가하여 지구온난화의 주요 원인으로 지목되고 있다.

26

열허탈증
땀을 많이 흘려 염분과 수분손실이 많을 때 발생하는 온열질환으로, 환자를 서늘한 장소에 옮겨 열을 식히고 휴식시키며 염분과 수분을 보충하도록 조치한다. 심한 경우는 생리식염수를 정맥주사한다.

27

조류는 주로 부영양화 상태에서 발생하는 것으로, 살조제인 황산동($CuSO_4$)이나 분말활성탄을 사용해 제거한다.

28

함기량이 높은 순서는 모피 98%, 모직 90%, 무명 70~80%, 마직 50%이다.

29

보건학적 실내기류

- 무풍 0.1m/sec 이하
- 쾌감기류(쾌적기류) : 0.2~0.3m/sec(실내), 1m/sec 전후(실외)
- 불감기류 : 0.5m/sec 이하

30

매립법

매립지역에 쓰레기를 투입하고 압축한 후 흙으로 덮는 방법이다. 쓰레기를 3m 높이로 파묻고 24시간 이내에 20cm의 두께로 흙을 덮는다. 이렇게 파묻은 쓰레기는 부패·발효되어 용적이 1/2 이하로 가라 앉을 때 그 위에 새로운 쓰레기를 1~2m 높이로 다시 쌓은 후 60~100cm의 흙을 덮는다.

31

③ 물이 산성일수록 수중의 HOCl이 증가한다.

$Cl_2 + H_2O \rightarrow HOCl + H^+ + Cl^-$

32

부 상

부유물의 비중이 물보다 작은 것이나 혹은 부유물에 미세한 기포를 부착시켜 부유물의 비중을 작게 하여 물의 표면에 부상시켜 분리하는 방법이다.

33

목욕장 욕수의 수질기준

- 원 수
  - 색도 : 5도 이하
  - 탁도 : 1NTU 이하
  - 수소이온농도 : 5.8 이상 8.6 이하
  - 과망간산칼륨 소비량 : 10mg/L 이하
  - 총대장균군 : 100mL 중 검출 ×

- 욕조수
  - 탁도 : 1.6NTU 이하
  - 과망간산칼륨 소비량 : 25mg/L 이하
  - 대장균군 : 1mL 중 1개 초과 검출 ×

34

가연성 폐기물

- 정의 : 소각로 등에서 연소할 수 있는 폐기물
- 종류 : 폐지, 폐목재, 폐섬유, 폐합성수지 등

35

실내 이산화탄소의 허용량은 0.1%(1,000ppm) 이하이다.

36

염소요구량 = 염소주입량 농도 − 잔류염소 농도

= $(100kg/day \div 5,000m^3/day) − 0.5mg/L$

= $0.02kg/m^3 − 0.5mg/L$

= $20mg/L − 0.5mg/L = 19.5mg/L$

37

기온역전이란 날씨가 맑은 밤에 주로 나타나는 현상으로 지표의 열이 식어 지표 근처의 공기의 온도가 낮아지고 그 위의 공기가 지표면의 공기의 기온보다 높아지는 현상을 말한다. 즉, 상층부로 올라갈수록 기온이 상승하는 현상이다.

38

라돈(Rn)

자연 속 우라늄이 붕괴하며 강한 방사선을 방출하는 물질로, 무색·무취·무미의 기체 형태이다. 세계보건기구(WHO)에서는 1군 발암물질로 지정했으며 라돈을 폐암의 주요 원인 가운데 하나로 정의한다.

39

$BOD = (DO_1 − DO_2) \times P = (8.6 − 5.4) \times 50 = 160mg/L$

40

군집독의 해결방법

O_2 농도↑, CO_2 농도↓, 환기

41

퇴비화 조건

통기성(산소공급), C/N(30 내외), 최적온도(65~75℃), 함수율(50~70%), pH 6~8 등

42

소독에 사용하는 과산화수소(H_2O_2)는 2.5~3% 정도 포함되어 있으며 약품명으로는 옥시돌이라고 한다. 과산화수소가 소독작용을 일으키는 이유는 피부 조직 내 생체촉매에 의해 분해되어 생성된 산소가 피부 소독작용을 하기 때문이다.

43

급속여과와 완속여과

항 목	완속여과	급속여과
여과속도	3~5m/day	120~150m/day
침전법	보통침전법	약품침전법
모래층 청소	사면대치	역류세척
손실수두	작 음	큼
세균제거율	98~99%	95~98%
건설비	비 쌈	저 렴
유지·관리비	적 음	많음(약품 사용)
수질과의 관계	저탁도에 적합	고탁도, 고색도, 조류가 많을 때 적합

44

침사지의 처리방법

건조 → 탈수 → 매립 처분

45

석회수는 수산화칼슘을 녹인 용액으로 이산화탄소와 결합하여 탄산칼슘을 생성하기 때문에 이산화탄소를 제거할 수 있다. 이때 석회수는 뿌옇게 흐려지기 때문에 이산화탄소를 검출하는 용도로도 사용된다.

46

Whipple은 하수의 유입에 따른 자정작용을 '분해지대 → 활발한 분해지대 → 회복지대 → 정수지대'로 구분하여 설명하였다.

47

상수의 정수 과정

응집 → 침전 → 폭기 → 여과 → 소독

48

도수율

도수율이란 산업재해의 지표의 하나로 노동시간에 대한 재해의 발생빈도를 나타내는 것이다.

$$도수율 = \frac{재해건수}{연근로시간 \ 수} \times 10^6 = \frac{재해건수}{연근로일 \ 수} \times 10^3$$

49

염소소독

가격이 저렴하고, 잔류성이 커서 살균이 오래 지속되는 장점이 있지만, 냄새가 나고 발암물질은 THM을 생성하는 단점이 있다.

50

활성탄 흡착법

- 활성탄은 현재 가장 많이 사용되는 흡착제이다.
- 정수장에서는 주로 원수의 맛과 냄새나 색도, 탁도, 기타 유독성 유기물의 제거에 사용된다.
- 폐수처리장에서는 생물학적 처리를 한 처리수 내의 미처리 유기물을 철저히 제거하기 위해 사용된다.

2과목 | 위생곤충학

51

위생곤충의 피해

- 직접적 : 기계적 외상, 2차 감염, 체내 기생, 독성물질의 주입, 알레르기성 질환
- 간접적 : 병원체의 인체 내 주입(기계적 전파, 생물학적 전파)

52

알 → (부화) → 유충 → (용화) → 번데기 → (우화) → 성충

53

위생곤충의 분류 단계

계(界, Kingdom) – 문(門, Phylum) – 강(綱, Class) – 목(目, Order) – 과(科, Family) – 속(屬, Genus) – 종(種, Species)

54

곤충의 외피

- 기능 : 몸의 형태 유지·보호, 근육으로 형성, 수분 증산(증발, 분산), 병원체 침입 방지, 외계 자극 감수
- 표 피
  - 외표피 : 시멘트층(Cement Layer), 밀랍층(Wax Layer, 방수성), 단백성 표피층(Protein)
  - 원표피 : 외원표피, 내원표피
- 진피 : 진피세포(표피생산), 조모세포(극모생산)
- 기저막 : 진피와 체강의 경계로 진피세포의 분비

55

① 벼룩 – 페스트
②·③ 이 – 참호열, 발진티푸스
⑤ 모기 – 황열

56

벼룩의 다리는 밑마디와 발목마디로 이루어져 있는데, 발목마디는 5마디로 이루어져 있다.

57

띠금파리속은 검정파리과에 속하며, 금속성 녹색 또는 청록색의 광택이 나며, 크기는 중형이다.

58

중국얼룩날개모기(Anopheles sinensis)

- 말라리아(발육증식형) 전파
- 7~8월에 다발
- 호흡관 퇴화
- 유충의 복절배판에 장상모(수면 수평 유지)
- 유충 서식장소 : 흐르는 물, 대형정지수(부낭 형성)
- 날개 전연맥 : 백색반점 2개, 전맥 2개
- 촉수의 각 마디 말단부에 좁은 흰 띠
- 앉는 자세는 벽면과 45~90°를 이룸

59

깔따구

- 파리목, 장각아목, 성충 크기는 2~5mm
- 모기와 비슷하나 몸 전체에 비늘이 없어 쉽게 구별되며, 유충의 핏속에는 적혈구로 구성
- 구기가 퇴화됨
- 알 : 300~600개
- 평균수명 : 2~7일
- 오염수질에서도 생존, 야간 활동성, 강한 추광성
- 피해 : 뉴슨스, 알레르기, 천식
- 구제방법 : 잉어, 미꾸라지 등 천적 이용, 수질 청결, 실내 기피제 살포

60

해충 방제

- 물리적 방법 : 서식처 제거, 청결, 쓰레기 처리, 트랩 설치
- 화학적 방법 : 살충제, 발육억제제, 불임제, 유인제, 기피제 살포
- 생물학적 방법 : 천적 이용, 불임수컷 방산, 병원성 미생물 이용

61

발진티푸스는 이(Lice)의 매개 질병으로 잘 알려져 있다.

62

구 기

- 저작형 구기 : 바퀴, 흰개미, 풍뎅이, 나방의 유충, 잠자리
- 자상흡수형 구기 : 총채벌레
- 천공흡수형 구기 : 모기, 진딧물, 매미, 빈대, 몸니, 머릿니, 깍지벌레
- 스펀지형 구기 : 집파리
- 흡관형 구기 : 나비, 나방
- 저작흡수형 구기 : 벌, 개미

63

딸집파리

약간 소형으로 흉부 순판에 흑색 종선이 3개가 있으며, 촉각극모는 단모이다. 유충은 육질돌기가 있으며 구더기증을 일으킨다.

64

곤충강의 분류

- 파리목(쌍시목) : 파리, 모기, 등에
- 이목 : 이
- 벼룩목(은시목) : 벼룩
- 바퀴목 : 바퀴
- 노린재목 : 노린재, 매미, 빈대
- 벌목(막시목) : 벌, 개미
- 나비목(인시목) : 나비, 나방
- 진드기목 : 진드기

65

집합페로몬이란 집단으로 생활하는 동물에서 그 집단의 형성과 유지에 관여하는 것으로, 바퀴벌레는 집합페로몬을 분비함으로써 은신처에서 군서생활을 한다.

66

유행성출혈열은 특히 산이나 들에 살고 있는 야생쥐인 등줄쥐에 기생하는 진드기가 매개한다.

67

우선적으로 발생원(서식처)을 제거하여 쥐의 서식처를 제공하지 않도록 하고, 쥐가 먹을 수 있는 음식이나 곡물의 관리를 철저히 한다.

68

살충제 라벨의 안전정보

- 위험-독극물(DANGER-POISON) : 고독성, 가장 치명적, 해골 기호
- 위험(DANGER) : 고독성, 피부와 눈에 심각한 손상
- 경고(WARNING) : 보통독성
- 주의(CAUTION) : 저독성

69

시궁쥐

- 집쥐에 속한다.
- 다른 쥐에 비해 몸이 약간 크고 무게는 400~500g이다.
- 몸통에 비하여 꼬리가 약간 짧고 굵으며, 귀와 눈이 몸집에 비해 작다.
- 1회 평균 출산수는 8~12마리이다.

70

피레트린(Pyrethrin)

- 식물에서 추출한 것으로 속효성이다.
- 포유류에 저독성이다.
- 잔효성이 없고, 효력증강제와 혼용한다.

71

잔류분무는 공기압축 분무기를 사용해야 모든 면을 고르게 분무할 수 있으며, 공기압축량은 40Lb 정도가 좋다.

72

불빛이 있는 곳으로 잘 모여드는 습성이 있어 사람이 사는 곳에 많이 날아드는 독나방의 방제에 대한 설명이다.

73

LD_{50}은 실험동물의 50%를 치사할 수 있는 살충제의 양을 말한다.

74

잔류분무는 곤충의 유식, 서식 장소에 살충제 입자를 분무하여 잔류시키는 방법으로, 입자의 크기는 100~400μm가 가장 좋다.

75

효력증강제

- 세사민(Sesamin)
- 피페로닐사이크로닌(Piperonyl Cyclonene)
- 피페로닐뷰톡사이드(Piperonyl Butoxide)
- 설폭사이드(Sulfoxide)

76

마이크로 캡슐의 입자크기는 목적에 따라 다르지만 대체로 20~30μm인 것이 좋다.

77

먼지진드기과

- 피부조각, 비듬, 음식부스러기, 대기 중의 불포화 수분 흡수능력, 습도유지
- 발육온도 10~32℃, 인간 거주지역에서 생활, 성장에 1개월 소요, 수명 2개월
- 집먼지, 사람, 애완동물의 박리상피(1g/day 성인)
- 기관지천식(소아천식), 아토피성 비염, 알레르기성 피부병, 결막 알레르기 유발

78

발육억제제는 곤충의 발육과정 중 유충단계에서 성장을 억제시키는 화학 물질로, 메소프렌, 디플루벤주론, 하이드로프렌, 키노프렌, 피리프록시펜 등이 있다.

79

진드기는 기문의 위치에 따라 7개 아목(Suborder)으로 분류한다.

80

벽의 재질이 유리나 타일일 경우 가장 긴 잔류기간을 가진다.

3과목 | 위생관계법령

81

공중위생영업이라 함은 다수인을 대상으로 위생관리서비스를 제공하는 영업으로서 숙박업 · 목욕장업 · 이용업 · 미용업 · 세탁업 · 건물위생관리업을 말한다. 다만, 숙박업 중 농어촌에 소재하는 민박 등 대통령령이 정하는 경우를 제외한다(법 제2조 제1항 제1호).

82

공중위생영업을 하고자 하는 자는 공중위생영업의 종류별로 보건복지부령이 정하는 시설 및 설비를 갖추고 시장 · 군수 · 구청장에게 신고하여야 한다(법 제3조 제1항).

83

위생사의 면허 등(법 제6조의2 제4~5항)

- 위생사 국가시험에서 대통령령으로 정하는 부정행위를 한 사람에 대하여는 그 시험을 정지시키거나 합격을 무효로 한다.
- 시험이 정지되거나 합격이 무효가 된 사람은 해당 위생사 국가시험 후에 치러지는 위생사 국가시험에 2회 응시할 수 없다.

84

보건복지부장관 또는 시장 · 군수 · 구청장은 위생사의 면허취소 처분을 하려면 청문을 하여야 한다(법 제12조).

85

공중위생영업소의 위생서비스수준 평가는 2년마다 실시하되, 공중위생영업소의 보건 · 위생관리를 위하여 특히 필요한 경우에는 보건복지부장관이 정하여 고시하는 바에 따라 공중위생영업의 종류 또는 위생관리등급별로 평가주기를 달리할 수 있다(시행규칙 제20조).

86

식품으로 인하여 생기는 위생상의 위해를 방지하고 식품영양의 질적 향상을 도모하며 식품에 관한 올바른 정보를 제공함으로써 국민 건강의 보호 · 증진에 이바지함을 목적으로 한다(법 제1조).

87

식품이란 모든 음식물(의약으로 섭취하는 것은 제외한다)을 말한다(법 제2조 제1호).

88

식품의약품안전처장은 식품 등의 공전을 작성 · 보급하여야 한다(법 제14조).

89

식품 등의 기준 및 규격 관리 기본계획에 포함되는 노출량 평가·관리의 대상이 되는 유해물질의 종류(시행규칙 제5조의4 제1항)

- 중금속
- 곰팡이 독소
- 유기성오염물질
- 제조·가공 과정에서 생성되는 오염물질
- 그 밖에 식품 등의 안전관리를 위하여 식품의약품안 전처장이 노출량 평가·관리가 필요하다고 인정한 유해물질

90

자가품질검사에 관한 기록서는 2년간 보관하여야 한다 (시행규칙 제31조 제4항).

91

소비자식품위생감시원의 직무(법 제33조 제2항)

- 식품접객영업자에 대한 위생관리 상태 점검
- 유통 중인 식품 등이 표시·광고의 기준에 맞지 아니하거나 부당한 표시 또는 광고행위의 금지 규정을 위반한 경우 관할 행정관청에 신고하거나 그에 관한 자료 제공
- 식품위생감시원이 하는 식품 등에 대한 수거 및 검사 지원
- 그 밖에 식품위생에 관한 사항으로서 대통령령으로 정하는 사항(식품위생감시원의 직무 중 행정처분의 이행 여부 확인을 지원하는 업무)

92

병든 동물 고기 등의 판매 등 금지를 위반한 자는 10년 이하의 징역 또는 1억원 이하의 벌금에 처하거나 이를 병과할 수 있다(법 제94조 제1항 제1호).

93

의사 등의 신고(법 제11조 제1항)

의사, 치과의사 또는 한의사는 다음의 어느 하나에 해당하는 사실(표본감시 대상이 되는 제4급감염병으로 인한 경우는 제외한다)이 있으면 소속 의료기관의 장에게 보고하여야 하고, 해당 환자와 그 동거인에게 질병관리청장이 정하는 감염 방지 방법 등을 지도하여야 한다. 다만, 의료기관에 소속되지 아니한 의사, 치과의사 또는 한의사는 그 사실을 관할 보건소장에게 신고하여야 한다.

- 감염병환자 등을 진단하거나 그 사체를 검안한 경우
- 예방접종 후 이상반응자를 진단하거나 그 사체를 검안한 경우
- 감염병환자 등이 제1급감염병부터 제3급감염병까지에 해당하는 감염병으로 사망한 경우
- 감염병환자로 의심되는 사람이 감염병병원체 검사를 거부하는 경우

94

소독업자가 그 영업을 30일 이상 휴업하거나 폐업하려면 보건복지부령으로 정하는 바에 따라 특별자치시장·특별자치도지사 또는 시장·군수·구청장에게 신고하여야 한다(법 제53조 제1항).

95

필수예방접종 대상(법 제24조 제1항)

디프테리아, 폴리오, 백일해, 홍역, 파상풍, 결핵, B형 간염, 유행성이하선염, 풍진, 수두, 일본뇌염, b형헤모 필루스인플루엔자, 폐렴구균, 인플루엔자, A형간염, 사람유두종바이러스 감염증, 그룹 A형 로타바이러스 감염증, 그 밖에 질병관리청장이 감염병의 예방을 위하여 필요하다고 인정하여 지정하는 감염병(장티푸스, 신증후군출혈열)

96

① 식품접객업 업소 : 연면적 $300m^2$ 이상
③ 공동주택 : 300세대 이상
④ 공연장 : 객석수 300석 이상
⑤ 숙박업소 : 객실수 20실 이상

97

②·③ 제1급감염병, ④·⑤ 제3급감염병에 해당한다.

제2급감염병(법 제2조 제3호)

결핵, 수두, 홍역, 콜레라, 장티푸스, 파라티푸스, 세균성이질, 장출혈성대장균감염증, A형간염, 백일해, 유행성이하선염, 풍진, 폴리오, 수막구균 감염증, b형헤모필루스인플루엔자, 폐렴구균 감염증, 한센병, 성홍열, 반코마이신내성황색포도알균(VRSA) 감염증, 카바페넴내성장내세균목(CRE) 감염증, E형간염

98

비밀누설의 금지를 위반하여 업무상 알게 된 비밀을 누설하거나 업무목적 외의 용도로 사용한 자는 3년 이하의 징역 또는 3천만원 이하의 벌금에 처한다(법 제78조 제3호).

99

환경부장관은 거두어들인 원재료, 제품, 용기 등의 검사와 먹는물의 수질검사를 위한 기관을 지정할 수 있다(법 제43조 제1항).

100

환경부장관, 시·도지사 또는 시장·군수·구청장은 시설을 고치도록 명하거나 그 밖에 필요한 조치를 명하려면 개선에 필요한 조치, 기계·시설의 종류 등을 고려하여 1년의 범위에서 그 기간을 정하여야 한다(시행규칙 제38조 제1항).

101

먹는샘물 등의 제조업을 하려는 자는 환경부령으로 정하는 바에 따라 시·도지사의 허가를 받아야 한다. 환경부령으로 정하는 중요한 사항을 변경하려는 때에도 또한 같다(법 제21조 제1항).

102

냄새, 맛, 색도, 탁도, 수소이온농도는 매일 1회 이상 검사한다(시행규칙 별표 6).

103

일반수도사업자, 전용상수도 설치자 및 소규모급수시설을 관할하거나 먹는물공동시설을 관리하는 시장·군수·구청장은 수질검사결과를 3년간 보존하여야 한다(먹는물 수질기준 및 검사 등에 관한 규칙 제7조 제1항).

104

폐기물처리업자는 환경부령으로 정하는 바에 따라 장부를 갖추어 두고 폐기물의 발생·배출·처리상황 등을 기록하고, 마지막으로 기록한 날부터 3년간 보존하여야 한다. 다만, 전자정보처리프로그램을 이용하는 경우에는 그러하지 아니하다(법 제36조 제1항).

105

공공하수도관리청은 5년마다 소관 공공하수도에 대한 기술진단을 실시하여 공공하수도의 관리상태를 점검하여야 한다(법 제20조 제1항).

1회 | 2교시 정답 및 해설

01	02	03	04	05	06	07	08	09	10
①	①	②	④	③	④	①	①	③	②
11	12	13	14	15	16	17	18	19	20
④	②	①	⑤	①	④	①	②	④	④
21	22	23	24	25	26	27	28	29	30
④	①	④	③	②	①	⑤	④	④	①
31	32	33	34	35	36	37	38	39	40
⑤	③	③	④	②	②	②	⑤	②	③
41	42	43	44	45	46	47	48	49	50
④	②	④	⑤	⑤	⑤	④	②	⑤	③
51	52	53	54	55	56	57	58	59	60
④	②	⑤	③	②	④	④	④	⑤	⑤
61	62	63	64	65	66	67	68	69	70
③	④	③	④	⑤	④	①	①	⑤	
71	72	73	74	75					
⑤	⑤	③	③	④					

1과목 | 공중보건학

01

3P

Population(인구), Poverty(빈곤), Pollution(환경오염)

02

기초대사량

- 사람은 활동을 하지 않아도 체온 유지, 심장 박동, 세포 활동 등을 위한 최소한의 에너지를 필요로 한다. 이 최소한의 에너지를 기초대사량이라고 한다.
- 기초대사량 계산법 : 몸무게 × 24 = 60 × 24 = 1,440kcal

03

백일해는 1~2주간 감기증상을 보이며, 2주 후에는 경련성 기침을 보인다.

04

생물테러감염병

- 고의 또는 테러 등을 목적으로 이용된 병원체에 의하여 발생된 감염병 중 질병관리청장이 고시하는 감염병을 말한다.
- 탄저, 보툴리눔독소증, 페스트, 마버그열, 에볼라바이러스병, 라싸열, 두창, 야토병

05

2차 예방은 질병에 걸려있는 것의 조기발견과 적절한 시기의 치료에 의하여 질병의 악화를 방지하는 것을 말한다.

06

인구 피라미드 유형

- 피라미드형(증가형) : 유소년층이 큰 비중을 차지하는 형으로 다산다사의 미개발 국가나 다산소사의 개발도상국에서 나타난다.
- 종형(정체형) : 출생률이 낮아 유소년층의 비중이 낮고 평균수명이 연장되어 노년층의 비중은 높은 소산소사의 선진국에서 나타난다.
- 항아리형(감퇴형) : 낮은 출생률과 사망률로 출산 기피에 따른 인구 감소가 나타난다.
- 별형(도시형) : 인구 전입으로 청장년층의 비율이 높은 도시나 신개발 지역에서 나타나는 유형으로, 노년 인구나 유소년 인구에 비해서 생산연령 인구가 많다.
- 기타형(농촌형) : 청장년층의 전출로 노년층 비율이 높은 농촌에서 나타나는데, 생산연령 인구에 비해서 노년 인구나 유소년 인구가 많고 인구 과소로 노동력 부족 문제가 나타난다.

07

지역보건의료계획을 통하여 보건소 조직의 업무 활성화를 도모하고, 지역사회 민간의료기관과 협력적 연계체제를 구축하여 대상자의 예방치료와 재활 및 건강증진 등 의료서비스를 향상시키고자 한다.

08

개인접촉 방법

저소득층, 노인층에 가장 효과적이며, 가정방문, 건강상담, 진찰, 전화, 편지 등의 방법이 있다. 그러나 인원과 시간이 많이 드는 단점이 있다.

09

비례사망지수(PMI)

- 전체 사망자 중 50세 이상의 사망자가 차지하는 점유율을 백분율로 표시한 것
- 비례사망지수 $= \dfrac{\text{1년간 50세 이상 사망자의 총 수}}{\text{같은 해의 총 사망자 수}}$

10

역학의 시간적 현상

- 추세적(장기적) 변화 : 수십 년 이상의 주기로 유행
- 순환적(주기적) 변화 : 수년의 주기로 반복 유행
- 계절적 변화 : 1년을 주기로 반복 유행
- 불규칙적 변화 : 외래감염병이 국내 침입 시 돌발적으로 유행
- 단기적 변화 : 시간별, 날짜별, 주 단위로 변화하는 것

11

특정 병원체에 대한 항체는 그 병원체에 자연감염되었거나 인공적으로 예방접종하여 자기 몸에서 생성된 능동면역과 태반을 통하여 어머니로부터 받은 항체나 또는 다른 개체에서 받은 항체, 즉 다른 개체에서 생성된 항체를 얻어 체내에 넣어 줌으로써 일시적으로 가지는 방어능력인 수동면역이 있다. 능동면역은 체내의 계속적인 면역반응에 의하여 오랜 기간 지속되지만 남에게서 얻은 수동면역은 수명이 짧아 수 주밖에 지속하지 못한다. 면역된 어머니의 태반을 통하여 얻은 신생아(보통 생후 3~6개월까지 방어력이 있다)가 가지고 있는 항체로 인한 방어력을 자연수동면역이라고 하며 다른 개체에서 생성된 항체, 즉 파상풍이나 디프테리아균에 대한 말의 항혈청을 주사하여 얻는 일시적(수개월)인 방어력을 인공수동면역이라고 한다.

12

위약투여법

비활성 약품을 약으로 위장하여 환자에게 투여했을 때 환자의 약에 대한 긍정적 믿음으로 인해 실제로 효과가 나타나는 현상을 말한다.

13

우리나라 건강보험 특징

강제가입, 보험료 차등 부과, 균등급여, 단기보험, 사후치료 등

14

공공부조사업은 자력으로는 자립이 불가능한 상태에 있는 자를 구제하기 위한 제도(생활보호 및 의료보호 업무)로 보호의 종류로는 국민기초생활보장제도, 의료급여, 기초연금, 장애인연금 등이 있다.

15

② 비타민 D : 구루병, 골연화증
③ 비타민 E : 불임증, 노화, 유사
④ 비타민 K : 혈액응고 지연, 출혈병
⑤ 비타민 C : 괴혈병

16

초고령화 사회는 UN 기준에 따라 전체 인구 중 만 65세 이상 고령인구 비율이 20% 이상인 사회를, 고령 사회는 14% 이상인 사회를, 고령화 사회는 7% 이상인 사회를 가리킨다.

17

학교건강검사 중 신체의 발달상황은 키와 몸무게로 측정한다. 병력과 식생활은 건강조사에 속하며, 근·골격 및 척추와 기관 능력은 건강검진에 속한다.

18

단면연구(cross-sectional study)

특정 시점에 질병과 관련요인에 대한 정보를 얻는 조사연구로, 해당 질병의 유병률을 구할 수 있는 장점이 있지만 질병과 관련 요인의 인과관계가 불분명한 단점이 있다.

19

세계보건기구(WHO)에서는 건강의 정의를 "건강은 단지 질병이 없는 상태를 의미하는 것이 아니라 신체적, 정신적, 사회적으로 안녕한 상태이다"라고 하였다.

20

노령화지수

노령화지수란 유소년층 인구(15세 미만)에 대한 노년층 인구(65세 이상)의 비율로 인구의 노령화 정도를 나타내는 지표이다. 노령화 지수가 높아진다는 것은 장래에 생산 연령에 유입되는 인구에 비하여 부양해야 할 노년 인구가 상대적으로 많아진다는 것을 의미한다.

21

환자-대조군연구

현재 질병을 갖고 있는 군과 갖고 있지 않은 군을 구분하여 환자군과 대조군으로 삼고 이들을 각 원인요인에 노출된 여부를 확인해 관련성을 규명한다. 결과를 먼저 관찰한 후 가능한 원인, 요인을 탐구하는 역학연구로 결과 → 원인의 방향이므로 후향적 연구라고 불리고, 주로 만성·희귀질환 연구에 사용된다.

22

재생산율

여자가 평생 낳는 여자아이의 평균수를 재생산이라 하고, 어머니의 사망률을 무시하는 재생산율을 총재생산율이라 하며, 사망을 고려하는 경우에는 순재생산율이라 한다.

- 순재생산율 > 1.0 : 인구증가
- 순재생산율 < 1.0 : 인구감소
- 순재생산율 = 1.0 : 인구정지

23

UNEP(유엔환경계획)

1972년 채택된 스톡홀름 선언을 바탕으로 한, 환경과 지속 가능한 개발에 관한 UN 공식 국제기구이다. 환경 분야에서 국제협력의 추진, 유엔기구의 환경관련 활동 및 정책 작성, 세계의 환경감시 등을 목적으로 한다.

24

검사의 타당도(정확도)

- 민감도 : 해당 질환에 걸려 있는 사람(확진)에게 그 검사법을 적용했을 때 결과가 양성으로 나타나는 비율
- 특이도 : 해당 질환에 걸려 있지 않은 사람(확진)에게 그 검사법을 적용했을 때 결과가 음성으로 나타나는 비율
- 예측도 : 측정도구가 그 질병이라고 판단한 사람들 중에서 실제로 그 질병을 가진 사람들의 비율

25

② 최초의 환자로 인해 2차적으로 발생한 환자수 / 접촉 경험이 있는 전체 환자수

① 기간 동안 새로이 발생한 환자수(발생횟수) / 기간 동안 위험에 폭로된 중앙인구

③ 질병과 관련된 여러 가지 사건들, 즉 질병의 발생 및 유병상태 등을 비율의 개념으로 표현한 것

④ 어느 시점에서 질병에 이환되어 있는 환자수 / 인구수

⑤ 질병의 일정 기간 내의 사망수 / 질병에 이환된 환자수

26

콜레라

- 제2급감염병으로 해수상태에서 오래 생존
- 오염된 식수나 음식물, 해안에서 잡히는 어패류, 구토물을 통한 2차 감염을 통해 전파
- 쌀뜨물 같은 설사, 구토, 탈수, 쇼크, 전해질 불균형으로 사망 가능

27

질병 발생의 3대 요인

- 병인요인 : 영양 요인(과잉, 결핍), 생물학적 요인(바이러스, 박테리아, 진균), 화학적 요인(중금속, 독성 물질, 매연, 알코올), 물리적 요인(방사능, 자외선, 압력, 열, 중력)
- 숙주요인 : 연령, 성별, 인종, 직업, 가족력, 건강상태, 면역상태, 인간의 행태
- 환경요인 : 생물학적 환경, 사회 · 경제적 환경, 물리적 환경

28

전향성 조사와 후향성 조사의 장 · 단점

구 분	장 점	단 점
전향성 조사	• 속성 또는 요인에 편견이 들어가는 일이 적다. • 상대위험도와 귀속위험도의 산출이 가능하다. • 시간적 선후관계를 알 수 있다. • 흔한 질병조사에 적합하다.	• 많은 대상자를 필요로 한다. • 오랜 기간 관찰해야 한다. • 비용이 많이 든다.
후향성 조사	• 비교적 비용이 적게 든다. • 대상자의 수가 적다. • 비교적 단기간에 결론을 얻는다. • 희귀한 질병조사에 적합하다.	• 정보수집이 불확실하다. • 기억력이 흐려 착오가 생긴다. • 대조군 선정이 어렵다. • 위험도 산출이 불가능하다.

29

질병명과 매개체

- 모기 : 말라리아, 뎅기열, 유행성 뇌염, 황열, 사상충 등
- 파리 : 장티푸스, 파라티푸스, 이질, 콜레라, 디스토마, 화농성 질환, 나병, 기생충병 등
- 벼룩 : 페스트, 발진열 등
- 이 : 발진티푸스, 재귀열, 참호열 등
- 진드기 : 야토병, 록키산홍반열(참진드기), 쯔쯔가무시증(털진드기)

30

필수예방접종

디프테리아, 폴리오, 백일해, 홍역, 파상풍, 결핵, B형간염, 유행성이하선염, 풍진, 수두, 일본뇌염, b형헤모필루스인플루엔자, 폐렴구균, 인플루엔자, A형간염, 사람유두종바이러스 감염증, 그룹 A형 로타바이러스 감염증, 그 밖에 질병관리청장이 감염병의 예방을 위하여 필요하다고 인정하여 지정하는 감염병(장티푸스, 신증후군출혈)

31

보건의료원은 보건소 중 병원의 요건을 갖춘 기관이다.

32

감수성 지수

홍역 · 두창(95%) > 백일해(60~80%) > 성홍열(40%) > 디프테리아(10%) > 폴리오(0.1%)

33

맬서스는 인구억제방법을 도덕적 억제(성순결 · 만혼)에 두었으나 Francis Place는 피임에 의한 산아조절을 주장하였는데 이를 '신맬서스주의'라고 한다.

34

콜레라 유행 시 라디오, TV, 신문, 포스터 등을 이용한 대중접촉교육방법이 효과적이다.

35

임산부의 정기 건강진단 실시기준

- 임신 28주까지 : 4주마다 1회
- 임신 29주에서 36주까지 : 2주마다 1회
- 임신 37주 이후 : 1주마다 1회

36

WHO의 규정에 의하면 식품위생이란 식품의 생육, 생산, 제조에서부터 최종적으로 사람에게 섭취될 때까지의 모든 단계에서 식품의 안전성, 건전성 또는 완전무결성을 확보하기 위한 모든 수단을 말한다.

37

식품에 항생물질을 첨가시키면 그에 따른 내성균이 출현하여 또 다른 질병을 유발한다.

38

인수공통감염병
- 사람과 동물이 같은 병원체에 의하여 발생하는 질병이다.
- 종류 : 결핵, 탄저, 파상열, 돈단독증, 야토병, 렙토스피라증, Q열, 리스테리아증 등

39

HACCP 7원칙
위해요소(HA) 분석 → 중요관리점(CCP) 결정 → CCP 한계기준 설정 → CCP 모니터링체계 확립 → 개선조치 방법 수립 → 검증 절차 및 방법 수립 → 문서화, 기록유지방법 설정

40

바실러스(Bacillus)속
- 그람양성, 호기성, 간균이다.
- 편모가 있다.
- 내열성 포자(아포)를 형성한다.
- 탄수화물과 단백질의 분해력이 강하다.

41

아급성 독성시험
실험동물 수명의 1/10 정도(흰쥐 1~3개월)의 기간에 걸쳐 연속 경구투여하여 증상을 관찰하며, 만성 독성시험에 투여하는 양을 단계적으로 결정하는 자료를 얻는 것이 목적이다.

42

① 살모넬라, ③ 웰치균, ④ 알레르기성 식중독균, ⑤ 황색포도상구균에 해당한다.

43

식품첨가물
- 식품첨가물은 식품의 상품적 · 영양적 · 위생적인 가치를 향상시킬 목적으로 첨가하는 물질이다.
- 천연품과 화학적 합성품 모두 법적인 규제를 받는데 화학적 합성품이 보다 엄격한 규제를 받는다.
- 규정량을 사용하며, 가능한 한 허용량을 초과하지 않는 최소량을 사용한다.

44

생물 생육에 필요한 최저 수분활성도(A_W)
세균 (0.90) > 효모(0.88) > 곰팡이(0.80)

45

Clostridium botulinum
- 그람양성, 간균, 주모성 편모, 내열성의 포자 형성, 편성혐기성
- 신경독소(neurotoxin) 생성

46

Clostridium perfringens
- 그람양성, 간균, 포자 형성, 편성혐기성, 무편모
- 가스괴저균
- 감염독소형, 중간형 식중독
- 원인식품 : 동물성 단백질성 식품

47

병원성 대장균은 설사와 베로톡신이라는 독소를 분비하여 장막의 세포를 파괴한다.

48

Staphylococcus aureus
- 화농성질환의 대표적인 원인균
- 그람양성, 무포자, 통성혐기성, 내염성, 비운동성
- 내열성이 강한 장독소(enterotoxin) 생성

49

ADI(Acceptable Daily Intake ; 일일 섭취허용량)

사람이 일생 동안 매일 섭취하더라도 아무런 독성이 나타나지 않을 것으로 예상되는 1일 섭취허용량으로, 만성 독성시험 결과를 토대로 설정된다.

50

탄저(Anthrax)는 Bacillus anthracis 감염에 의해 발생하는 인수공통감염병이다.

51

선모충

- 덜 익힌 돼지고기의 섭취를 통해 감염 → 생식 금지
- 설사, 고열, 구토의 증상, 유충이 근육에 이행

52

① 버섯 : Choline

③ 청매실 : Amygdalin

④ 수수 : Dhurrin

⑤ 면실유 : Gossypol

53

독버섯의 유독성분

일반적으로 무스카린(Muscarine)에 의한 경우가 많고, 그 밖에 무스카리딘(Muscaridine), 팔린(Phaline), 아마니타톡신(Amanitatoxin), 콜린(Choline), 뉴린(Neurine) 등이 있다.

54

화염멸균법

- 알코올 램프와 같은 화염에 물체를 직접 접촉시켜 표면에 부착된 미생물을 멸균시키는 방법이다.
- 백금선, 유리기구, 금속기구, 도자기 등 불연성 기구와 소각하여 버릴 물건들의 멸균에 이용한다.

55

① 호료 : 식품의 점착성을 증가시킴

② 보존료 : 부패나 변질을 방지함

④ 유화제 : 분산된 액체가 재응집하지 않도록 안정화시킴

⑤ 발색제 : 식품의 색을 안정화시킴

56

장구균(Enterococcus)

그람양성 구균으로, 대장에서 서식하는 Enterococcus faecalis가 대표적이며 식품의 동결과 건조 시 잘 죽지 않는다는 점이 냉동식품과 건조식품의 분변오염지표균으로 이용된다.

57

Pseudomonas는 신선한 어류에서 우점종으로 나타난다. 그 이유는 저온에서 번식하기 때문이다.

58

식품 중의 생균수를 측정하여 1g당 $10^{7 \sim 8}$ 이상이면 식품이 신선하지 않은 상태이며, 식품 중의 생균수를 측정하는 목적은 신선도를 알기 위해서이다.

59

관능검사란 시각, 촉각, 미각, 후각 등 사람의 오감으로 검사하는 방법이다.

60

① PCB : 카네미유증

② 카드뮴 : 이타이이타이병

③ 수은 : 미나마타병

④ 벤젠 : 백혈병

61

요충의 감염경로는 경구감염(자가감염, 집단감염)이며, 기생 부위는 사람의 맹장이다. 증상으로는 항문 주위의 가려움, 수면장애, 야뇨증, 만성장염, 신경쇠약, 빈혈 등이 있으며, 스카치테이프 검출법을 사용한다.

62

염장법은 10% 정도의 소금에 절이는 방법으로 삼투압 원리를 이용한다.

63

바이러스

- 생명을 가진 것 중 가장 작음
- 완전한 세포형태가 아니고 핵산이 단백질에 싸여 있음
- DNA와 RNA 중 하나만 보유
- 사람, 동물, 식물에 질병을 일으킴

64

⑤ 십이지장충은 채소 및 분변을 통해 감염되는 기생충이다.

①·②·③·④ 어패류에 의해 매개되는 기생충이다.

65

아플라톡신(Aflatoxin) 독성 순서

$B_1 > M_1 > G_1 > M_2 > B_2 > G_2$

66

⑤ 세균성 식중독은 면역이 생기지 않으므로 예방접종의 효과가 없다.

①·②·③·④ 경구감염병에 대한 설명이다.

67

니트로사민(Nitrosamine)

2차 아민과 아질산염이 자연적으로 반응하여 생성되는 물질로, 2차 아민은 식품의 제조과정, 육류나 생선에 통상적으로 포함되어 있다. 간암의 원인물질로 알려져 있다.

68

소독제의 구비 조건

- 높은 살균력(높은 석탄산 계수를 가질 것)
- 안정성이 있을 것
- 용해도가 높을 것
- 침투력이 강할 것
- 인체에 대한 독성이 약할 것
- 부식성 및 표백성이 없을 것
- 방취력이 있을 것
- 가격이 저렴하고 구입이 용이할 것
- 사용방법이 간단할 것

69

팽창제

빵, 과자 등을 만드는 과정에서 CO_2, NH_3 등의 가스를 발생시켜 부풀게 함으로써 연하고 맛을 좋게 하는 동시에 소화되기 쉬운 상태가 되게 하기 위하여 사용한다.

70

차아염소산나트륨의 살균 소독력은 높은 산화력에 기인하며 미생물의 세포막을 통과하여 핵산이나 단백질을 파괴하여 불활성화함으로써 미생물을 사멸시킨다.

71

이형제는 식품의 형태를 유지하기 위해 원료가 용기에 붙는 것을 방지하여 분리하기 쉽도록 하는 식품첨가물을 말한다.

72

Yersinia enterocolitica

- 그람음성, 간균, 주모성 편모, 통성혐기성, 소화기관 질환으로 5℃ 전후에서도 증식
- 원인 : 오염된 식육·우유
- 잠복기 : 2~3일
- 증상 : 설사, 복통, 패혈증

73

식품공전에 따른 살균법

- 저온장시간살균법 : 63~65℃에서 30분간
- 고온단시간살균법 : 72~75℃에서 15~20초간
- 초고온순간처리법 : 130~150℃에서 0.5~5초간

74

미생물 생육에 관여하는 요인

- 물리적 요인 : 온도, 광선, 압력
- 화학적 요인 : 수분, 산소, 이산화탄소, 영양소, 수소 이온농도(pH)

75

허용된 감미료에는 사카린나트륨, D-소르비톨, 글리실리진산2나트륨, 글리실리진산3나트륨 등이 있다.

01	02	03	04	05	06	07	08	09	10
③	②	④	③	⑤	①	①	①	⑤	③
11	12	13	14	15	16	17	18	19	20
①	①	⑤	④	③	①	④	④	④	①
21	22	23	24	25	26	27	28	29	30
②	①	②	④	④	①	②	③	④	①
31	32	33	34	35	36	37	38	39	40
①	③	②	①	③	①	①	④	①	③

01
자기온도계는 바이메탈(Bimetal)을 사용하여 기온의 시각적 변화를 측정하는 것으로 자기력을 이용하여 기온을 측정한다.

02
백엽상은 지상 1.5m에서 실외기온을 측정한다.

03
흑구온도계는 구부를 검게 칠한 동판으로 흑체(黑體)에 가깝게 만든 온도계로서 복사열의 측정 시 사용한다.

04
아스만통풍건습계로 기온과 습도를 동시에 측정할 수 있다.

05
하이볼륨에어샘플러(High Volume Air Sampler)
부유하는 먼지 또는 비산의 중량 농도를 구하거나 성분분석시료의 포집 시 사용하는 것으로 공기흡입부, 여과지홀더, 유량측정부, 보호상자 등으로 구성되어 있다.

06
그림은 듀람(Durham)관으로 대장균 정성시험에 쓰이는 기구이다.

07
비색표

색	황	녹황	황록	녹	청록	청
CO 농도 (ppm)	0	100	200	300	600	1,000

08
산 패
지방의 산화로 알데하이드, 케톤, 알코올 등이 생성되는 현상이다.

09
소음계는 소음의 크기를 재는 기구로 소리의 주파수에 대한 감도의 차이를 사람의 청각과 같게 되도록 맞춘 값으로 나타낸다. 단위는 폰(Phone) 또는 데시벨(dB)이다.

10
사진은 아네로이드기압계이다.

11
화학적 검사
트리메틸아민(TMA), K값, 휘발성 염기질소(VBN), 히스타민, pH

12
비색관은 물의 색깔 정도(색도)를 측정하는 기구이다.

13

에탄올은 70% 수용액에서 살균력이 강하며, 손, 피부, 기구 등의 소독에 사용된다.

14

벤투리미터(Venturi Meter)
관수로 도중에 수축관을 설치하여 수축부에서 압력이 저하할 때 이 압력차에 의하여 용량(Q)을 구하는 장치이다.

15

돈단독은 돼지의 열성 감염병으로 세계 각지에서 볼 수 있다. 돼지 외 조류, 소, 말, 염소, 양, 사람 등에도 감염하고 가축의 법정감염병과 인수공통감염병의 하나이다.

16

분뇨정화조
- A : 부패조
- B : 여과조
- C : 소독조
- D : 배수관

17

욕반은 곤충의 다리 부분 중 질병의 기계적 전파에 관여하는 기관으로 ㉣에 해당한다.

18

㉠ 외표피, ㉡ 외원표피, ㉢ 내원표피, ㉣ 진피세포, ㉤ 극모에 해당한다.
표피층이 손상을 입거나 마찰로 소멸되면 다시 진피세포층에서 분비물이 세도관을 통해 나와 재형성된다.

19

노랑쐐기나방(Monema Flavescens)
- 쐐기나방과
- 유충기에만 독극모
- 피부염으로 발전하지 않고 길지 않은 통증기간
- 특징 : 앞날개의 끝모서리에서 뒷가두리의 가운데로 향하여 회갈색의 빗줄 2개

20

흡혈노린재(트리아토민노린재)
- 샤가스병(아메리카수면병) 전파
- 흡혈로 질병을 옮기는 것인 아닌 배설물의 병원체가 손상된 피부로 침입
- 자충 시기에 흡혈해야 탈피
- 사람을 흡혈하는 것은 대형이고, 머리가 가늘며 눈이 튀어나와 있음

21

염소계 소독제에는 표백분, 차아염소산나트륨이 있다.

22

10μm 내외의 입자크기는 모기구제에 해당한다. 파리구제용 공간살포 시 살충제의 입자크기는 15~20μm 내외가 좋다.

23

벼룩은 암수 모두 기생성으로 포유류 또는 조류를 흡혈하며 생활한다. 종류는 사람벼룩, 열대쥐벼룩, 개벼룩, 고양이벼룩, 유럽쥐벼룩 등이 있으며 숙주의 선택성이 강하지 않은 벼룩도 있다.

24

진드기 호흡기계에 의한 아문 분류

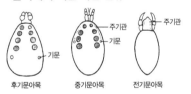

25

개미가 귀에 들어갔을 때에는 먹는 기름을 귓속으로 몇 방울 떨어뜨린 후 귀를 아래로 향하게 한 뒤 손바닥으로 귀를 두드리면, 개미가 밖으로 나온다.

26

㉠ 협즐치, ㉡ 촉각, ㉢ 기문, ㉣ 감각기(미절)에 해당한다.

27

빈대의 암컷은 제4복판에 각질로 된 홈이 있어서 교미공을 형성하는데 그 속에 베레제기관이 있다. 베레제기관은 정자를 일시 보관하는 장소로 빈대만 가지고 있는 특유한 생식기관이다.

28

쥐덫을 사용하는 것은 물리적 방법에 해당한다.

29

쥐나 새의 둥지, 쥐구멍 주변의 흙을 조사하고자 할 때는 베레스 원추통을 사용한다.

30

건조표본은 곤충핀으로 고정하는 방법으로 모기, 파리, 등에, 벌 등에 사용한다.

31

유구조충(갈고리촌충)
- 크기 : 길이 2~3m, 너비 5~6mm
- 서식장소 : 돼지고기나 사람의 소장에 기생
- 특징 : 두부의 형태가 갈고리 모양

32

그림은 극미량(ULV)연무기를 상향조절하여 살포하는 방법이다.

33

Peroxidase는 H_2O_2의 존재로 산화물을 만들며 쌀의 신선도 측정에 사용된다.

34

알코올 온도계를 이용하여 온도를 측정할 때에는 최소 3분간 노출한 후 눈금을 확인한다.

35

경구감염병의 경로
병원체 → 병원소 → 병원소로부터 병원체 탈출 → 전파 → 새로운 숙주에 침입 → 감수성과 면역

36

고압증기멸균법은 고압멸균기(Autoclave)에서 121℃, 15Lb, 15~20분간 실시한다.

37

① 복어의 독성분은 Tetrodotoxin으로 물에 녹지 않고 열에 안전하다.
② 굴, 모시조개, 바지락에 있는 독소이다.
③ 섭조개, 대합조개, 홍합에 있는 독소이다.
④ 독버섯의 독소이다.
⑤ 미치광이풀에 들어있는 독소이다.

38

식물성 자연독
- 감자 : Solanine
- 면실유 : Gossypol
- 피마자 기름 : Ricin, Ricinin
- 청매실 : Amygdalin
- 독미나리 : Cicutoxin
- 독버섯 : Muscarine

39

보툴리누스 식중독균
그람양성, 간균, 주모균, 포자 형성

40

병원성 대장균
그람음성, 무포자, 간균, 주모균

2회 | 1교시 정답 및 해설

01	02	03	04	05	06	07	08	09	10
⑤	⑤	③	④	④	⑤	①	①	①	⑤

11	12	13	14	15	16	17	18	19	20
①	⑤	④	①	②	②	②	④	①	①

21	22	23	24	25	26	27	28	29	30
②	④	⑤	④	③	②	①	⑤	②	④

31	32	33	34	35	36	37	38	39	40
④	③	③	①	⑤	④	⑤	③	①	①

41	42	43	44	45	46	47	48	49	50
⑤	④	②	③	④	①	①	③	③	⑤

51	52	53	54	55	56	57	58	59	60
⑤	①	②	①	①	④	②	②	⑤	②

61	62	63	64	65	66	67	68	69	70
③	④	④	④	⑤	④	③	④	③	②

71	72	73	74	75	76	77	78	79	80
①	④	⑤	③	③	②	③	③	③	①

81	82	83	84	85	86	87	88	89	90
④	④	②	②	⑤	③	①	①	⑤	⑤

91	92	93	94	95	96	97	98	99	100
②	⑤	①	③	⑤	②	③	④	④	①

101	102	103	104	105
③	①	①	④	⑤

1과목 | 환경위생학

01

LD$_{50}$(Lethal Dose for 50% Kill)

한 무리의 실험동물 50%를 사망시키는 독성물질의 양, 또는 방사선의 선량으로 반수치사량이라 한다.

02

⑤ 적외선(=열선)은 열작용, 피부의 온도상승, 홍반, 화상, 국소혈관의 확장, 혈액순환의 촉진 등을 초래하며, 두통, 현기증, 열사병의 원인이 된다. 파장은 7,800~30,000Å이다.

① 색과 명암은 가시광선과 관련 있다.

②·③·④ 살균효과, 비타민 D 합성, 색소침착은 자외선과 관련 있다.

03

일산화탄소는 헤모글로빈과의 친화성이 산소에 비해서 200~300배나 강해서 HbO_2의 형성을 방해하며 무산소증을 일으킨다.

04

④ 석탄산은 화학적 소독법에 속한다.

물리적 소독법

- 일광 : 자외선에 의한 살균
- 건열멸균법 : 160~170℃로 1~2시간 멸균
- 습열멸균법
  - 자비멸균법 : 100℃에서 15~20분간 가열소독
  - 고압증기멸균법 : 121℃에서 15~20분간 멸균
- 유통증기멸균법, 저온소독법 등이 있다.

05

감각온도란 실효온도 또는 체감온도라고 하는데 기온, 기습, 기류의 요소를 종합한 체감온도를 말하며, 포화습도(습도 100%), 정지 공기(0m/s, 무풍) 상태에서 동일한 온감(등온감각)을 주는 기온을 뜻한다.

06

불쾌지수는 습도와 온도의 영향에 의하여 인체가 느끼는 불쾌증을 숫자로 표시한 것이다.

07

실내에서 적합한 지적 온도와 습도는 18±2℃, 40~70%이다.

08

자연환기의 작용은 주로 실내외 온도차에 의하고, 기체의 확산이나 외기의 풍력에도 영향을 받는다. 또한 중성대가 실내의 하부에 있을수록 실내의 환기는 불량하며, 천장 가까이 있을수록 환기량은 커진다.

09

폐기물 관리체계 공정은 '발생원 → 배출 → 수거 → 적환 및 수송 → 중간처리(압축, 파쇄, 선별, 소각, 퇴비화) → 최종처리'이며, 수거가 가장 비용이 많이 든다.

10

CO_2는 실내공기 조성의 전반적인 상태를 알 수 있으므로 실내공기오염을 측정하는 대표적인 지표로 사용된다.

11

석면(함수규산염광물)은 건축자재로 폐암을 유발하는 1군급 발암물질이다.

12

"지정폐기물"이란 사업장폐기물 중 폐유 · 폐산 등 주변 환경을 오염시킬 수 있거나 의료폐기물 등 인체에 위해를 줄 수 있는 해로운 물질로서 대통령령으로 정하는 폐기물을 말한다.

13

황산화물은 화석연료 연소 시 발생한다. 질소산화물은 연료에서 유래되는 것이 아니고 가솔린이나 디젤엔진 같은 고온 · 고압의 연소실에서 연소될 때 대기 중의 질소와 산소가 결합하여 발생한다.

14

물비린내는 상수원에 조류가 대량 발생하여, 정수장에 유입될 때 나타나는 현상이다. 조류가 대량 발생하면 분말활성탄 처리를 해도 제거되지 않고, 가정의 수돗물에서 물비린내가 발생한다.

15

대장균지수는 그 물에서 대장균군을 검출할 수 있는 최소 검수량의 역수로 표시한다.

16

과망간산칼륨($KMnO_4$) 소비량은 수중에서 산화되기 쉬운 유기성 물질에 의해 소비되는 과망간산칼륨의 양, 즉 음용수에 오염된 유기성 물질에 의해 좌우되는데 하수, 공장폐수, 분뇨 등 유기성 오염물질의 혼입에 의해서 증가된다.

17

경도의 원인이 되는 이온물질로는 칼슘, 마그네슘, 철, 동 등이 있다.

18

반상치란 치아 형성기에 불소의 농도가 높은 물을 오랫동안 사용하면 나타나는 것으로 치아에 흰색 또는 노란색, 갈색 등의 반점이 형성되는 것을 말한다. 불소 1ppm 이상의 물을 섭취하는 사람에게서 많이 나타난다.

19

폭기의 목적은 용존산소량을 높여 유기물의 분해를 촉진하고 냄새를 제거, 고형분의 침전과 스컴 형성을 억제하는 데 있다.

20

물의 자정작용

• 물리적 작용 : 희석, 확산, 혼합, 여과, 침전, 흡착
• 화학적 작용 : 중화, 응집, 산화, 환원
• 생물학적 작용 : 주로 호기성 미생물에 의한 유기물질의 분해작용

21

호수나 저수지의 성층화는 수심에 따른 온도변화로 인하여 발생되는 물의 밀도차이에 의해 발생한다.

22

상대(비교)습도

현재 공기 $1m^3$가 포화상태에서 함유할 수 있는 수증기량과 현재 그중에 함유되어 있는 수증기량과의 비를 %로 표시한 것을 말한다. 보통 공기 중의 절대습도는 절대온도의 상승에 따라 상승하나 상대(비교)습도는 기온변화와 반대이며, 안정 시 적당한 착의 상태에서 가장 쾌감을 느낄 수 있는 것은 온도 18℃, 습도 60~65% 정도이다. (절대습도÷포화습도)×100으로 표시한다.

23

에너지대사율(RMR)

경노동(0~1), 중등노동(1~2), 강노동(2~4), 중노동(4~7), 격노동(7 이상)

24

비점오염원

- 배출지점이 불특정·불명확하며, 희석·확산되면서 넓은 지역으로 배출된다.
- 발생원 : 대지, 도로, 논, 밭, 임야 등

25

실내외의 온도차에 의해서 이루어지는 환기를 중력환기라 하는데, 실내외의 온도차는 공기의 밀도차를 형성하고, 밀도차는 압력차를 만들어 환기가 이루어진다.

26

런던스모그 사건

- 하천의 평지, 인구조밀 도시
- 무풍과 기온역전
- 매연, SO_2, 분진, 96% 짙은 안개
- 만성기관지염, 폐섬유증, 폐렴 유발

27

① Rn(라돈)은 건축자재(시멘트, 콘크리트, 벽돌), 동굴, 천연가스에서 유발된다.

②·③·④ 대기 중 2차 오염물질을 말한다(인체 영향 : 알파(α)선 배출, 폐암).

28

호기성 처리 시 CO_2가 가장 많이 생성된다.

29

② Masking : 큰 소리와 작은 소리가 동시에 들릴 때 큰 소리만 들리는 현상

① Annoyance(시달림) : 소음에 의한 불쾌감과 음에 수반하여 생기는 불쾌감을 종합한 것

③ 레이노 현상 : 진동기구 사용에 의한 국소적인 질병

④ 도플러 효과 : 정지상태에서와 움직이며 관측할 때의 진동수가 다르게 느껴지는 현상

⑤ 노이(Noy) : 항공기 소음의 시끄러움에 사용되며 PNL 계산의 기초자료가 됨. 1,000Hz에서 40Phon의 음과 같은 시끄러움이 1Noy이고, 그보다 2배 시끄러운 것이 2Noy, 10배 시끄러운 것이 10Noy

30

폐수의 슬러지 처리과정

슬러지 → 농축 → 안정화(소화) → 개량(세척, 약품처리, 열처리) → 소독 → 탈수 → 건조 → 처분(매립, 소각, 퇴비화)

31

포기(폭기)시설

공기를 넣어 미생물을 활성화시키고 오염물질을 미생물이 먹도록 한다. 하수처리장에서 가장 중요한 시설로서 유기물질(하수)을 미생물에 의해 분해하는 공정으로 최종방류수의 수질을 좌우한다.

32

미스트는 입자의 주위에 가스나 증기가 응축하여 생기는 것이다. 주성분은 물이며 안개와 구분을 해야 한다. 안개는 연무보다 넓은 개념이다.

33

중온(친온성)소화는 30~35℃, 25~30일 정도이다.

34

대기오염물질

불화수소(HF), 아황산가스(SO_2), 질소산화물(NO, NO_2), 일산화탄소(CO), 염소(Cl_2), 불소, 납 등

식물에 독성이 강한 오염물질의 순서

$HF > Cl_2 > SO_2 > NO_2 > CO > CO_2$

35

제진효율

- 중력제진 : 40~60%
- 관성력집진 : 50~70%
- 원심력제진 : 85~95%
- 세정제진 : 85~95%
- 여과제진 : 90~99%
- 전기제진 : 90~99.9%

36

①·②·③·⑤ 급속여과법에 해당한다.

37

2차 대기오염물질

O_3, NOCl, H_2O_2, PBN, PAN, Acrolein 등

38

질소산화물은 오존 생성에 결정적 영향을 미치는 물질로, 주로 버스, 트럭 등 대형 경유차를 운행할 때 배출된다.

39

완전연소와 불완전연소

- 완전연소 : CO_2, H_2O, SO_2, NO_2
- 불완전연소 : HC, CO, H_2, NH_3, H_2S

40

후 염소처리의 목적은 살균, 즉 소독을 목적으로 하며 가격이 저렴하고 조작이 간단하지만 염소가스 누출의 우려가 있다.

41

최종 BOD 농도는 20℃에서 약 20일이 걸리지만 이는 BOD의 완전반응 소요기간이 너무 길기 때문에 실무현장에서는 5일간만 반응시켜서 얻은 농도값을 사용한다. 이것을 BOD_5 또는 5일 BOD라고 하며, 일반적으로 BOD라고 한다.

42

지구온난화 지수

이산화탄소와 비교했을 때 다른 온실가스가 가둘 수 있는 상대적인 열의 양을 나타내는 지수로, 보통 20년, 50년, 100년에 걸친 기간의 자료로 계산한다.

43

인공조명 사용 시 고려사항

- 조명도를 균등히 유지할 것
- 경제적이며 취급이 용이할 것
- 폭발성 또는 발화성이 없으며 유해가스를 발생하지 않을 것
- 가급적 간접조명이 되도록 설치할 것
- 광색은 주광색에 가까울 것

44

청력장해(난청)를 일으키기 시작할 수 있는 음의 최적치는 90~95dB이다.

45

①·②·③·⑤ 합류식 하수도의 특징이다.

46

① 배출기준제도는 직접 규제방법이다.
②·③·④·⑤ 간접 규제방법이다.

47

주택부지의 조건
- 여름에는 서늘하고, 겨울에는 따뜻할 수 있도록 남향이나 동남향이 좋다.
- 택지는 작은 언덕의 중간이 좋다.
- 지하수위는 1.5m 이상 3m 정도인 곳이 좋다.
- 폐기물 매립 후 30년이 경과되어야 주택지로 사용한다.
- 단층주택의 공지와 전 대지와의 비는 3 : 10이 좋다.
- 모래지(사적지)가 좋다.
- 인근에 공해 발생이 없는 곳이 좋다.

48

① 승홍 : 0.1%
② 역성비누 : 0.01~0.1%
④ 생석회 : 5%
⑤ 과산화수소 : 2.5~3.5%

49

③ 소독 : 병원성 미생물의 생활력을 파괴 또는 멸살시켜 감염 및 증식력을 없애는 것을 뜻한다.
① 살균 : 미생물에 물리 · 화학적 자극을 가하여 단시간에 멸살시키는 일을 말하며 정도에 따라 멸균과 소독으로 구분된다.
② 방부 : 병원성 미생물의 발육과 그 활동성을 저지 또는 소멸시켜 식품 등의 부패발효를 방지하는 조작을 의미한다.
④ 멸균 : 강한 살균력을 작용시켜 모든 미생물의 영양형은 물론 포자까지도 멸살 또는 파괴시키는 조작으로 멸균은 소독을 의미하지만 소독은 멸균을 의미하지는 않는다.

50

용존산소를 증가시키는 조건
- 기압이 높을수록
- 수온이 낮을수록
- 난류가 클수록
- 유속이 빠를수록
- 하천의 경사가 급할수록
- 염분이 낮을수록(담수의 DO가 해수의 DO보다 높은 이유는 염도가 낮기 때문이다)

51

①· ②· ③· ④ 화학적 구제방법에 해당한다.

52

절지동물문의 분류
- 갑각강 : 십각목(가재, 게) 등
- 곤충강 : 파리목, 이목, 벼룩목, 바퀴목 등
- 거미강 : 거미목, 전갈목, 진드기목 등
- 지네강(순각강) : 왕지네목, 돌지네목, 땅지네목 등
- 노래기강 : 띠노래기목, 질삼노래기목, 각시노래기목, 땅노래기목

53

생물학적 전파
- 발육증식형 : 곤충 내에서 증식과 발육을 함께 하는 경우. 말라리아(모기), 수면병(체체파리)
- 증식형 : 병원체가 수적으로 증식한 후 전파. 페스트 · 발진열(벼룩), 뇌염 · 황열 · 뎅기열(모기), 발진티푸스 · 재귀열(이)
- 배설형 : 곤충의 배설물에 의한 전파. 발진티푸스(이), 페스트 · 발진열(벼룩)
- 발육형 : 병원체가 증식은 하지 않고 발육만 하는 경우. 사상충증(모기), 로아사상충증(등에)
- 경란형 : 증식형 병원체 일부가 난소알 내에서 증식, 감염된 알에서 부화하여 다음 세대로 자동 감염. 진드기매개감염병, 쯔쯔가무시증(털진드기), 록키산홍반열(참진드기)

54

인화아연(Zinc phosphide)
회색의 결정분말로 마늘냄새가 나며, 수분이 있는 상태에서 미끼먹이와 섞이면 맹독성인 인화수소 가스를 방출한다(급성살서제).

55

모기의 생물학적 방제방법으로 모기 유충을 잡아먹는 천적(미꾸라지, 송사리, 잠자리 유충 등)을 이용한다.

56

① 곤충에 물린 상처로 균이 들어가 염증을 일으키는 것은 곤충에 의한 직접 피해의 2차 감염 현상이다.

②·③·④·⑤ 간접 피해이다.

57

모기의 발생원

- 중국얼룩날개모기 : 대형정지수(논, 개울, 연못)와 흐르는 물
- **빨간집모기** : 인가 주변의 인공용기, 고인 물, 웅덩이, 배수지, 하수도, 정화조
- 작은빨간집모기 : 대형정지수(논, 개울, 연못, 늪지대, 호수)
- 토고숲모기 : 해변가의 바위나 웅덩이에 고인 빗물이나 바닷물(염수+빗물 또는 담수)

58

변 태

- 완전변태 : 모기, 파리, 벼룩, 나방, 등에 등
- 불완전변태 : 이, 바퀴, 빈대, 진드기 등

59

분제는 희석하지 않고 제품 그대로 살포하여 잔효성 살충제 입자를 잔존시켜 장시간 살충효과를 나타낸다. 주로 이, 벼룩, 빈대 등에 방제에 사용된다.

60

바퀴벌레는 유충과 성충이 같은 곳에서 서식하고 불완전변태를 하며, 어둡고 구석진 곳에서 서식한다.

61

늪모기는 수서식물의 뿌리에서 서식한다.

62

곤충의 다리 구성

기절 → 전절 → 퇴절 → 경절 → 부절(욕반, 조간반, 발톱)

63

보통 대형바퀴이며 이질바퀴를 미국바퀴로 분류한다.

64

침파리

- 쌍시목 집파리과에 속하는 흡혈곤충이다.
- 성충의 몸길이는 6~8mm로 회색빛이 나는 중형의 파리이다.
- 흉부에 4개의 흑색 종대가 있다.
- 주둥이는 뾰족하고 가느다라며 머리끝에 돌출해서 흡혈하기에 알맞은 구조를 하고 있다.

65

깔따구

모기와 같이 흡혈을 하거나 직접적으로 병원체를 옮기지는 않지만 대표적인 뉴슨스로, 알레르기 질환을 유발하는 알레르원으로 방제 대상이 된다.

66

천공흡수형 구기

- 피부나 표피를 뚫고 혈액이나 즙액을 흡취한다.
- 종류 : 모기, 진딧물, 매미, 빈대, 몸니, 머릿니, 깍지벌레 등

67

털진드기는 유충 시기에 흡혈을 하고, 흡혈로 인해 사람은 쯔쯔가무시증에 감염된다.

68

살모넬라균

장내세균의 일종이며 대장균과 유사한 병균으로 균이 장관점막에 작용함으로써 중독 증상을 일으킨다. 쥐의 분뇨 등에서 감염되며, 불결한 식품에 번식한다.

69

저항성

- 생태적 저항성 : 살충제에 대한 습성이 발달한 것으로 치사량의 접촉을 피하는 경우
- 생리적 저항성 : 치사량 이상의 살충제가 작용했음에도 방제가 안 되는 경우
- 교차 저항성 : 어떠한 약제에 대해 이미 저항성일 때 다른 약제에도 자동적으로 저항성을 나타내는 현상
- 대사 저항성 : 살충제가 해충 체내에서 효소의 작용으로 분해되어 독성을 잃게 되는 것

70

유기불소제

- 쥐약, 깍지벌레 · 진딧물의 살충제
- 체내의 아코니타아제(aconitase)의 활성 저해 → 구연산의 체내 축적 → 심장장애, 중추신경 이상

71

① 프로폭서(Propoxur)는 카바메이트계 살충제이다.
② · ③ · ④ · ⑤ 유기인계 살충제이다.

72

잔류분무 시 노즐의 형태는 부채형, 직선형, 원추형 등이 있는데, 넓은 공간에는 부채형이 적당하다.

73

집파리의 다리는 날개와 기타 온 몸을 자주 비비는 습성이 있어서 다리에 묻은 살충제 입자를 온몸에 접촉시키므로 잔류분무의 효과를 더욱 높인다.

74

미스트는 분사되는 살충제 입자가 50~100㎛이며 노즐에서 분사되는 입자가 팬에서 일어나는 강한 바람에 부딪혀 미립화하면서 전방으로 분사되게 하는 방법이다.

75

검정파리과 속의 유충이 동물의 조직에 기생하는 형태를 승저증이라고 한다.

76

트리아토민 노린재

- 매미목에 속하고, 반드시 흡혈과정을 거쳐야만 탈피와 산란을 한다.
- 암수 모두 흡혈성이다.
- 불완전변태를 하며, 성충은 체장이 1~3cm이고, 흡혈 10~14일 후 산란한다.
- 자충 시기에 충분히 흡혈해야 탈피한다.
- 가주성이고 야간 활동성이며, 샤가스병을 매개한다.

77

파리목(쌍시목)

- 장각아목 : 모기과, 깔따구과, 먹파리과, 나방파리과, 등에모기과
- 단각아목 : 등에과, 노랑등에과
- 환봉아목 : 집파리과, 쉬파리과, 체체파리과, 검정파리과

78

살충제의 위험도

용제 > 유제 > 수화제 > 분제 > 입제

79

독나방

- 완전변태(알 → 유충 → 번데기 → 성충)를 한다.
- 독모는 유충기에 발생한다(연 1회 발생, 7월 중순~8월 상순).

80

유제(Emulsifiable Concentrate)

- 원제 + 용매 + 유화제
- 용제 : 메틸나프탈렌, Xylene, Toluene
- 유화제 : Triton
- 공간살포 및 잔류분무용, 쓰레기 처리장, 모기 유충 서식, 흡수력이 약한 벽면 사용

81

위생사 면허의 취소에 해당하는 경우(법 제7조의2)

- 정신질환자, 마약류(마약·향정신성의약품 및 대마) 중독자, 관련법을 위반하여 금고 이상의 실형을 선고받고 그 집행이 끝나지 아니하거나 그 집행을 받지 아니하기로 확정되지 아니한 사람
- 면허증을 대여한 경우

82

숙박업 제외 시설(시행령 제2조 제1항)

농어촌민박사업용 시설, 자연휴양림 안에 설치된 시설, 청소년 수련시설, 외국인관광 도시민박업용 시설 및 한옥체험업용 시설

83

공중위생영업의 신고를 한 자는 공중위생영업을 폐업한 날부터 20일 이내에 시장·군수·구청장에게 신고하여야 한다(법 제3조 제2항).

84

위생사가 되려는 사람은 위생사 국가시험에 합격한 후 보건복지부장관의 면허를 받아야 한다(법 제6조의2 제1항).

85

시장·군수·구청장은 보건복지부령이 정하는 바에 의하여 위생서비스평가의 결과에 따른 위생관리등급을 해당 공중위생영업자에게 통보하고 이를 공표하여야 한다(법 제14조 제1항).

86

식품위생감시원의 직무(시행령 제17조)

- 식품 등의 위생적인 취급에 관한 기준의 이행 지도
- 수입·판매 또는 사용 등이 금지된 식품 등의 취급 여부에 관한 단속
- 표시 또는 광고기준의 위반 여부에 관한 단속
- 출입·검사 및 검사에 필요한 식품 등의 수거
- 시설기준의 적합 여부의 확인·검사

- 영업자 및 종업원의 건강진단 및 위생교육의 이행 여부의 확인·지도
- 조리사 및 영양사의 법령 준수사항 이행 여부의 확인·지도
- 행정처분의 이행 여부 확인
- 식품 등의 압류·폐기 등
- 영업소의 폐쇄를 위한 간판 제거 등의 조치
- 그 밖에 영업자의 법령 이행 여부에 관한 확인·지도

87

영업에 종사하지 못하는 질병의 종류(시행규칙 제50조)

- 결핵(비감염성인 경우는 제외한다)
- 콜레라, 장티푸스, 파라티푸스, 세균성이질, 장출혈성대장균감염증, A형간염
- 피부병 또는 그 밖의 고름형성(화농성) 질환
- 후천성면역결핍증(성매개감염병에 관한 건강진단을 받아야 하는 영업에 종사하는 사람만 해당한다)

88

건강진단을 받아야 하는 사람은 식품 또는 식품첨가물(화학적 합성품 또는 기구 등의 살균·소독제는 제외한다)을 채취·제조·가공·조리·저장·운반 또는 판매하는 일에 직접 종사하는 영업자 및 종업원으로 한다. 다만, 완전 포장된 식품 또는 식품첨가물을 운반하거나 판매하는 일에 종사하는 사람은 제외한다(시행규칙 제49조 제1항).

89

식품의약품안전처장은 국내외에서 유해물질이 검출된 식품 등, 그 밖에 국내외에서 위해발생의 우려가 제기되었거나 제기된 식품 등을 채취·제조·가공·사용·조리·저장·소분·운반 또는 진열하는 영업자에 대하여 식품전문 시험·검사기관 또는 국외시험·검사기관에서 검사를 받을 것을 명할 수 있다(법 제19조의4 제1항).

90

식품안전관리인증기준 적용업소 종업원의 신규 교육훈련 시간은 영업자의 경우 2시간 이내, 종업원의 경우 16시간 이내이다(시행규칙 제64조 제3항 제1호).

91

위해평가에서 평가하여야 할 위해요소(시행령 제4조 제2항)

- 잔류농약, 중금속, 식품첨가물, 잔류 동물용 의약품, 환경오염물질 및 제조·가공·조리과정에서 생성되는 물질 등 화학적 요인
- 식품 등의 형태 및 이물 등 물리적 요인
- 식중독 유발 세균 등 미생물적 요인

92

집단급식소를 설치·운영하려는 자는 총리령으로 정하는 바에 따라 특별자치시장·특별자치도지사·시장·군수·구청장에게 신고하여야 한다(법 제88조 제1항).

93

그 밖의 신고의무자의 신고(시행규칙 제9조)

그 밖의 신고의무자는 다음의 사항을 서면, 구두, 전보, 전화 또는 컴퓨터통신의 방법으로 보건소장에게 지체 없이 신고하거나 알려야 한다.

- 신고인의 성명, 주소와 감염병환자 등 또는 사망자와의 관계
- 감염병환자 등 또는 사망자의 성명, 주소 및 직업
- 감염병환자 등 또는 사망자의 주요 증상 및 발병일

94

보고를 받은 의료기관의 장 및 감염병병원체 확인기관의 장은 제1급감염병의 경우에는 즉시, 제2급감염병 및 제3급감염병의 경우에는 24시간 이내에, 제4급감염병의 경우에는 7일 이내에 질병관리청장 또는 관할 보건소장에게 신고하여야 한다(법 제11조 제3항).

95

소독업의 신고 등(법 제52조 제1항)

소독을 업으로 하려는 자(주택관리업자는 제외한다)는 보건복지부령으로 정하는 시설·장비 및 인력을 갖추어 특별자치시장·특별자치도지사 또는 시장·군수·구청장에게 신고하여야 한다. 신고한 사항을 변경하려는 경우에도 또한 같다.

96

질병관리청장, 시·도지사 또는 시장·군수·구청장은 감염병환자 등과 접촉하여 감염병에 감염되었을 것으로 의심되는 사람에게 건강진단을 받거나 감염병 예방에 필요한 예방접종을 받게 하는 등의 조치를 할 수 있다(법 제46조).

97

보건소장은 감염병환자 등의 명부를 작성하고 이를 3년간 보관하여야 한다(시행규칙 제12조 제1항).

98

석탄산수는 석탄산 3% 수용액이다(시행규칙 별표 6).

99

일반세균은 1mL 중 100CFU(Colony Forming Unit)를 넘지 아니할 것(먹는물 수질기준 및 검사 등에 관한 규칙 별표 1)

100

정의(법 제3조)

- "샘물"이란 암반대수층 안의 지하수 또는 용천수 등 수질의 안전성을 계속 유지할 수 있는 자연 상태의 깨끗한 물을 먹는 용도로 사용할 원수를 말한다.
- "먹는샘물"이란 샘물을 먹기에 적합하도록 물리적으로 처리하는 등의 방법으로 제조한 물을 말한다.
- "염지하수"란 물속에 녹아있는 염분 등의 함량이 환경부령으로 정하는 기준 이상인 암반대수층 안의 지하수로서 수질의 안전성을 계속 유지할 수 있는 자연 상태의 물을 먹는 용도로 사용할 원수를 말한다.
- "먹는염지하수"란 염지하수를 먹기에 적합하도록 물리적으로 처리하는 등의 방법으로 제조한 물을 말한다.
- "먹는해양심층수"란 해양심층수를 먹는 데 적합하도록 물리적으로 처리하는 등의 방법으로 제조한 물을 말한다.

101

수처리제 제조업을 하려는 자는 환경부령으로 정하는 바에 따라 시·도지사에게 등록하여야 한다(법 제21조 제2항).

102

**먹는물 수질검사기관 및 수처리제 검사기관(시행규칙 제
35조 제6항)**

국립환경과학원, 유역환경청 또는 지방환경청, 시·도
보건환경연구원, 특별시·광역시의 상수도연구소·수
질검사소

103

먹는물공동시설의 관리대상(시행규칙 제2조 제1항)

- 상시 이용인구가 50명 이상으로서 먹는물공동시설 소
재지의 특별자치시장·특별자치도지사·시장·군수
또는 구청장이 지정하는 시설
- 상시 이용인구가 50명 미만으로서 시장·군수·구청
장이 수질관리가 특히 필요하다고 인정하여 지정하는
시설

104

의료폐기물 수집·운반차량의 차체는 흰색으로 색칠하
여야 한다(시행규칙 별표 5).

105

환경부장관은 국가 하수도정책의 체계적 발전을 위하여
10년 단위의 국가하수도종합계획을 수립하여야 한다(법
제4조 제1항).

01	02	03	04	05	06	07	08	09	10
③	①	④	②	⑤	①	④	⑤	④	④
11	12	13	14	15	16	17	18	19	20
③	④	②	③	①	⑤	①	①	⑤	①
21	22	23	24	25	26	27	28	29	30
②	①	②	③	①	④	②	②	④	⑤
31	32	33	34	35	36	37	38	39	40
③	⑤	⑤	⑤	②	③	①	④	④	⑤
41	42	43	44	45	46	47	48	49	50
①	①	④	⑤	⑤	⑤	③	①	①	④
51	52	53	54	55	56	57	58	59	60
①	②	②	③	①	①	③	⑤	②	③
61	62	63	64	65	66	67	68	69	70
③	⑤	④	④	①	④	⑤	⑤	⑤	③
71	72	73	74	75					
⑤	③	①	①	①					

1과목 | 공중보건학

01
사회적 안녕(social well-being)이라는 말은 사회 속에서 그 사람 나름대로의 역할을 충분히 수행할 수 있는 사회생활이 가능한 상태라고 해석된다.

02
작전역학
옴랜(Omran)이 개발한 것으로, 보건서비스를 포함하는 지역사회서비스의 운영에 관한 계통적 연구를 통하여 서비스의 향상을 목적으로 하는 역학이다.

03
① 상약국 : 고려시대 왕실의 어약 담당
② 의학원 : 고려시대 의학 교육기관
③ 활인서 : 조선시대 감염병 환자 담당
⑤ 약전 : 통일신라 의료 담당

04
① 초생아 : 출생 후 1주일 이내
③ 신생아 : 출생 후 28일 이내
④ 영아 : 출생 후 1년 미만
⑤ 유아 : 출생 후 6년 미만

05
레이벨과 클라크(Leavell & Clark)가 제시한 질병의 자연사 단계
- 1단계(비병원성기) : 적극적 예방(건강증진, 환경개선)
- 2단계(초기 병원성기) : 소극적 예방(특수예방, 예방접종)으로 숙주의 면역 강화
- 3단계(불현성 감염기) : 중증화의 예방(조기진단, 조기치료, 집단검진)
- 4단계(발현성 질환기) : 조기치료로 인한 악화 방지
- 5단계(회복기) : 무능력의 예방(재활, 사회생활 복귀)

06
공중보건사업 대상은 지역사회 전체 주민이다.

07
뇌졸중
뇌혈관이 막히거나(뇌경색) 출혈되어(뇌출혈) 반신불수, 감각이상, 언어장애, 시각장애, 어지럼증 등이 나타난다.

08

보건행정 특성

공공성과 사회성, 봉사성, 조장성과 교육성, 과학성과 기술성 등

09

결핵, 트라코마, 천연두(두창) 등은 개달물(Fomite)에 의해 전파되는 질환이다.

10

2차 예방

조기발견, 조기치료하여 악화나 만성화를 막는 예방활동이다.

11

만성감염병은 잠복기가 길고 증상이 천천히 나타나면서 잘 낫지 않는 감염병으로 결핵, 매독, 나병, 임질, 만성 피부염 등이 있다. 만성감염병의 역학적 특성은 발생률은 낮고 유병률은 높다.

12

① 별형 : 도시유입형
② 종형 : 인구정지형
③ 피라미드형 : 인구증가형
⑤ 항아리형 : 인구감퇴형

13

불현성 감염을 예방하기 위해서는 조기진단과 조기치료가 필수적이며 이를 위해 집단검진이 필요하다.

14

로버트 코흐(Robert Koch)는 독일의 의사이며 미생물학자이다. 세균의 아버지로 불리며 세균염색법을 발견했고, 결핵균, 콜레라균 등을 발견했으며 결핵균 발견으로 노벨상을 수상했다.

15

병원소로부터 병원체 탈출 경로

• 호흡기계 : 객담, 기침, 재채기
• 소화기계 : 분변, 토사물
• 비뇨기계 : 소변, 냉
• 개방병소 : 상처, 농창
• 기계적 탈출 : 흡혈성 곤충, 주사기

16

전향성 조사는 코호트연구라고도 하며 상대위험도와 귀속위험도를 구할 수 있으며 편견이 적고 연구하는 속성과 다른 질환과의 관계도 알 수 있다.

17

세균성이질은 저온에서 강한 균이고 주로 환자나 보균자의 분변과 파리 등에서 감염된다. 잦은 설사(혈액, 점액 수반), 권태감, 식욕부진, 발열, 복통 등의 증상이 나타난다.

18

생물학적 전파

• 증식형 : 페스트, 뎅기열, 황열, 뇌염, 발진티푸스, 재귀열, 발진열
• 발육형 : 사상충증, 로아사상충증
• 발육증식형 : 말라리아, 수면병
• 배설형 : 발진티푸스, 발진열, 페스트
• 경란형 : 록키산홍반열, 진드기매개 감염병, 쯔쯔가무시증

19

감염병의 발생 양상

• 유행성(Epidemic) : 특정 질병이 평상시 기대하였던 수준 이상으로 발생하는 양상
• 토착성(풍토성, Endemic) : 인구집단에서 현존하는 일상적인 양상(예 말라리아, 뎅기열)
• 전세계성(범발성, Pandemic) : 여러 국가와 지역에서 동시에 발생하는 양상(예 코로나 19, 신종플루)
• 산발성(Sporadic) : 시간이나 지역에 따른 질병의 경향을 예측할 수 없는 양상(예 렙토스피라증)

20

고혈압

- 1차성 고혈압(본태성, 원발성 고혈압) : 원인이 불분명함, 90% 이상의 환자가 해당
- 2차성 고혈압(속발성 고혈압) : 원인이 명확함(주로 신장질환, 동맥경화증에 의함), 5~10%의 환자가 해당

21

교육환경보호구역

- 절대보호구역 : 출입문으로부터 50m까지인 지역
- 상대보호구역 : 학교경계등(학교경계 또는 학교설립 예정지 경계)으로부터 200m까지인 지역 중 절대보호구역을 제외한 지역

22

비타민 결핍증

- 니아신 : 펠라그라
- 리보플라빈 : 구순구각염, 설염
- 비타민 B_{12} : 악성빈혈
- 티아민 : 각기병, 식욕저하
- 비타민 C : 괴혈병

23

사회서비스

- 사회복지서비스 : 노령연금, 장애자연금 등 해당자 모두에게 서비스 실시
- 보건의료서비스 : 환경위생사업, 위생적인 급수사업, 감염병관리사업 등 불특정 다수인에 서비스 실시

24

산포도(산포성)

어떤 집단의 변량의 분산 정도를 계량하는 도수측정치를 산포도라 하는데, 변량이란 측정치가 중심 위치로부터 얼마나 흩어져 있는가를 나타내는 것이다.

25

③ 말라리아는 모기의 흡혈에 의해 탈출한 원충이 체내에 침입함으로써 감염된다.
① · ② · ④ · ⑤ 세균에 의한 감염병이다.

26

신생아사망률, 영아사망률, 유아사망률, 조사망률, α-index 등 대부분의 사망지표는 수치가 높을수록 보건학적 수준이 좋지 않다. 하지만 비례사망지수는 총사망자 중 50세 이상의 비율을 뜻하는 것으로, 수치가 높을수록 보건학적 수준이 높다고 할 수 있다.

27

α-index

신생아사망수에 대한 영아사망수로, 선진국일수록 1에 가깝다. 또한 분자에 해당하는 영아사망수가 분모에 해당하는 신생아사망수를 포함하기 때문에 1 이하의 수치는 나올 수 없다.

28

평균여명

생명표의 구성요소로, 특정 연령의 사람이 앞으로 생존할 것으로 기대되는 평균연수이다. 0세 아이의 평균여명을 평균수명이라고 한다.

29

기술역학

인간을 대상으로 질병의 발생분포와 발생경향 등을 파악하는 1단계 역학으로서 사실을 그대로 기록(인적, 지역, 시간)하여 상황을 파악한다.

30

ADL & IADL

노인의 사회환경에 대한 적응도를 평가하는 방법이다.

- ADL(일상생활 수행능력 ; Activities of Daily Living) : 세수하기, 목욕하기, 옷 갈아입기, 식사하기, 양치질하기, 머리감기, 대소변 조절하기 등
- IADL(수단적 일상생활 수행능력 ; Instrumental Activities of Daily Living) : 간단한 집안일하기, 전화사용, 교통수단 이용, 물건구매, 식사준비하기, 금전관리 능력 등

31

질병의 예방활동

- 1차 예방 : 예방접종, 환경위생관리, 생활개선, 보건교육, 모자보건사업 등
- 2차 예방 : 조기건강진단, 조기치료, 질병의 진행감소, 후유증의 방지 등
- 3차 예방 : 재활치료(신체적·정신적), 사회생활 복귀 등

32

행위별수가제는 진료수가가 진료행위의 내역에 의하여 결정되는 방식으로 진료내역이라 함은 진료내용과 진료의 양을 의미한다. 한국, 미국, 일본 등 자유경쟁 시장주의 국가가 채용하고 있다.

33

신생물(종양)이란 세포조직이 비정상적으로 지나치게 자라나는 것을 말하며 악성과 양성으로 나뉜다. 악성신생물을 암종, 육종으로 분류하며 악성종양이다.

34

면 역

- 인공수동면역 : 항독소, 감마글로불린, 면역혈청 접종 후 면역
- 인공능동면역 : 백신(생균·사균), 순화독소(톡소이드)를 사용한 예방접종을 통해서 획득되는 면역
- 자연능동면역 : 각종 감염병에 감염된 후 형성되는 면역
- 자연수동면역 : 모체면역(태반면역, 모유면역)

35

두 창

발열, 수포, 농포성의 병적인 피부 변화를 특징으로 하는 급성 질환으로, 두창 바이러스에 의해 발생한다. 1980년에 전 세계적으로 두창은 사라진 질병으로 선언되었고, 현재까지 자연적인 질병의 발생은 보고된 바가 없다.

36

Morganella morganii

- 알레르기성 식중독균
- 사람이나 동물의 장 내에 상주
- 알레르기를 일으키는 히스타민을 만듦
- 안면홍조와 발진의 증상

37

살모넬라증(Salmonellosis)의 원인식품으로는 우유, 돼지고기, 달걀 등이 있다.

38

유극악구충

- 제1중간숙주 : 물벼룩
- 제2중간숙주 : 민물고기(가물치, 메기 등)
- 최종숙주 : 개, 고양이

39

① 사포닌 : 대두, 팥
② 리코린 : 꽃무릇
③ 사이카신 : 소철
⑤ 아미그달린 : 청매

40

광절열두조충

- 제1중간숙주 : 물벼룩
- 제2중간숙주 : 담수어(연어, 송어, 농어)

41

황변미 중독

- Penicillium citrinum : 시트리닌(citrinin) - 신장독
- Penicillium islandicum : 이슬란디톡신(islanditoxin), 루테오스카이린(luteoskyrin) - 간장독
- Penicillium citreoviride : 시트레오비리딘(citreoviridin) - 신경독

42

푸모니신(fumonisin)은 붉은곰팡이(Fusarium) 독소의 일종으로, 오염된 옥수수, 밀과 쌀 등에서 생성된다.

43

리스테리아증(Listeriosis)

- 소, 양 등의 가축이나 가금류에 많이 감염
- 병원체 : Listeria monocytogenes
- 감염 : 사람은 감염동물과의 직접 접촉에 의해 감염, 오염된 식육, 유제품 등
- 증상 : 수막염, 림프종 등
- 예방과 치료 : 사람의 경우는 Penicillin, Tetracycline 으로 임상적 치유 가능

44

감염병의 분류

- 세균성 감염병 : 세균성이질, 파라티푸스, 장티푸스, 콜레라, 성홍열, 디프테리아, 파상열
- 바이러스성 감염병 : 급성회백수염(폴리오, 소아마비), 유행성간염, 감염성설사증
- 리케치아성 감염병 : 발진티푸스, 발진열, Q열, 쯔쯔가무시증
- 원충성 감염병 : 아메바성이질

45

식품의 종류별 부패에 관여하는 미생물

- 곡류 : 수분함량이 낮으므로 주로 곰팡이가 관여
- 신선어패류 : 수중세균으로 Achromobacter, Pseudomonas 등
- 소시지 표면 부착균 : Micrococcus속, 점질물질 생성
- 우유 : 저온성 세균
- 통조림 : 포자형성세균
- 육류 : 장내세균, 토양세균

46

대장균군은 식품의 분변오염 지표균으로 이용되며, 식품의 일반적인 위생상태를 알아볼 수 있는 척도이다.

47

버섯의 중독 증상

- 위장장애형 : 화경버섯, 무당버섯, 큰붉은젖버섯
- 콜레라상 증상형 : 알광대버섯, 독우산광대버섯, 마귀곰보버섯
- 신경계 장애형 : 광대버섯, 마귀광대버섯, 땀버섯 등
- 혈액독형 : 마귀곰보버섯 등
- 뇌증형 : 미치광이버섯, 외대버섯

48

트리메틸아민(Trimethylamine)은 생선 썩은 냄새가 나는 기체이며, 물·알코올 등에 녹는 성질이 있고, 소독제 원료·부선 시약 등에 쓰인다.

49

곰팡이의 발육을 저지할 수 있는 수분함량은 식품에 따라 다르지만 일반적으로 14%이다.

50

식용유지의 산패 측정 지표

산가, 과산화물가, TBA가, 카르보닐가

51

대장균 검사의 3단계

- 추정시험 : LB배지
- 확정시험 : BGLB배지, Endo한천배지, EMB한천배지
- 완전시험 : 보통한천배지

52

단백질 식품은 신선도 저하와 함께 amine이나 NH_3 등을 생성하며, 휘발성 염기질소가 30~40mg%이면 초기 부패로 판정한다.

53

발 효

미생물이 산소가 없는 상태에서 탄수화물을 분해하는 과정이다.

54

① 장염비브리오 식중독 : Vibrio parahaemolyticus
② 병원성 대장균 식중독 : Escherichia coli
④ 보툴리누스 식중독 : Clostridium botulinum, Neurotoxin
⑤ 알레르기성 식중독 : Morganella morganii

55

Clostridium botulinum

치사율이 높고, 포자 형성, 그람양성, 간균, 편성혐기성이며 신경독소를 유발한다.

56

오디와 부자는 아코니틴(Aconitine), 독미나리는 시큐톡신(Cicutoxin), 피마자는 리신(Ricin)의 중독을 일으키는 풀이다.

57

이타이이타이병은 카드뮴 중독으로 체내에 들어와 혈류를 타고 신장으로 확산되어 골연화증을 일으킨다.

58

식품의 방사능오염에 문제가 되는 핵종은 ^{137}Cs(30년), ^{90}Sr(29년), ^{131}I(8.0일)이다.

59

간헐멸균법은 1일 1회 100℃의 증기로 30분씩 3일간 실시하는 멸균법으로 포자를 완전멸균할 수 있다.

60

킬로칼로리(kcal)란 1kg의 물을 1℃ 올리는 데 필요한 열량을 말한다.

61

장구균(Enterococcus faecalis)은 냉동식품, 건조식품의 오염지표균으로 이용된다.

62

파라옥시안식향산메틸은 미생물의 생육을 억제하여 가공식품의 보존료로 사용된다. 잼, 과·채소가공품, 간장, 식초, 음료, 소스, 과일, 채소 등에 사용된다. 모든 미생물에 유효하게 적용되어 미국에서는 거의 모든 식품에 사용을 허용하고 있다.

63

식품 위해요소의 유기성 인자는 식품의 제조·가공·저장·운반 등의 과정 중에 유해물질이 생성되거나 섭취 후 체내에서 생성되는 유해물질을 의미한다. 벤조피렌, 아크릴아마이드, 니트로사민 등이 이에 해당한다.

64

아우라민은 엷은 녹색을 띤 염기성 색소로 사용이 금지된 착색제이다.

65

HACCP의 12절차

- 준비단계(5단계) : 해썹팀 구성, 제품설명서 작성, 용도 확인, 공정흐름도 작성, 공정흐름도 현장확인
- 7원칙 : 위해요소 분석, CCP 결정, CCP 한계기준 설정, CCP 모니터링체계 확립, 개선조치방법 수립, 검증절차 및 방법 수립, 문서화 및 기록유지방법 설정

66

유해감미료

둘신, 시클라메이트, 파라니트로올소토루이딘, 페릴라르틴, 에틸렌글리콜

67

급성 독성시험

- 생쥐, 흰쥐에 검체를 1번 투여한 후 1~2주 관찰하여 실험동물의 50%를 죽게 하는 독극물의 양(LD_{50} : 반수 치사량)을 구하여 실험동물 체중 kg당 mg으로 나타낸다.
- 반수치사량(LD_{50}) 값이 클수록 속성물질의 독성이 낮음을 의미한다.

68

제1급감염병

- 생물테러감염병 또는 치명률이 높거나 집단 발생의 우려가 커서 발생 또는 유행 즉시 신고하여야 하고, 음압격리와 같은 높은 수준의 격리가 필요한 감염병을 말한다.
- 에볼라바이러스병, 마버그열, 라싸열, 크리미안콩고출혈열, 남아메리카출혈열, 리프트밸리열, 두창, 페스트, 탄저, 보툴리눔독소증, 야토병, 신종감염병증후군, 중증급성호흡기증후군(SARS), 중동호흡기증후군(MERS), 동물인플루엔자인체감염증, 신종인플루엔자, 디프테리아

69

역성비누는 소독력이 매우 강한 표면활성제로서 공장이나 종업원의 손, 용기 및 기구를 소독할 때 사용한다.

70

유해성 식품첨가제

- 유해감미료 : 둘신(설탕의 250배 감미, 혈액독, 간장장애), 시클라메이트(설탕의 40~50배 감미, 발암성), 파라니트로올소토루이딘(설탕의 200배 감미, 위통, 식욕부진, 메스꺼움, 권태), 페릴라틴(설탕의 2,000배 감미, 신장염), 에틸렌글리콜
- 유해착색료 : 아우라민, 로다민 B, ρ-니트로아닐린, 실크스칼렛
- 유해보존료 : 붕산, 포름알데하이드, 승홍, 불소화합물
- 유해표백제 : 롱갈리트, 삼염화질소(NCl_3), 형광표백제

71

결핵은 인수공통감염병으로, 소결핵균에 감염된 소에서 나온 살균되지 않은 우유를 생식으로 섭취하게 되면 사람도 감염되므로 철저한 우유 살균이 필요하다.

72

비브리오콜레라균은 콤마간균으로 몸이 휘어져 문장부호 중 콤마와 같은 모습을 하고 있다. 주로 환자의 대변, 구토물, 오염된 물, 파리 등에 의해서 감염된다.

73

부패의 판정

- 물리적 검사 : 식품의 경도 · 점성, 탄력성, 전기저항 등
- 화학적 검사 : K값, 휘발성염기질소, 트리메틸아민, 히스타민 등

74

방사선조사 처리

- 침투력이 강하므로 포장 용기 속에 식품이 밀봉된 상태로 살균할 수 있다.
- ^{60}CO의 γ-선을 이용한다.
- 발아 억제, 숙도 지연, 보존성 향상, 기생충 및 해충 사멸 등의 효과가 있다.
- 식품의 온도 상승 없이 냉살균(cold sterilization)이 가능하다.

75

HACCP 준비단계

HACCP팀 구성 → 제품설명서 작성 → 용도 확인 → 공정흐름도 작성 → 공정흐름도 현장확인

01	02	03	04	05	06	07	08	09	10
②	②	①	③	②	④	③	①	①	③
11	12	13	14	15	16	17	18	19	20
②	①	②	④	③	③	②	①	②	②
21	22	23	24	25	26	27	28	29	30
③	③	③	②	⑤	③	④	②	②	①
31	32	33	34	35	36	37	38	39	40
②	⑤	①	④	③	③	④	①	④	⑤

01

그림은 비화수소 발생장치이다.

02

흡광광도 분석장치

광원부	파장선택부	시료부	측광부

03

그림은 페놀 증류장치이다.

04

벽과 창틀 사이는 50° 정도가 좋다.

05

먹는물수질공정시험기준에 따르면 불소는 폴리에틸렌병에 채취하고 냉암소에 보존하여 최대 28일 이내에 시험한다.

07

폐기물의 3성분은 수분, 회분, 가연분으로, 가연분 측정은 100%에서 수분과 회분을 뺀 나머지를 구하면 된다.
100% − 35% − 1.5% = 63.5%

08

이질바퀴는 옥내 서식종 중 가장 대형으로 35~40mm이며, 전흉배판의 가장자리에 황색의 윤상 무늬가 있다.

09

집파리는 잡식성으로 파라티푸스를 매개한다.

10

벼룩의 형태

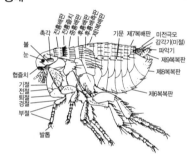

11

딸집파리의 유충은 육질돌기가 돌출되어 있다.

12

모기의 번데기 형태

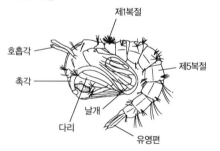

13

그림은 사면발니를 나타낸 것이다.

14

털진드기는 쯔쯔가무시증을 매개한다.

15

그림은 빈대의 알이다.

16

충돌법

실내공기를 부유세균 측정장비로 일정량을 흡입하여 장비 내에 미리 장착된 배지에 충돌시켜 공기 중의 부유세균을 채취한다. 부유세균이 흡착된 배지를 배양기에서 배양하여 증식된 세균의 집락수를 세어 채취한 공기의 단위체적당 집락수(CFU/m^3)로 산출한다.

17

시궁쥐의 배설물은 2cm 정도로 가장 크다.

18

사진은 작은빨간집모기로 일본뇌염을 매개한다.

19

폐흡충

- 사람 및 그 밖의 포유류의 폐에 기생하며 폐디스토마라고도 한다.
- 제1중간숙주는 다슬기, 제2중간숙주는 게·가재이다.

20

불쾌지수 산출공식

(건구온도℃ + 습구온도℃) × 0.72 + 40.6
= (건구온도℉ + 습구온도℉) × 0.40 + 15.0

21

습구흑구온도지수(WBGT) 산출식

- 태양이 있는 실외 : (0.7 × 자연습구온도) + (0.2 × 흑구온도) + (0.1 × 건구온도)
- 태양이 없는 실외 또는 실내 : (0.7 × 자연습구온도) + (0.3 × 흑구온도)

22

곤충의 다리

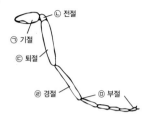

23

벽과 평행하여 15cm 떨어진 곳에 깊이는 최소 15cm, 내경은 최소 10cm로 설치한다.

24

식품저장법

	냉동실 −18℃ 이하(육류의 냉동보관)
온도계	상 : 0~3℃(어류, 육류 및 가금류)
	중 : 5℃ 이하(알류·유제품)
	하 : 7~10℃(과실류 및 채소류)

25

비중계

아르키메데스의 원리를 이용하여 물체의 질량과 그것이 액 속에 있을 때 받는 부력으로부터 액체의 비중을 측정하는 형식이다.

26

그림은 장염비브리오 식중독균으로 잠복기는 8~24시간(평균 12시간)이다.

27

㉠ 카페인, 당, 염류, ㉡ 풍미, ㉢ 크림선, ㉣ 결핵균, ㉤ 디프테리아

28

① 테트로도톡신 : 복어
③ 삭시톡신 : 섭조개
④ 시큐톡신 : 독미나리
⑤ 솔라닌 : 감자

29

Rhizopus속(접합균류)

자연계에 널리 분포하며 Mucor속과 같이 내생포자를 만들고 생육이 빠르다. 포자나 포복지(Stolon)가 딸기 넝쿨처럼 뻗어서 번식하고 포복지가 배지에 닿는 부위에 가근을 형성하는 점이 Mucor속과 다르다.

30

회충은 소장에 기생하는데, 몸길이는 암컷 20~35cm, 수컷 15~25cm이다. 몸은 긴 원기둥 모양이고 수컷의 말단은 갈고리 모양으로 굽어 있으며 암컷의 몸 앞부분 1/3 지점에 생식공이 있다.

31

그림은 요충 암컷으로 주로 사람의 맹장 부위에 서식한다.

32

여과멸균은 가열을 피해야 할 배지, 불안전한 영양인자를 함유하는 것, 당액 등을 무균으로 하기 위해 각종 재료로 만든 여과기에 의해 잡균을 제거하는 방법이다.

33

탄저균

병원균 중에서 가장 크며, 길이 4~8μm, 너비 1~1.5μm의 그람양성 간균으로, 양쪽 끝이 직각으로 절단된 모양을 하고 있는데, 가끔 연쇄상으로 연결된 것도 발견된다. 편모가 없고, 운동도 하지 않으며, 조건이 나쁘면 포자를 만들기도 한다.

34

④ 콜레라균은 발열이나 복통이 없다.

콜레라균

콜레라의 병원체로 나선균에 속하는 그람음성의 간균으로, 1883년 R.코흐가 환자의 분변에서 발견하였는데, 바나나 모양으로 균체가 만곡해 있으며 균체의 한 끝에 한 가닥의 편모가 있다.

35

㉠ 단모균, ㉡ 양모균, ㉢ 총모균(속모균), ㉣ 주모균에 해당한다.

36

생화학적 확인시험

분리배양된 평판배지상의 집락을 보통한천배지에 옮겨 35℃에서 18~24시간 배양한 후, TSI 사면배지의 사면과 고층부에 접종하고 35℃에서 18~24시간 배양하여 생물학적 성상을 검사한다.

37

광절열두조충

- 제1중간숙주 : 물벼룩
- 제2중간숙주 : 민물고기(연어, 송어 등)

38

벤조피렌은 화석연료 등의 불완전연소 과정에서 생성되는 환경호르몬으로 인체에 축적될 경우 각종 암을 유발하고 돌연변이를 일으킨다.

39

사진은 기생벌의 모습이다. 기생벌은 파리의 구제방법 중 생물학적 방법으로 사용된다.

40

원자흡수분광광도법

시료를 중성원자로 증기화하여 생긴 바닥상태의 원자가 이 원자 증기층을 투과하는 특유 파장의 빛을 흡수하는 현상을 이용하여 광전측광과 같은 개개의 특유 파장에 대한 흡광도를 측정하여 시료 중의 원소농도를 정량하는 방법이다. 구리, 아연, 카드뮴, 니켈, 코발트, 망간, 철, 크롬 등에 이용되고 있다.

01	02	03	04	05	06	07	08	09	10
②	②	③	②	①	④	①	②	⑤	③
11	12	13	14	15	16	17	18	19	20
④	⑤	②	②	③	①	②	③	⑤	⑤
21	22	23	24	25	26	27	28	29	30
②	②	②	①	①	⑤	①	②	②	②
31	32	33	34	35	36	37	38	39	40
①	②	④	⑤	④	①	⑤	③	②	③
41	42	43	44	45	46	47	48	49	50
①	④	①	①	①	⑤	③	③	⑤	④
51	52	53	54	55	56	57	58	59	60
⑤	④	④	③	⑤	④	①	①	①	③
61	62	63	64	65	66	67	68	69	70
②	①	④	①	①	③	②	④	⑤	①
71	72	73	74	75	76	77	78	79	80
⑤	⑤	③	②	②	③	②	③	②	⑤
81	82	83	84	85	86	87	88	89	90
⑤	④	⑤	③	①	⑤	③	④	①	⑤
91	92	93	94	95	96	97	98	99	100
⑤	②	②	①	⑤	①	③	②	⑤	①
101	102	103	104	105					
④	⑤	②	①	⑤					

1과목 | 환경위생학

01
흑구온도계(Black Bulb Thermometer)
황동 재질로 된 유연 등을 칠한 둥근 모양의 구부 위에 유리제 온도계를 꽂아 놓은 모양을 하고 있으며, 복사열 관측에 이용된다.

02
불쾌지수(Discomfort Index)는 공기의 쾌적도를 측정하는 데 유용하게 쓰인다.

03
안정 시 쾌적함을 느낄 수 있는 의복기후
기온 32±1℃, 상대습도 50±10%, 기류 25±15cm/sec

04
대장균군은 분변오염의 지표로서 소화기계 병원균에 의한 오염의 가능성이 있다고 볼 수 있으며 저항성이 병원균과 비슷하여 병원균이 검출되면 대장균도 검출된다.

05
강도율
발생한 재해의 강도를 나타내는 것으로, 근로시간 1,000시간당 재해에 의해 상실된 근로손실일수를 말한다.

06
초미세먼지(PM-2.5)
• 연간 평균치 : $15\mu g/m^3$ 이하
• 24시간 평균치 : $35\mu g/m^3$ 이하

07
대기오염물질 발생원
• 자연적 발생원 : 활화산, 산불, 황사
• 인위적 발생원
 - 점오염원 : 하나의 시설이 대량의 오염물질 배출 (발전소, 대규모 공장)
 - 면오염원 : 일정 면적 내에 소규모 발생원 다수가 모여 오염물질 배출(주택)
 - 선오염원 : 이동하면서 오염물질을 연속적으로 배출(자동차, 기차, 비행기, 선박)

08

다중이용시설의 실내공기질 유지기준 항목

미세먼지(PM-10), 미세먼지(PM-2.5), 이산화탄소, 폼알데하이드, 총부유세균, 일산화탄소

09

광화학 스모그는 석유연료가 연소된 후 빛을 받아서 화학반응을 일으키는 과정을 통해 생물에 유해한 화합물이 만들어져서 형성된다. 질소산화물은 이산화질소가 대표이고 자외선을 받아 산화질소와 유리산소로 분리된 후 대표적인 산화성 물질인 오존을 생성한다.

10

부상분리법

기름이나 미세부유물질 등의 저비중물질을 수계에서 효과적으로 분리하기 위하여 많이 사용되고 있다.

11

실내온도가 10℃ 이하일 때 난방을, 26℃ 이상일 때 냉방을 하여야 한다.

12

자연채광에 좋은 창문의 개각은 4~5° 이상, 입사각은 27~28° 이상이다.

13

적조현상

- 해역의 부영양화와 관련 있고, 식물성 플랑크톤의 이상 증식으로 발생
- 정체 수역 + 수온의 상승 + 영양염류의 증가 시 발생
- 조류의 독소 방출로 수중생물의 위협
- 황산동, 활성탄, 황토 등을 뿌려 방지

14

대기오탁도

밑으로 떨어지는 오염물질의 평균농도는 배출률에 정비례, 풍속에 반비례, 굴뚝높이의 제곱에 반비례하므로 굴뚝이 높을수록 오염정도는 낮아진다.

15

라니냐

- 해수면의 온도가 평년보다 0.5℃ 낮아지는 것
- 적도 무역풍이 강해지며 차가운 바닷물이 솟아오르는 현상
- 비교적 드물게 발생

16

상수의 처리 과정

취수 → 도수 → 정수 → 송수 → 배수 → 급수

17

창은 바닥면적의 1/7~1/5 이상의 크기가 채광에 효과적이다.

18

내분비교란물질

환경에 배출된 일부 화학물질이 체내에 들어가 마치 호르몬처럼 작용하여, 내분비계(호르몬)의 정상적인 기능을 방해하는 것으로 알려진 물질이다.

19

지표수는 상수도의 원수로 사용하고 있으며 원수는 우수에 의존한다. 지하수와 다르게 연중 수온의 변화가 크다. 지하수는 태양광선을 접하지 못하기에 광화학 반응이 일어나지 않고, 지하에서 솟아 나오는 물은 용천수이다.

20

BOD의 구분

- 1단계 BOD : 탄소 화합물을 호기성 조건에서 미생물에 의해 분해시키는 데 필요한 산소량
- 2단계 BOD : 주로 질소 화합물의 산화에 소비되는 산소량

21

알루미늄공업, 인산비료공업, 유리공업 등에서 발생하는 불소는 농작물, 가축물, 식물 등에 피해를 크게 준다. 또한 유리, 도자기 등을 부식시킨다.

22

분뇨를 퇴비화시킬 때 최적 C/N비는 30 : 1 정도이다.

23

온실효과는 CO_2 증가로 적외선 부근의 복사열을 흡수하기 때문에 발생한다. 따라서 지표에서 대기로의 에너지 방출은 일어나지 않고 태양에서 지구로 오는 에너지는 계속 증가하여 지표 부근의 대기온도가 점점 상승한다.

24

벤 젠

벤젠은 식품을 통해서는 장기간 노출되는 경우는 드물지만 미량이라도 오랜 시간 노출되면 조혈기능에 문제가 생겨 재생불량성 빈혈, 백혈병 등을 일으킬 수 있다.

25

방사선

- 살균력의 크기 : γ선 > β선 > α선
- 투과력의 크기 : γ선 > β선 > α선
- 전리도의 순서 : α선 > β선 > γ선

26

의복위생

- 방한력의 단위는 CLO이다.
- 열전도율과 함기성은 반비례한다.
- 견직보다 모직의 흡수성이 크다.
- 의복에 의한 체온조절이 가능한 기온범위는 10~26℃이다.

27

탄화수소는 자동차 감속 시 많이 발생한다. 자동차의 이동배출원으로 CO, NO_x, HC, SO_2, 매연(Mercaptan) 등이 있다.

28

지구상에서 물은 강수 → 삼투 → 유출 → 증발의 순환 과정을 되풀이하고, 이 순환에서 주체가 되는 것은 강수량이고, 가장 작은 양의 순환은 식물의 증산 작용이다.

29

여과는 부유물질(SS)을 처리하는 과정으로, 완속여과와 급속여과로 나뉜다.

30

병리계폐기물

시험 · 검사 등에 사용된 배양액, 배양용기, 보관균주, 폐시험관, 슬라이드, 커버글라스, 폐배지, 폐장갑

31

지정폐기물 중 특정시설에서 발생되는 폐기물에는 폐합성 고분자화합물, 오니류, 폐농약이 있다.

32

열경련증을 비롯한 열중증은 고온 · 고습의 환경에서 작업 시 주로 발생한다. 열중증 발생 시 시원한 곳으로 옮기고 시원한 음료와 식염수를 공급한다.

33

ppm(Parts Per Million)

백만분의 몇인가를 나타내는 분율을 말한다. 수질오탁으로는 1L 중에 1mg 오탁물질이 존재하는 경우의 농도를 1ppm으로 나타내며 비중이 1일 경우 1kg = 1L이므로 1mg/kg과 1mg/L를 동일로 간주한다.

비중이 1일 경우

- mL = 1g = 1cm³ = 1cc
- $ppm(10^{-6})$ = mg/L = mg/kg = g/m³ = g/ton

34

레이노 현상(Raynaud Phenomenon)

평상시 따뜻한 환경에서는 문제가 없으나, 차가운 환경에 노출되면 손가락 · 발가락이 창백해지면서 통증이 생기고 심한 경우는 괴사하기도 한다. 손의 진동이 지속적으로 유발되는 자연환경에 장기간 노출된 경우에 발병 가능성이 있다.

35

호기성 처리방법의 특징은 호기성균의 산화작용으로 탄산가스, 질산화가스 등이 발생되고 악취는 발생되지 않는다. 종류에는 활성오니법, 살수여상법, 회전원판법, 산화지법 등이 있다.

36

메탄가스(CH_4)는 혐기성 처리 시 상당량 발생하며, 무색 · 무취 · 폭발성의 특징을 보인다.

37

소음성 난청

$3,000 \sim 6,000Hz$의 고주파 음역에서 발생하며 특히 $4,000Hz$에서 가장 크게 나타난다.

38

전리방사선의 장애

골수, 임파조직, 조혈장기, 생식기 등의 장애가 강한데 그중 감수성이 가장 높은 기관은 골수이다.

39

위생매립의 종류

- 경사식 : 경사면에 폐기물을 쌓은 후 그 위에 흙을 덮는 방식으로 이때 매립지의 표면은 30° 경사가 적당하다.
- 도랑식 : 도랑을 2.5~7m 정도 파고 폐기물을 묻은 후 다시 흙을 덮는 방식으로 복토할 흙은 다른 장소로부터 가지고 오지 않아도 된다.
- 지역식(저지대 매립법) : 폐기물을 살포시키고 다진 후에 흙을 덮는 방식으로 다른 장소로부터 복토할 흙을 가지고 와야 한다.

40

$$석탄산\ 계수 = \frac{소독약의\ 희석배수}{석탄산의\ 희석배수} = \frac{210}{70} = 3.0$$

41

$$도\% = \frac{도수 \times 횟수}{총횟수}$$

$$도\% = \frac{(5 \times 8) + (4 \times 12) + (3 \times 35) + (2 \times 45) + (1 \times 60)}{340} \fallingdotseq 1$$

42

열쇠약증은 고온 작업환경에서 비타민 B_1의 결핍으로 만성적인 열 소모 시 발생한다.

43

광화학 스모그

자동차가 많은 도시에서 자동차 배출가스인 올레틴계 탄화수소가 햇빛 속의 자외선과 질소산화물이 반응하여 생성된 회백색의 옥시던트(Oxidant) 등이 광화학 스모그 현상을 일으킨다.

44

벤젠은 방향족 화합물로 가연성이 있고 무색의 액체이다. 유기합성 공업원료, 휘발유 첨가제, 합성세제 원료 등으로 사용되고 인체에 노출되면 구토, 두통, 호흡곤란 등이 나타나고 벤젠중독이 되면 빈혈, 백혈병 등 조혈기능 이상이 나타난다.

45

질산화 과정

유기성 질소 → NH_3-N(암모니아성 질소) → NO_2-N(아질산성 질소) → NO_3-N(질산성 질소)

46

염소의 살균력

- 염소의 살균력은 HOCl > OCl⁻ > Chloramine 순이다.
- HOCl이 OCl⁻보다 약 80배 이상 강하다.
- pH가 낮고, 온도가 높을수록, 염소의 농도가 높다.
- 반응시간이 길수록 살균력은 강해진다.

47

밀스라인케 현상

물의 여과 및 소독으로 인한 환자의 감소현상을 말한다. 실례로 미국의 경우 물을 여과한 후 장티푸스 환자가 10,000명에서 1,500명으로 낮아졌고, 염소소독을 한 후에는 200명 정도로 환자 발생수가 감소하였다.

48

산업폐수

생활하수 · 축산폐수와 함께 수질오염을 일으키는 3대 점오염원 가운데 하나로, 생활하수 다음으로 높은 비율을 차지한다. 생활하수보다 더 강한 독성이나 오염도를 보이며, 생산공정에 따라 고농도의 중금속이 함유될 수 있다.

49

포자리카 사건은 1950년 멕시코(자연조건 : 분지, 기온 역전, 무풍)에서 생긴 사고로 공장의 H_2S가 원인물질이었다. 22,000명 중 320명이 급성중독으로 입원, 22명이 사망한 사건이다.

50

침사지의 처리 방법

건조 → 탈수 → 매립

2과목 │ 위생곤충학

51

기계적 전파

소화기계 감염병으로 장티푸스, 파라티푸스, 콜레라, 세균성 및 아메바성 이질, 살모넬라증, 나병, 화농균, 소아마비 등을 매개하며, 호흡기계 감염으로 결핵, 디프테리아 등을 전파한다.

52

곤충의 피해

- 직접피해 : 기계적 외상, 2차 감염, 인체 기생, 독성물질의 주입, 알레르기성 질환
- 간접피해 : 기계적 전파, 생물학적 전파(증식형, 발육형, 발육증식형, 경란형, 배설형)

53

에어커튼은 출입구 상단에 설치하여 상부에서 하부로 공기를 강하게 토출시켜 내부공기와 외부공기의 흐름을 차단함으로써 날파리, 모기, 하루살이 등 작은 곤충의 유입을 차단시키는 장치이다.

54

승저증

파리 유충이 사람의 조직 속으로 침투하면 튜브가 생기고, 그 곳에 병원균이 침투하여 화농한다.

55

흡혈노린재(트리아토민 노린재)는 샤가스병(아메리카수면병)을 옮긴다.

56

이의 생활사

불완전변태를 하며, 대개 1주일 내에 부화하여 유충이 된다. 이는 3회 탈피하여 16~18일에 성충이 되어 2~3일 후부터 산란하며 발진티푸스, 참호열, 재귀열 등을 매개한다.

57

살모넬라균

장내세균의 일종이며 대장균과 유사한 병균으로 균이 장관점막에 작용함으로써 중독 증상을 일으키고, 쥐의 변 등에서 감염되며, 불결한 식품에 번식한다.

58

우리나라 가주성 쥐에는 지붕쥐, 시궁쥐, 생쥐의 3종이 있고, 등줄쥐는 가장 흔한 들쥐이다.

59

급성 살서제

- 쥐와 같은 설치류에 효과적이다.
- 대체로 15분~2시간 이내에 죽게 되므로 쥐의 밀도가 높은 지역에 단시간 내에 구제할 때 효과가 뛰어나다.
- 소량의 투약으로 단시간 내에 구서효과를 높이므로 여러 번 투약하는 만성 살서제보다는 시간, 비용, 노력을 절약할 수 있다.
- 인간, 쥐, 동물에 대한 독성의 염려가 있고 기피성이 높아 먹이에 대한 기피성이 생긴 쥐가 출현 시 다른 방법을 강구해야 한다.

60

구충 · 구서의 원칙

- 우선적으로 발생원(서식처)을 제거한다.
- 발생 초기(유충 시)에 구제를 실시한다.
- 광범위하게 동시에 실시한다.
- 대상동물에 맞는 방법으로 구제한다.
- 화학적 약제는 보조적 수단으로 생각하고, 반드시 인축에 대한 영향을 고려한다.

61

곤충의 변태 양상

- 완전변태 : 알 → 유충 → 번데기 → 성충
- 불완전변태 : 알 → 유충 → 성충

62

일본뇌염모기

- 작은빨간집모기가 매개한다.
- 우리나라에서 8~9월에 일본뇌염이 유행한다.
- 증폭숙주는 돼지이다.
- 불현성감염으로 옮긴다.
- 주로 논, 늪, 호수 등 비교적 깨끗한 물에서 서식한다.

63

①·② 모기, ③·⑤ 이가 매개하는 질병이다.

64

토고숲모기의 유충은 해변가의 바위에 고인 물과 같이 염분이 섞인 물에서 주로 서식한다. 해변지역일 경우에는 담수와 염분이 섞인 물 어느 곳에서나 서식한다.

65

표면에 일정하게 약제를 분무할 때는 부채꼴 분사구가 가장 좋다.

66

모기의 번데기는 대체로 유영편을 이용하여 이동한다.

67

생물학적 전파

- 증식형 : 곤충 체내 수적 증식 – 페스트, 뇌염, 황열, 뎅기열, 재귀열, 발진티푸스, 발진열
- 발육형 : 곤충체 내 발육만 하는 경우(숙주에 의하여 감염) – 사상충증, 로아사상충증
- 발육증식형 : 곤충체내 증식과 발육 – 말라리아, 수면병
- 경란형 : 병원체가 난소에서 증식 전파 – 록키산홍반열, 쯔쯔가무시증, 진드기매개 감염병
- 배설형 : 곤충의 배설물에 의한 전파 – 발진티푸스, 발진열, 페스트

68

곤충 다리의 구성

기절 → 전절 → 퇴절 → 경절 → 부절(욕반, 조간반, 발톱)

69

매개곤충의 구제 방법 중 화학적 방법에는 살충제, 발육억제제, 불임제, 유인제, 기피제 등이 있다.

70

깔따구

- 파리목, 장각아목, 성충 크기는 2~5mm이다.
- 모기와 비슷하나 몸 전체에 비늘이 없어 쉽게 구별되며, 유충의 핏속에 있는 적혈구로 구성되어 있다.
- 알 : 300~600개
- 평균수명 : 2~7일
- 오염수질에도 생존, 야간활동성, 강한 추광성
- 피해 : 뉴슨스, 알레르기, 천식
- 구제방법 : 잉어, 미꾸라지 등 천적 이용, 수질청결, 실내 기피제 살포

71

거미강(주형강)에는 진드기, 거미, 전갈 등이 속하며, 몸은 두흉부와 복부의 2부분으로 구성된다. 촉각은 없고 두흉부에는 6쌍의 부속기가 있다.

72

파리목(쌍시목)

- 장각아목 : 모기과, 깔따구과, 먹파리과, 나방파리과, 등에모기과
- 단각아목 : 등에과, 노랑등에과
- 환봉아목 : 집파리과, 쉬파리과, 체체파리과, 검정파리과

73

잔류분무

- 1회 분무로 장시간 완전구제 효과를 나타내며, 가장 경제적인 방법이다.
- 분무장소별 효과 : 유리, 타일 > 페인트 칠한 나무벽 > 시멘트벽 > 흙벽

74

피레트린은 국화과의 제충국의 추출물로 속효성, 포유류에 저독성, 낮은 잔효성이 특징이고 효력증강제와 혼용하여 사용한다.

75

$$\frac{56\%}{4\%} - 1 = 13배$$

76

파라티온

- 살충제의 인체 독성이 가장 강하다.
- 맹독성이기 때문에 위생곤충 구제에는 사용되지 않는다.
- 특정 독물로 지정되어 있어 지정된 사람의 감독하에 원예용 등으로 사용되고 있다.

77

잔류분무 시 분무형태

벽면분무의 경우에는 분무량 $40cc/m^2$, 분사거리는 46cm가 이상적이다.

78

한타바이러스라는 이름은 최초로 질병이 발병한 한국의 한탄강에서 유래되었으며 등줄쥐 폐조직 최초로 분리되었다.

79

LD$_{50}$(Median Lethal Dose 50)

시험체인 생체 내에 실제로 받아들인 독성물질의 중간 치사량을 말하며, 수치가 적을수록 독성이 강한 것이다.

80

액체 전자모기향은 살충성분을 포함하는 액체가 전기 훈증되는 방식이다.

3과목 | 위생관계법령

81

공중위생영업의 신고를 한 자는 공중위생영업을 폐업한 날부터 20일 이내에 시장 · 군수 · 구청장에게 신고하여야 한다(법 제3조 제2항).

82

공중위생감시원의 업무범위(시행령 제9조)

- 시설 및 설비의 확인
- 공중위생영업 관련 시설 및 설비의 위생상태 확인 · 검사, 공중위생영업자의 위생관리의무 및 영업자준수사항 이행여부의 확인
- 위생지도 및 개선명령 이행여부의 확인
- 공중위생영업소의 영업의 정지, 일부 시설의 사용중지 또는 영업소 폐쇄명령 이행여부의 확인
- 위생교육 이행여부의 확인

83

정신질환자, 마약류(마약 · 향정신성의약품 및 대마) 중독자, 관련법을 위반하여 금고 이상의 실형을 선고받고 그 집행이 끝나지 아니하거나 그 집행을 받지 아니하기로 확정되지 아니한 사람은 위생사 면허를 받을 수 없다(법 제6조의2 제7항).

84

보건복지부장관은 위생사 국가시험을 실시하려는 경우에는 시험일시, 시험장소 및 시험과목 등 위생사 국가시험 시행계획을 시험실시 90일 전까지 공고하여야 한다(시행령 제6조의2 제1항).

85

정의(법 제2조)

- "이용업"이라 함은 손님의 머리카락 또는 수염을 깎거나 다듬는 등의 방법으로 손님의 용모를 단정하게 하는 영업을 말한다.
- "미용업"이라 함은 손님의 얼굴, 머리, 피부 및 손톱·발톱 등을 손질하여 손님의 외모를 아름답게 꾸미는 일반미용업, 피부미용업, 네일미용업, 화장·분장 미용업, 그 밖에 대통령령으로 정하는 세부 영업, 종합미용업을 말한다.
- "세탁업"이라 함은 의류 기타 섬유제품이나 피혁제품 등을 세탁하는 영업을 말한다.
- "숙박업"이라 함은 손님이 잠을 자고 머물 수 있도록 시설 및 설비 등의 서비스를 제공하는 영업을 말한다. 다만, 농어촌에 소재하는 민박 등 대통령령이 정하는 경우를 제외한다.
- "건물위생관리업"이라 함은 공중이 이용하는 건축물·시설물 등의 청결유지와 실내공기정화를 위한 청소 등을 대행하는 영업을 말한다.

86

식품위생심의위원회의 설치 등(법 제57조)

식품의약품안전처장의 자문에 응하여 다음의 사항을 조사·심의하기 위하여 식품의약품안전처에 식품위생심의위원회를 둔다.

- 식중독 방지에 관한 사항
- 농약·중금속 등 유독·유해물질 잔류 허용 기준에 관한 사항
- 식품 등의 기준과 규격에 관한 사항
- 그 밖에 식품위생에 관한 중요 사항

87

기구 및 용기·포장에 관한 기준 및 규격(법 제9조 제1항)

식품의약품안전처장은 국민보건을 위하여 필요한 경우에는 판매하거나 영업에 사용하는 기구 및 용기·포장에 관하여 다음의 사항을 정하여 고시한다.

- 제조 방법에 관한 기준
- 기구 및 용기·포장과 그 원재료에 관한 규격

88

인증의 유효기간은 인증을 받은 날부터 3년으로 하며, 변경 인증의 유효기간은 당초 인증 유효기간의 남은 기간으로 한다(법 제48조의2 제1항).

89

식품위생교육 및 위생관리책임자에 대한 교육의 내용은 식품위생, 개인위생, 식품위생시책, 식품의 품질관리 등으로 한다(시행규칙 제51조 제2항).

90

식품안전관리인증기준 적용업소의 교육훈련의 시간(시행규칙 제64조 제3항)

- 신규교육훈련 : 영업자의 경우 2시간 이내, 종업원의 경우 16시간 이내
- 정기교육훈련 : 4시간 이내
- 식품의약품안전처장이 식품위해사고의 발생 및 확산이 우려되어 영업자 및 종업원에게 명하는 교육훈련 : 8시간 이내

91

누구든지 총리령으로 정하는 질병에 걸렸거나 걸렸을 염려가 있는 동물이나 그 질병에 걸려 죽은 동물의 고기·뼈·젖·장기 또는 혈액을 식품으로 판매하거나 판매할 목적으로 채취·수입·가공·사용·조리·저장·소분 또는 운반하거나 진열하여서는 아니 된다(법 제5조).

92

기준·규격이 정하여지지 아니한 화학적 합성품인 첨가물과 이를 함유한 물질을 식품첨가물로 사용하는 행위를 한 자는 10년 이하의 징역 또는 1억원 이하의 벌금에 처하거나 이를 병과할 수 있다(법 제94조 제1항 제1호).

93

제1급감염병(법 제2조 제2호)

에볼라바이러스병, 마버그열, 라싸열, 크리미안콩고출혈열, 남아메리카출혈열, 리프트밸리열, 두창, 페스트, 탄저, 보툴리눔독소증, 야토병, 신종감염병증후군, 중증급성호흡기증후군(SARS), 중동호흡기증후군(MERS), 동물인플루엔자 인체감염증, 신종인플루엔자, 디프테리아

94

질병관리청장은 감염병의 표본감시를 위하여 질병의 특성과 지역을 고려하여 보건의료기본법에 따른 보건의료기관이나 그 밖의 기관 또는 단체를 감염병 표본감시기관으로 지정할 수 있다(법 제16조 제1항).

95

특별자치시장·특별자치도지사 또는 시장·군수·구청장은 관할 보건소를 통하여 필수예방접종을 실시하여야 한다(법 제24조 제1항).

96

승홍수는 승홍 0.1%, 식염수 0.1%, 물 99.8% 혼합액으로 구성한다(시행규칙 별표 6).

97

고위험병원체를 분양·이동받으려는 자는 사전에 고위험병원체의 명칭, 분양 및 이동계획 등을 질병관리청장에게 신고하여야 한다(법 제21조 제2항).

98

예방접종증명서를 거짓으로 발급한 자는 200만원 이하의 벌금에 처한다(법 제81조 제7호).

99

시·도지사는 샘물 등의 개발허가를 받은 자가 유효기간의 연장을 신청하면 허가할 수 있다. 이 경우 매 회의 연장기간은 5년으로 한다(법 제12조 제2항).

100

일반세균(저온균·중온균), 총대장균군, 녹농균은 매주 2회 이상 3~4일 간격으로 검사를 실시한다(시행규칙 별표 6).

101

먹는샘물 또는 먹는염지하수의 제조업을 하려는 자, 1일 취수능력 300톤 이상의 샘물 등을 개발하려는 자는 시·도지사의 허가를 받아야 한다(시행령 제3조 제1항).

102

먹는샘물 등, 수처리제, 정수기 또는 그 용기의 제조업자는 환경부령으로 정하는 바에 따라 그가 제조하는 제품이 기준과 규격에 적합한지를 자가 검사하고 그 기록을 2년간 보존하여야 한다(법 제41조 제1항, 시행규칙 제33조 제2항).

103

기준과 규격이 정하여지지 아니한 먹는샘물 등, 수처리제, 정수기 또는 그 용기의 자가기준과 자가규격에 관한 검사는 국립환경과학원에서만 할 수 있다(법 제36조 제2항, 시행규칙 제35조 제6항).

104

폐기물분석전문기관의 지정(법 제17조의2 제1항)

환경부장관은 폐기물에 관한 시험·분석 업무를 전문적으로 수행하기 위하여 다음의 기관을 폐기물 시험·분석 전문기관(이하 "폐기물분석전문기관"이라 한다)으로 지정할 수 있다.

- 한국환경공단
- 수도권매립지관리공사
- 보건환경연구원
- 그 밖에 환경부장관이 폐기물의 시험·분석 능력이 있다고 인정하는 기관

105

특별자치시장·특별자치도지사·시장·군수·구청장은 관할구역 안에서 발생하는 분뇨를 수집·운반 및 처리하여야 한다(법 제41조 제1항).

01	02	03	04	05	06	07	08	09	10
③	⑤	⑤	⑤	③	②	①	①	②	③
11	12	13	14	15	16	17	18	19	20
⑤	⑤	⑤	⑤	⑤	④	⑤	①	②	②
21	22	23	24	25	26	27	28	29	30
②	①	⑤	⑤	④	⑤	②	②	②	④
31	32	33	34	35	36	37	38	39	40
③	⑤	④	②	④	⑤	⑤	②	①	③
41	42	43	44	45	46	47	48	49	50
①	④	④	⑤	③	①	④	②	③	①
51	52	53	54	55	56	57	58	59	60
②	④	①	③	⑤	③	②	②	②	⑤
61	62	63	64	65	66	67	68	69	70
②	①	④	②	⑤	①	③	④	④	④
71	72	73	74	75					
①	①	①	②	⑤					

1과목 | 공중보건학

01

① 신생아 : 출생 후 28일 이내의 영유아
② 영유아 : 출생 후 6년 미만인 사람
④ 임산부 : 임신 중이거나 분만 후 6개월 미만인 여성
⑤ 선천성 이상아 : 선천성 기형 또는 변형이 있거나 염색체에 이상이 있는 영유아

02

예방접종 시기
- B형간염(HepB) : 출생 시, 1 · 6개월
- 결핵(BCG) : 4주 이내
- 디프테리아 · 파상풍 · 백일해(DTap) : 2 · 4 · 6개월, 15~18개월, 만 4~6세, 만 11~12세(Tdap/Td)
- 폴리오 : 2 · 4 · 6~18개월, 만 4~6세
- b형헤모필루스인플루엔자 : 2 · 4 · 6개월, 12~15개월
- 폐렴구균 : 2 · 4 · 6개월, 12~15개월
- 홍역 · 유행성이하선염 · 풍진(MMR) : 12~15개월, 만 4~6세
- 수두 : 12~15개월
- A형간염 : 12~35개월

03

① 활인서 : 감염병환자 담당
② 광혜원 : 최초의 서양식 병원
③ 혜민서 : 서민의료 담당
④ 전의감 : 보건행정 담당

04

장티푸스는 Salmonella typhi균에 의해서 발생하며, 환자와 보균자의 대소변이나 장티푸스균에 오염된 물 또는 음식물을 먹은 후 6~14일 뒤에 지속적인 발열, 권태감, 식욕부진, 느린 맥박, 설사 후의 변비와 허리 부분에 장미같은 발진 등의 증상을 나타낸다.

05

① · ② 1차 예방, ④ · ⑤ 2차 예방에 해당한다.

06

수인성 감염병이란 오염된 물에 들어있는 세균에 의하여 감염되는 질환으로 이질, 장티푸스, 콜레라 등이 있다.

07

수인성 감염병의 특징
- 유행지역과 식수사용 지역 일치
- 환자가 단시일 내에 폭발적으로 발생
- 이환율 · 치명률이 낮음
- 2차 발병률이 낮음
- 모든 계층과 연령에서 발생
- 식수에서 동일 병원체 검출(피해 감소)

08

환자 분류체계는 포괄수가제(DRG)의 지불단위가 되면서 병원 간 각종 진료비 비교 등의 기준으로 사용된다.

09

왕래식 교육방법이란 두 사람 이상이 서로의 의견과 지식을 교환하는 교육방법으로 집단토의, 집단토론, 패널토의 등이 여기에 해당한다.

10

비타민 E(토코페롤) 결핍 시 불임증, 유산, 노화 등이 발생할 수 있다.

11

불특정 다수인을 대상으로 하는 대중매체는 활용범위가 넓고 효과적이긴 하지만 제작시간과 비용부담이 크다.

12

폐결핵은 기침이나 재채기 등으로 공기 중에 퍼진 병원균이 호흡기관지나 폐포로 들어가 감염을 일으킨다.

13

이론역학은 3단계 역학으로 수학, 통계학적 입장을 지닌다.

14

⑤ 추세(장기) 변화란 질병유행 주기가 수십 년 이상의 주기로 유행하는 질병으로 이질, 장티푸스, 디프테리아, 성홍열, 독감 등이 있다.
①·②·③ 순환적 변화, ④ 불규칙적 변화를 보이는 질병이다.

15

역학의 3대 기본요인
- 병인적 요인 : 직접적 요인
- 환경적 요인 : 간접적 요인
- 숙주적 요인 : 감수성, 저항력(면역)에 좌우

16

후향성 조사는 과거의 어떤 요인이 원인으로 작용했는지에 대해 조사하는 것으로, 편견이나 주관에 치우쳐 객관성이 없는 것이 단점이다. 이것은 기억에 의존하여 불확실하기 때문이다.

17

피라미드형은 주로 후진국에서 나타나는 인구증가형으로 14세 이하 인구가 50세 이상 인구의 2배 이상일 경우이다.

18

감수성 지수
천연두(두창) · 홍역(95%) > 백일해(60~80%) > 성홍열(40%) > 디프테리아(10%) > 폴리오(0.1%)

19

② 백일해와 홍역은 2~3년을 주기로 유행하는 주기적 변화를 거친다.
① 장티푸스, 디프테리아, 이질, 성홍열
③ 여름 : 소화기성 식중독 / 겨울 : 급성 호흡기질환
⑤ 수인성 감염성, 외래감염병

20

역학의 현상 중 계절적 변화에 의하면 질병유행은 1년을 주기로 반복 유행한다. 여름에는 주로 소화기계 감염병, 겨울에는 호흡기계 감염병이 유행을 한다.

21

인구정태통계에 해당하는 것은 인구센서스(국세조사)이고, 인구동태통계에 해당하는 것은 출생, 사망, 이혼, 혼인이다.

22

전파방법

- 직접전파 : 매개체 없이 직접전파되는 것으로, 육체적 접촉이나 호흡기에서 나온 비말에 의한 전파가 있다.
- 간접전파 : 병원체가 매개체를 통해 전파되는 것으로, 장티푸스와 콜레라는 활성매개체인 파리, 바퀴벌레 등에 의해 전파된다.

23

① 납입액에 상관없이 급여가 획일적이다.
② 균형예산의 단기보험이다.
③ 사후치료의 원칙을 따른다.
④ 보험가입이 강제성을 띤다.

24

비감염성 질환은 병원체(세균, 바이러스, 리케치아, 원충 등)에 의해서 질병이 발생하는 것이 아니고 생활습관, 환경, 유전 등의 요소가 좌우한다.

25

감염병의 종류

- 호흡기계통 감염병 : 디프테리아, 백일해, 폐렴, 성홍열, 인후염, 폐결핵, 나병, 천연두, 감기, 인플루엔자, 홍역, 풍진 등
- 소화기계통 감염병 : 브루셀라, 유행성설사병, 이질, 살모넬라, 식중독, 장티푸스, 기생충감염, 유행성감염 등
- 동물, 곤충에 의한 감염병 : 탄저, 와일씨병, 파상풍, 광견병, 말라리아, 발진티푸스, 일본뇌염

26

최빈치

도수분포에 있어서 그 변량 중에서 가장 많이 나타나는 것으로 최빈값이라고도 한다.

27

면 역

- 인공수동면역 : 항독소, 감마글로불린, 면역혈청 접종 후 면역
- 인공능동면역 : 백신(생균·사균), 순화독소(톡소이드)를 사용한 예방접종을 통해서 획득되는 면역
- 자연능동면역 : 각종 감염병에 감염된 후 형성되는 면역
- 자연수동면역 : 모체면역(태반면역, 모유면역)

28

고혈압

- 1차성 고혈압(본태성, 원발성 고혈압) : 원인이 불분명함, 90% 이상의 환자 해당
- 2차성 고혈압(속발성 고혈압) : 원인이 명확함(주로 신장질환, 동맥경화증에 의함), 5~10%의 환자 해당

29

만성질환의 예방대책

- 적절한 체중관리
- 식단관리 : 저염식 식이, 금주, 동물성 지방·고콜레스테롤 섭취 줄이기
- 정기 건강검진
- 금 연

30

건강보험은 1977년에 처음 시행된 후 1989년 전국민에게 적용하였고, 2000년부터 국민건강 보험공단에서 통합 운영하고 있다.

31

가족계획사업의 성공 여부는 조출생률의 증감을 가지고 판정할 수 있다. 조출생률은 연간 출생수/연앙인구 × 1,000으로 나타낸다.

32

⑤ 자궁경부암 : 만 20세 이상 여성, 2년마다 검진
① 간암 : 만 40세 이상 남녀 중 간암발생고위험군, 6개월마다 검진
② 위암 : 만 40세 이상 남녀, 2년마다 검진
③ 유방암 : 만 40세 이상 여성, 2년마다 검진
④ 대장암 : 만 50세 이상 남녀, 1년마다 검진

33

귀속위험도는 원인이라고 의심되는 위험요인에 폭로된 단위인구당 질병발생률에 폭로되지 않은 단위인구당 발생률을 뺀 것이다.

34

① 조출생률 = 연간 출생아수 / 연앙인구 × 1,000
③ 사산율 = 사산수 / 연간 출산수 × 1,000
④ 혼인율 = 연간 혼인건수 / 연앙인구 × 1,000
⑤ 영아사망률 = 연간 영아사망수 / 연간 출생아수 × 1,000

35

피임방법
• 영구적 피임법 : 난관결찰술, 정관절제술
• 일시적 피임법 : 콘돔(수정 방지), 경구피임약(배란 억제), 자궁 내 장치(수정란의 자궁착상 방지), 기초체온법, 생리주기법 등

2과목 | 식품위생학

36

유전자총(입자총, Particle bombardment)법
금 또는 텅스텐 등 금속미립자에 유용한 유전자를 코팅하고 고압가스의 힘으로 식물의 잎 절편 또는 세포덩어리에 투입하여 유용 유전자가 물리적으로 식물세포의 염색체에 접촉하도록 함으로써 직접 식물세포 내로 도입하는 방법이다.

37

대장균군은 사람이나 동물의 분변에 오염된 외계에 널리 존재한다.

38

식물성 자연독
• 목화씨 : 고시폴(Gossypol)
• 피마자 : 리신(Ricin), 리시닌(Ricinine), 알레르겐(Allergen)
• 청매 : 아미그달린(Amygdalin)
• 대두 : 사포닌(Saponin)
• 미치광이풀 : 아트로핀(Atropine)
• 오디, 부자, 초오 : 아코니틴(Aconitine)
• 맥각 : 에르고톡신(Ergotoxin)
• 벌꿀 : 안드로메도톡신(Andromedotoxin)
• 독맥(독보리) : 테물린(Temuline)
• 독미나리 : 시큐톡신(Cicutoxin)

39

감자 독소
• 발아부위와 녹색부위 : Solanine
• 부패한 부위 : Sepsine

40

만성독성시험
실험동물의 거의 일생동안에 걸쳐 시험물질을 투여하여 나타나는 독성을 시험하는 것이다. 시험의 목적은 장기간 투여 이후 최대무작용농도를 검출하여 시험물질의 안전성에 대한 최종평가 및 폭로의 안전수준을 결정하는 것이다.

41

간디스토마
• 제1중간숙주 : 민물에 사는 왜우렁이
• 제2중간숙주 : 담수어(잉어, 참붕어)
• 인체의 십이지장에서 탈낭하여 유약디스토마가 되며 이것은 충수담관을 거쳐 담관에 기생
• 증상 : 간 비대, 복수, 황달, 야맹증, 간경화, 위장장애, 담즙색소 양성

42

Clostridium perfringens

편성혐기성균이며, 일반 식중독균과 달리 충분히 끓인 음식이라도 재증식할 수 있는 특징이 있다. 음식을 대량으로 조리해서 그대로 실온에 방치할 경우 솥의 내부 음식물은 공기가 없는 상태가 되면서 가열과정에서 살아남은 퍼프린젠스 포자가 깨어나 다시 증식할 수 있다. 그러므로 가급적 소분하여 보관하도록 한다.

43

캠필로박터 식중독균(Campylobacter jejuni)

그람음성, 무포자, 나선균, 미호기성, 편모

44

보툴리누스균

- 1800년 독일 Kerner가 소시지 식중독에서 원인균 발견
- 균체는 열에 강하나(100℃ 수 시간) 독소는 열에 약함 (80℃에서 30분)
- 그람양성, 포자 형성, 주모성 편모, 편성혐기성
- 세균성 식중독 중 치사율이 가장 높음
- 독소는 면역학적인 성질에 따라 A, B, C, D, E, F, G형의 7형으로 분류(식중독 유발 : A, B, E)

45

해산물의 경우 비브리오균에 감염될 확률이 높다.

46

Aspergillus flavus는 Aflatoxin(발암물질)이라는 독소를 생성한다.

47

④ 섭조개의 독성분은 Saxitoxin이다.
① 복어, ② 감자싹, ③ 버섯, ⑤ 부패한 감자에 해당한다.

48

산패(酸敗 ; Rancidity)

유지 중의 불포화지방산이 산화에 의하여 불쾌한 냄새나 맛을 형성하는 것으로, 유지에 가장 보편적으로 일어나는 현상이다.

49

구충증

십이지장충이라고도 하며, 경구감염이 주된 경로이지만 유충이 경피적으로 침입하여 발생할 수 있으므로 예방을 위해 밭에 맨발로 들어가지 않는 것이 좋다.

50

인수공통감염병

- 사람이나 동물이 같은 병원체에 의하여 발생하는 질병이다.
- 종류 : 결핵, 탄저, 파상열, 돈단독증, 야토병, 렙토스피라증, Q열, 리스테리아증 등

51

신선한 생선의 조건

- 아가미 색이 선홍색이다.
- 눈알이 맑고 외부로 튀어나와 있다.
- 복부가 탄력성이 있어 팽팽하다.
- 비늘은 윤택이 나고 고르게 붙어 있다.
- 냄새가 없다.
- 항문이 닫혀 있다.

52

Staphylococcus aureus(포도상구균 식중독균)는 내열성이 크다. Staphylococcus aureus가 생성하는 장독소는 내열성 독소로 100℃에서 30분간 끓여도 파괴되지 않아 이 독소를 음식물과 같이 먹게 되면 수 시간 이내에 구토, 설사, 복통 및 쇼크 등의 식중독을 일으킨다.

53

진균독은 곰팡이에 있는 독으로 아플라톡신이 대표적이다.

54

장티푸스

- 병원균 : Salmonella typhi
- 잠복기 : 1~3주
- 증상 : 고열, 두통, 복통, 피부발진
- 전파 : 주로 환자의 대변이나 소변에 오염된 음식이나 물에 의해 전파

55

병원성 대장균 O157 : H7

장출혈성 대장균의 일종으로, 1982년 미국의 햄버거 식중독 사건의 원인균으로 보고된 바 있다. 사람의 장관에 감염되면 장관 내에서 증식하여 베로톡신(verotoxin)이라는 강력한 독소를 생산하며, 이 독소는 용혈성요독증후군을 유발한다.

56

우유의 변색

- 청변유 : Pseudomonas syncyanea
- 황변유 : Pseudomonas synxantha
- 적변유 : Serratia marcescens
- 녹변유 : Pseudomonas fluorescens

57

① 세균의 발육을 위해서는 약 50% 이상의 수분이 필요하다.
③ 0℃ 이하 및 70℃ 이상에서는 생육할 수 없다.
④ 세균의 번식속도는 곰팡이보다 빠르다.
⑤ 세균은 대수적인 증식을 한다.

58

제랄레논(Zearalenone)

붉은곰팡이(Fusarium)속에 의해 생성되는 독소로, 주로 옥수수나 보리에서 발견된다. 에스트로겐과 비슷한 성질을 가지고 있어 발정효과를 나타내는데 특히, 돼지에게 민감하게 작용하여 발정증후군, 성장발육 저해, 생식기능 저해, 불임증 및 난소 위축 등을 유발한다.

59

육류로부터 감염되는 기생충은 무구조충(소고기), 유구조충(돼지고기), 선모충(돼지고기) 등이 있다.

60

프로피온산칼슘은 빵, 잼, 치즈에 주로 사용된다. 체내에서 대사가 되므로 안정성이 높고, 효모에는 효력이 거의 없으나 세균에는 유효하다. 빵에 프로피온산나트륨을 사용하게 되면 효모의 활성저해가 일어난다.

61

HACCP 7원칙

위해요소(HA) 분석 → 중요관리점(CCP) 결정 → CCP 한계기준 설정 → CCP 모니터링체계 확립 → 개선조치방법 수립 → 검증절차 및 방법 수립 → 문서화, 기록유지방법 설정

62

아질산나트륨은 햄이나 소시지 등에 붉은 빛을 내게 하는 발색제로 많이 쓰인다.

63

간흡충(간디스토마, 피낭유충)

- 제1중간숙주 : 민물에 사는 왜우렁이
- 제2중간숙주 : 담수어(참붕어, 잉어)

64

① · ③ · ④ · ⑤ 감염형 식중독에 해당한다.

65

Bacillus

- 그람양성, 호기성, 간균
- 내열성 포자 형성
- Bacillus natto는 청국장 제조 미생물
- 자연에 가장 많이 분포(토양의 표층에 서식)
- 가열식품의 주요 부패균

66

저온살균법(Pasteurization)

고온에서 변질되기 쉬운 영양소가 들어 있는 식품을 63℃에서 30분간 가열 · 살균하는 방법이다.

67

치즈와 버터, 마가린류의 보존료로는 데히드로초산(DHA)를 사용한다.

68

유기인제

유기인제는 신경전달물질인 아세틸콜린을 분해하는 콜린에스테라아제와 결합하여 그 작용을 저해함으로써 아세틸콜린의 축적을 가져와 콜린의 작용을 받는 신경을 과도하게 자극하여 중독증을 일으킨다.

69

식품보관의 물리적 방법

냉동·냉장법, 가열살균법, 탈수건조법, 자외선 조사, 방사선 조사, 밀봉법 등

70

증점제(호료)의 목적

- 식품의 점착성 증가
- 유화 안정성 향상
- 가열이나 보존 중 선도 유지
- 형체 보존 및 미각에 대한 점활성
- 촉감을 부드럽게 함
- 분산 안정제, 결착 보수제, 피복제 등으로 이용

71

설익은 매실이나 살구씨에는 아미그달린(Amygdalin)이라는 청산배당체가 함유되어 있어 그 자체가 가지고 있는 효소에 의해 분해되어 청산(HCN)을 생성한다.

72

② 폐렴구균, ③ 장티푸스, ④ 세균성이질, ⑤ 콜레라의 병원체에 해당한다.

73

성홍열

베타용혈성연쇄구균(Group A β-hemolytic Streptococci)의 발열성 외독소에 의한 급성발열성 질환이다.

74

식품 위해요소의 외인성 인자는 식품 자체에 함유되어 있지 않으나 외부로부터 오염·혼입된 것으로, 식중독균, 경구감염병, 곰팡이, 기생충, 유해첨가물, 잔류농약, 포장재·용기 용출물 등이 해당한다.

75

① 발효 : 탄수화물이 산소가 없는 상태에서 분해되는 현상
② 변패 : 탄수화물, 지방 등이 미생물에 의해 변질되는 현상
③ 갈변 : 식품이 효소나 비효소적인 영향으로 갈색으로 변하는 현상
④ 산패 : 지방의 산화 현상

01	02	03	04	05	06	07	08	09	10
④	④	②	①	②	③	④	⑤	②	③
11	12	13	14	15	16	17	18	19	20
④	②	②	④	③	②	②	②	①	③
21	22	23	24	25	26	27	28	29	30
①	③	②	①	③	①	④	③	①	④
31	32	33	34	35	36	37	38	39	40
⑤	⑤	④	④	②	③	④	②	②	②

01

카타(Kata)온습도계

실내기류를 측정하는 것으로, 알코올이 최상눈금 $100°F$ 선에서 최하눈금 $95°F$선까지 강하한 시간을 4~5회 정도 잰 뒤 평균을 측정한다.

02

그림은 조도측정기이다.

03

고용량 공기시료채취기

대기 중에 부유하고 있는 입자상 물질을 고용량 공기시료채취기를 이용하여 여과지상에 채취하는 방법으로 입자상 물질 전체의 질량농도를 측정하거나 금속성분의 분석에 이용한다.

04

낙하법은 한천평판배지 2~3개를 검사지역에 5분간 수평 정치 후 37℃에서 48시간 배양했을 때 형성되는 세균집락수를 계산하는 방법이다.

05

㉠ 유리판, ㉡ 얇은 금속막, ㉢ 셀렌, ㉣ 철판이다.

06

진동 가속도 레벨(dB)

물체가 진동할 때의 진동 가속도를 물리적 크기인 데시벨 단위로 비교한 지표이다.

07

데포지 게이지(Deposit Gauge)

측정단위는 $ton/km^2/month$로 한 달 이상 방치하여 그 지역의 침강물질의 평균측정치를 얻는 데 사용하며, 이끼 발생을 방지하기 위하여 황산동($CuSO_4 \ 5H_2O$)을 사용한다.

08

집락계산기는 집락계수기로도 불린다. 집락계산기는 균의 수를 새는 기계이다.

09

소음계와 측정자와의 거리의 간격은 0.5m(50cm)이다.

10

불연속점은 ㉢이다. 염소주입곡선에서 살균을 목적으로 할 때는 불연속점 이상에서 염소를 주입한다.

11

중국얼룩날개모기는 학질모기라고도 하며, 말라리아 및 사상충병을 매개하는 모기이다. 앉은 자세는 벽면과 45~90°이다.

12

독일바퀴

• 세계적으로 가장 널리 분포한다.
• 가주성 바퀴 중 가장 소형으로 크기는 10~15mm이다.
• 전흉배판에 두 줄의 흑색 종대가 있다.
• 암수는 거의 동시에 성충이 되고 7~10일 내에 교미한다.

13

위상차현미경법

실내공기 중 석면 및 섬유상 먼지를 여과지에 채취하여 투명하게 전처리한 후 위상차현미경으로 계수하여 공기 중 석면 및 섬유상 먼지의 수 농도를 측정한다.

14

모기 유충의 천적에는 미꾸라지, 송사리, 잠자리 유충, 왕모기 유충 등이 있다.

15

체체파리의 형태

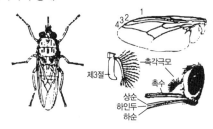

17

침파리는 흡혈성 파리로 앞으로 돌출한 긴 주둥이가 특징이다.

18

옴진드기는 피부기생 진드기로 그림은 옴진드기의 성충 암컷(배면)에 해당한다.

19

곰쥐는 시궁쥐보다 약간 작은 가주성 쥐로 꼬리의 길이가 길어서 머리와 몸통을 합한 길이보다 더 길다. 눈과 귀는 시궁쥐보다 훨씬 크며, 엉덩이는 얇아서 날렵하게 보인다.

20

참진드기는 세계적으로 널리 분포하고 있는 대형 진드기로 등면에 순판을 가지고 있어 공주진드기와 구별된다. 참진드기의 크기는 종류에 따라 1~9mm이고, 암컷과 수컷 모두 흡혈한다.

21

그림은 시궁쥐의 실내 침입을 막기 위한 방서설비이다.

22

극미량(ULV)연무기는 분사구를 상향조절하여 살포해야 한다.

23

그림은 멤브레인 필터(Menbrance Filter)법으로 세균 여과기를 통해 세균의 정량검사를 한다.

24

통조림 표시법

MOYL	LAAC	7J05
• MO : 품종 • Y : 조리방법 • L : 크기	제조회사 고유번호	• 7 : 제조연도 • J : 제조월(July) • 05 : 제조날짜

25

우유의 North 곡선

우유 성분 중 열에 가장 쉽게 파괴되는 크림선에는 영향을 미치지 않고 우유 중에 혼입된 병원미생물 중 열에 저항력이 강한 결핵균을 파괴할 수 있는 온도와 시간의 관계이다.

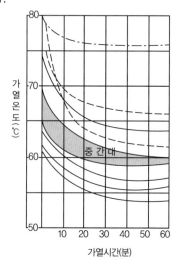

26

식품용기의 바닥이 각이 지거나 파손된 것은 이물질이 쌓이거나 미생물이 번식할 우려가 있으므로 사용을 금지하고, 청소 및 이물질 제거가 용이한 둥그스름한 바닥의 식품용기를 사용한다.

27

찌그러진 통조림은 유해성 금속의 용출 및 내용물의 변질이 발생할 수 있다.

28

편 충

- 크기 : 수컷 3~4.5cm, 암컷 3.5~5cm
- 서식장소 : 사람의 맹장
- 특징 : 경구침입, 말채찍 모양

29

살모넬라균 TSI배지에서 사면부의 색깔은 적색이다.

30

먹는물 수질기준 중 유해영향 무기물질

납, 불소, 비소, 셀레늄, 수은, 시안, 크롬, 암모니아성 질소, 질산성 질소, 카드뮴, 붕소, 브롬산염, 스트론튬, 우라늄

31

달걀의 신선도 판별법

- 외관판정법 : 껍데기가 까실까실하고, 균열이 없으며, 타원형인 것이 좋다.
- 투시법 : 전구의 빛을 투사했을 때 노른자와 흰자가 명확히 구분되고, 기실의 크기가 작은 것이 좋다.
- 비중법 : 11%의 식염수에 가라앉는 것이 신선한 것이다.
- 흔들었을 때 소리가 나지 않는 것이 좋다.
- 난황계수 : 0.3~0.4 이상인 것이 좋다.

32

오존은 물소독, 석탄산은 오염된 실내 벽이나 기물소독, 생석회는 오물 · 하수구 · 분뇨 등의 소독에 사용한다.

33

HACCP의 위해요소

- 생물학적 위해요소 : 병원성 미생물, 부패미생물, 일반세균, 대장균군, 식중독균, 곰팡이, 바이러스 등
- 화학적 위해요소 : 중금속, 농약, 잔류수의약품, 호르몬제 등
- 물리적 위해요소 : 돌, 유리조각, 금속파편, 머리카락 등의 이물질

34

디프테리아

- 디프테리아균의 감염에 의하여 일어나는 급성감염병으로, 비운동성의 그람양성 간균이다.
- 법정감염병으로서 주로 호흡기의 점막이 침해를 받기 쉬운 어린이들에게 흔하게 발생한다.

35

보툴리누스균

- 외부형태 : 그람양성, 간균, 주모균, 아포 형성
- 주요증상 : 신경계 증상, 세균성 식중독 중 치사율이 가장 높음
- 원인식품 : 가열처리 후 밀봉저장된 식품(통조림, 병조림 등)
- 특징 : 신경독소인 Neurotoxin 생성
- 예방 : 가열조리 후 섭취, 저온저장

36

포도상구균

- 외부형태 : 그람양성, 구균, 무포자성, 무편모
- 주요증상 : 구역질, 구토, 복통, 설사
- 잠복기 : 1~5시간(평균 3시간)으로 세균성 식중독 중 잠복기간이 가장 짧음
- 특징 : 장독소인 Enterotoxin 생성
- 예방 : 조리사의 위생관리, 화농성 환자의 식품취급 금지

37

장염비브리오균

- 외부형태 : 그람음성, 간균, 단모균
- 주요증상 : 복통, 구토, 혈액이 섞인 설사, 약간의 발열
- 잠복기 : 8~24시간(평균 12시간)
- 감염경로 : 하절기 해산어패류의 생식, 어패류를 취급한 도마
- 특징 : 3~5%의 식염농도에서 잘 자람
- 예방 : 여름철 어패류의 생식 금지, 담수 세척 후 저온(10℃ 이하) 저장, 냉동

38

빈대는 침대, 매트리스, 나무로 된 가구의 틈새 등에서 서식하고, 손전등으로 발견할 수 있다.

39

미생물의 증식 곡선

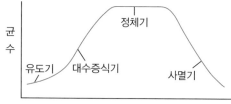

- 유도기(Lag Phase) : 분열·증식을 준비하는 시기
- 대수증식기(Log Phase) : 최대의 분열속도로 증식하는 시기
- 정체기(Stationary Phase) : 대수증식기 중 왕성한 세포분열을 한 결과 영양분과 산소가 결핍되며, 대사산물이 축적되어 균의 증식세포수와 사멸세포수가 같아지는 시기
- 사멸기(Death Phase) : 생균수가 감소하는 시기

40

그림은 병원성 대장균으로 대장균군은 간균의 대표적인 형태이다. 간균은 막대기 모양 또는 원통형 세균으로 그 크기와 길이가 다양하고 양끝의 모양은 일정하지 않으며 편모나 포자를 가지고 있는 경우도 있다.

4회 | 1교시 정답 및 해설

01	02	03	04	05	06	07	08	09	10
③	①	①	③	②	⑤	③	①	⑤	④

11	12	13	14	15	16	17	18	19	20
⑤	⑤	⑤	③	②	④	①	③	①	⑤

21	22	23	24	25	26	27	28	29	30
③	④	④	②	②	②	②	④	②	①

31	32	33	34	35	36	37	38	39	40
⑤	①	④	⑤	⑤	⑤	②	③	④	①

41	42	43	44	45	46	47	48	49	50
②	①	①	①	③	②	②	①	⑤	③

51	52	53	54	55	56	57	58	59	60
⑤	⑤	③	④	③	④	④	④	④	⑤

61	62	63	64	65	66	67	68	69	70
①	①	⑤	②	②	④	①	①	①	③

71	72	73	74	75	76	77	78	79	80
⑤	③	④	①	①	①	⑤	②	②	⑤

81	82	83	84	85	86	87	88	89	90
④	⑤	③	④	③	④	①	②	⑤

91	92	93	94	95	96	97	98	99	100
⑤	⑤	⑤	③	③	③	④	③	④	④

101	102	103	104	105
⑤	④	③	②	⑤

1과목 | 환경위생학

01

TLM(Tolerance Limit Median : 한계치사농도)

일정한 시간이 지난 후 실험생물 중 50%가 살아남는 농도를 말하며, TLM 실험방법은 실험하기 전에 대상 폐수에서 10~30일 동안 물고기를 적응시킨다(96TLM, 48TLM, 24TLM 등으로 표기).

02

온실효과

이산화탄소(CO_2)는 수증기와 같이 적외선 복사를 흡수한다. 태양 복사는 대부분 파장이 짧은 복사이므로 그대로 투과시키고, 지구 복사는 적외선 복사이므로 대부분 CO_2에 의해서 흡수된다. 따라서 CO_2의 증가는 지구가 온실 속에 갇힌 것처럼 기온의 상승을 뜻한다.

03

암모니아성 질소(NH_3-N)의 검출은 분변오염 등 유기물의 유입 초기오염을 알 수 있다.

04

고압증기멸균법

Autoclave는 압축된 증기법으로 물품을 멸균하는 기계로서 증기의 기본온도는 212℉(100℃)이나 고압증기멸균기 안의 압력이 15.12pound/inch^{2}로 증가하면 250℉(121℃)까지 상승한다. Autoclave에 의한 고열은 대부분의 세균을 즉시 사멸시키며 저항력이 강한 포자형성균도 15~20분 내에 사멸한다.

05

실외 쾌적기류는 1m/sec, 실내 쾌적기류는 0.2~0.3m/sec, 불감기류는 0.5m/sec, 무풍기류는 0.1m/sec이다.

06

성층현상

주로 여름과 겨울에 물의 온도변화가 적을 때 생기는 현상으로 수온의 차이로 층이 생기는 것을 말한다. 이 결과 수직혼합이 일어나지 않으며 물이 고여 오염을 가중시킨다.

07

질소화합물(NO$_x$)

- 발생원 : 자동차 배기가스, 석탄, 석유의 고온 연소 시 (보일러)
- 생리적 영향 : 중추신경마비, 눈·코 자극, 폐충혈, 폐수종, 카타르성 기관지염
- 대책 : 연소조작의 제어, 고온 배기가스 처리, 자동차 배기가스 제어

08

자연환기

실내는 인공적으로 환풍기를 달지 않더라도 창문, 문틈을 통해서 외기와 교환되는데, 이것을 환기라고 한다. 주로 실내외 온도차에 의하고, 기체의 확산이나 외기의 풍력과도 관계가 있다. 실내온도가 외부기온보다 높을 때는 실내외 공기밀도의 차로 인해 압력차가 생기고, 거실의 하반부에는 공기가 들어오고 상반부에서는 나가는 실내 기류현상이 일어난다.

09

부영양화

- 질소와 인이 풍부하기 때문에 식물플랑크톤이 과다 증식하게 된다.
- 수소이온농도(pH)는 중성 또는 약알칼리성이다.
- 물의 투명도가 감소하므로 투시거리가 짧다.
- 플랑크톤 및 그 사체에 의한 현탁물질이 많다.

10

진동장애

- 국소적 장애(레이노현상) : 착암기, 병타기, 연마기 등을 사용하는 직업
- 전신적 장애 : 교통기관의 승무원, 분쇄기 사용자 및 발전소 등의 직업

레이노 현상

진동공구 사용 시 발생되는 현상으로 사지, 특히 손가락의 국소성 혈관에 의한 동통 및 지각이상을 초래하며, 주 증상으로 손가락의 간헐적인 창백 현상인 청색증이 나타난다.

11

일산화탄소(CO)가스는 무색, 무취, 무자극성으로, 탄소성분의 불완전연소로 석탄이 타기 시작할 때와 꺼지기 시작할 때에 많이 발생한다.

12

밀스라인케(Mills-Reinke) 현상은 물을 여과해 급수하여 장티푸스 환자 및 일반사망률을 감소시키는 결과를 얻은 것을 말한다.

13

지표수

- 하천수, 호소수, 저수지수 등
- 유기물질·세균·미생물이 많고 탁도·용존산소가 높다.
- 경도가 낮다.
- 오염 기회가 많아 주의를 요한다.

14

과망간산칼륨의 소비량 증가는 공장폐수, 하수, 분뇨 등의 혼입에 의하여 좌우된다.

15

슬러지 일령이란 슬러지가 폭기조에 머무는 시간을 말한다.

16

음용수 색도 기준은 5도 이하이다.

17

② · ③ · ④ · ⑤ 1차 대기오염물질에 해당한다.

18

물의 자정작용

- 물리적 작용 : 희석, 확산, 혼합, 여과, 침전, 흡착
- 화학적 작용 : 중화, 응집, 산화, 환원
- 생물학적 작용 : 주로 호기성 미생물에 의한 유기물질의 분해작용

19

런던스모그

- 발생 시 습도 : 85% 이상
- 발생 계절 : 겨울철 아침 일찍
- 발생 시 기상 : 방사성 역전(복사)
- 오염물질 : SO_2, 부유분진, 매연 + 안개

로스앤젤레스 스모그

- 발생 시 습도 : 70% 이하
- 발생 계절 : 여름철 주간
- 발생 시 기상 : 침강성 역전
- 오염물질 : HC, NO_X, O_3, PAN
- 광화학 스모그의 일종

20

① · ② · ③ · ④ 급속여과법에 대한 설명이다.

21

프레온가스(CFCs, 염화불화탄소)

오존층 파괴에 가장 큰 영향을 주는 주요물질로, 냉매제, 에어졸 분무기, 소화기, 플라스틱 발포제에서 발생한다.

22

연수화란 물속의 경도성분인 칼슘이나 마그네슘 등을 제거하여 경수를 연수로 바꾸는 것이다.

23

납(Pb)의 배출

자동차 가솔린에는 Anti-knocking제(4에틸납, Tetraethyllead, TEL)를 첨가하는데, 그 속에 납(Pb) 성분이 함유(0.7g/L)되었다가 배기 중 무기납으로 70~80%가 배기관을 통해 배출된다. 특히 속도가 빠를수록 많은 양이 배출된다.

24

군집독은 실내공기의 정상적인 화학조성비가 변화되어 실내공기 오염을 발생시킨다.

25

② 소화법, 임호프탱크법은 혐기성 미생물을 이용하여 유기물을 분해시키는 방법이다.

① · ③ · ④ · ⑤ 호기성 처리법에 해당한다.

26

소각법은 폐기물을 가장 위생적으로 처리하는 방법이다.

27

열경련은 탈수로 인한 수분 부족과 염분 배출량이 많을 때 발생한다.

29

② 런던협약 : 폐기물 해양투기에 관한 해양오염 방지 협약

① 교토의정서 : 기후변화협약에 따른 온실가스 배출 감축 권고 협약

③ 바젤협약 : 유해폐기물 처리의 국제 간 이동처리 규제에 관한 국제협약

④ 몬트리올의정서 : 오존층 파괴물질에 관한 협약

⑤ 람사협약 : 습지 보전에 관한 협약

30

습열멸균

자비멸균법, 고압증기멸균법, 유통증기(간헐)멸균법, 저온살균법, 초고온순간멸균법

31

석탄산계수 = $\dfrac{소독약품의\ 희석배수}{석탄산의\ 희석배수}$, $4 = \dfrac{x}{30}$, $x = 120$

32

이산화탄소는 공기 중의 농도가 0.03% 정도이며 무색, 무취의 기체이다.

33

소 리

- 일반사람의 가청음역 : 20~20,000Hz
- 초기에 난청의 발견이 가능한 주파수 : 4,000Hz
- 8시간 기준 소음 허용한계 : 90dB

34

① 폐산 : pH 2.0 이하인 것

② 오니류 : 수분함량이 95% 미만이거나 고형물함량이 5% 이상인 것

③ 폐유 : 기름성분 5% 이상 함유한 것

④ 폴리클로리네이티드비페닐 함유 폐기물(액체상태) : 1L당 2mmg 이상 함유한 것

35

불쾌지수

- 불쾌지수 70 : 10% 정도의 사람이 불쾌감을 느낀다.
- 불쾌지수 75 : 50% 정도의 사람이 불쾌감을 느낀다.
- 불쾌지수 80 : 거의 모든 사람이 불쾌감을 느낀다.
- 불쾌지수 85 : 견딜 수 없는 상태이다.

36

최종 BOD 농도는 20℃에서 약 20일이 걸리지만, 이는 BOD의 완전반응 소요기간이 너무 길기 때문에 실무 현장에서는 5일간 반응시켜서 얻은 농도값을 사용한다. 이것을 BOD_5 또는 5일 BOD라고 하며, 일반적으로 BOD라고 한다.

37

공기 중 탄산가스 농도가 증가하면 폐포 내 혈액 중의 CO_2가 증가하고 심호흡수가 증가되므로 CO_2 10% 이상, O_2 7% 이하 시 질식사한다.

38

산성비

pH가 7보다 작으면 산성, 7보다 크면 알칼리성이라고 하는데, 산성비는 pH 5.6 이하인 강우를 말한다. 일반적으로 빗물은 pH 5.6~6.5 정도의 약산성을 띠지만, 대기 오염이 심한 지역에서는 대기 중에 녹아있는 이산화탄소(CO_2)로 인해 pH 5.6 정도의 산도를 지니게 된다.

39

포름알데하이드

무색의 자극적인 냄새가 나는 기체로 0.1ppm 이하 농도에서도 눈, 코, 목에 자극이 온다.

40

수중 불소의 적정량은 0.5~1.0ppm 정도이며, 1ppm 이상의 경우 반상치가 발생하고 낮은 농도에서는 충치가 우려된다.

41

색도

색의 정도를 표시하는 것으로, 표준단위는 Pt 1mg/L이며 보통 알루미늄 또는 철과 같은 3가 금속이온을 가진 염을 첨가하여 응집한 후 침전시키는 방법으로 쉽게 제거할 수 있다.

42

트리할로메탄(THM)

정수과정에서 물이 함유하고 있는 유기물질과 살균제로 사용되는 염소가 서로 반응하여 생기는 발암물질로 클로로포름, 디브로모클로로메탄, 브로모디클로로메탄, 브로모포름 등이 있다.

43

일교차는 일출 30분 전의 온도와 14시경의 온도와의 차이를 의미한다. 내륙이 해양보다 크며, 산악의 분지는 크고 산림은 작다.

44

가스상 오염물질 처리방법

- 흡수법 : 반응성 가스 – 산, 알칼리 흡수
- 연소법 : 가연성 가스를 650℃에서 0.2~0.3sec 연소
- 흡착법 : 극미량물질 농축 – 활성탄, 실리카겔
- 자동차 배기가스의 제거 : 재연소장치, 촉매변환기
- 기계적 포집 : 진공병에 의한 포집

45

BOD(생물학적 산소요구량)

물속의 유기물질이 호기성 미생물에 의해 분해되어 안정화되는 데 소비하는 산소량을 말한다. 20℃에서 5일간 시료를 배양했을 때 소모된 산소량을 측정하며, 유기물 농도가 높을 때 BOD는 증가한다.

46

대류권

지상에서부터 약 11km까지를 말하며, 이 대류권에서는 일반적으로 고도가 높아질수록 기온이 평균 0.65℃ /100m의 비율로 감소한다.

47

① 안개(fog) : 아주 미세하고 많은 물방울이 공기 중에 떠 있는 현상
③ 매연(smoke) : 연소할 때에 생기는 유리탄소가 주가 되는 미세한 입자상 물질
④ 증기(vapor) : 상온에서 액체나 고체상태인 물질이 기체상태가 된 것
⑤ 훈연(fume) : 용접작업 중 금속의 증기가 응축되어 발생하는 고체입자

48

염소소독은 염소의 강력한 살균력에 기반하는 것으로, 짧은 시간 내에 여과수의 세균을 빠르게 사멸시킬 수 있다.

49

라돈(Rn)

화강암, 석고보드, 시멘트, 석면 등에서 발생하는데 그 중에서 화강암에서 가장 많이 발생한다.

50

이상적인 소독제의 구비조건

- 석탄산 계수치가 높을 것
- 구입이 쉬울 것
- 방취력이 있을 것
- 인축에 독성이 낮을 것
- 안정성이 있고 물에 잘 녹을 것
- 침투력이 강할 것
- 가격이 저렴하고 사용방법이 간편할 것

2과목 | 위생곤충학

51

곤충의 외피

- 기능 : 몸의 형태 유지·보호, 근육으로 형성, 수분 증산(증발, 분산), 병원체 침입 방지, 외계 자극 감수
- 표 피
  - 외표피 : 시멘트층(Cement Layer), 밀랍층(Wax Layer, 방수성), 단백성 표리층(Protein)
  - 원표피 : 외원표피, 내원표피
- 진피 : 진피세포(표피생산), 조모세포(극모생산)
- 기저막 : 진피와 체강의 경계로 진피세포의 분비

52

알 – (부화) – 유충 – (용화) – 번데기 – (우화) – 성충

53

① 모여서 생활한다(군거성).
③ 완전변태를 한다.
④ 수개미는 여왕개미보다 작다.
⑤ 환경 변화에 대한 적응력이 강하다.

54

지카바이러스는 흰줄숲모기와 이집트숲모기가 주로 매개한다.

55

유기인계 살충제

- 실용적인 면에서 가장 우수
- 곤충·응애 등에 효과가 좋음
- 말라티온, 다이아지논, 나레드, DDVP, 펜티온, 템포스, 파라티온 등

56

트리아토민 노린재는 샤가스병을 옮기며, 잔류분무 시 γ-HCH를 사용한다.

57

반수생존한계농도(TLM ; Median Tolerance Limit)는 어류를 폐수 중에 일정시간 사육하여 50% 이상 살아남을 수 있는 폐수 중의 특성물질 농도, 즉 어류에 대한 급성 독성물질의 유해도를 나타내는 수치로 보통 TLM_{48}을 사용한다.

58

④ Warfarin은 항응혈성 만성 살서제이다.
①·②·③·⑤ 급성 살서제이다.

59

주간에는 지열, 태양열과 공기순환 작용 때문에 입자가 하늘로 소산되어 살충 효과가 없다. 따라서, 가장 좋은 시간은 해충(모기, 깔따구, 등에모기)이 활동하는 시간인 저녁 7~9시 사이이다.

60

가열연막 소독
- 방제원가가 잔류분무에 비하여 비교적 높음
- 하수구, 돌 틈, 구석, 풀잎의 위아래 면까지 침투 가능
- 대기오염·곤충에 영향
- 새벽과 저녁에만 살포 가능
- 분사구(노즐)는 45° 하향하고, 바람을 등지고 살포

61

만성 살서제
- 쥐가 기피하지 않아 잘 먹는다.
- 독성이 약하고 혈중 응혈소가 감소하여 사망한다.
- 사전미끼를 설치할 필요가 없다.
- 소량을 중복투여해야 효과적이다.

62

대표적인 훈증제로는 클로로피크린(CCl_3NO_2), 메틸브로마이드(CH_3Br), 시안산(HCN) 등이 있다.

63

아프리카수면병은 체체파리가 서식하는 열대 아프리카에서 발생하는 질병으로, 체체파리가 사람이나 동물의 피를 빨아들일 때 파동편모충이 몸속으로 들어와 감염된다.

64

뉴슨스(Nuisance)
- 질병을 매개하지 않고 단순히 사람에게 불쾌감, 혐오감, 공포감을 주는 곤충이다.
- 종류 : 깔따구, 노린재, 하루살이, 귀뚜라미 등

65

독나방 유충은 주로 활엽수 및 과수의 잎을 먹고 자라기 때문에 독나방 유충이 발생하는 장소를 확인하기 위해서는 산림을 조사해야 한다.

66

① 쥐는 보통 생후 2주 후에 눈을 뜨고 움직이기 시작한다.
② 생쥐는 호기심이 많고, 시궁쥐는 경계심이 많다.
③ 쥐의 시력은 색을 구별 못하는 색맹이고 시각은 약 10m 정도이다.
⑤ 20여 마리씩 집단생활을 한다.

68

②·③·④·⑤ 독일바퀴에 대한 설명이다.

이질바퀴(미국바퀴)
주로 남부지방에 분포하며, 크기는 35~40mm이다. 광택 있는 적갈색을 띠며, 가장자리에 황색무늬 윤상을 가진다.

69

노즐의 종류

- 부채형 : 표면에 일정하게 분무가 가능한 것으로, 축사 벽면에 잔류분무를 하여 집파리 방제에 적합하다.
- 직선형 : 좁은 공간에 깊숙이 분사가 가능한 것으로, 냉장고 밑이나 싱크대 틈새의 바퀴를 방제하려고 할 때 적합하다.
- 원추형 : 다목적으로 사용이 가능하며, 유기물이 많은 발생원에 잔류분무를 하여 모기를 방제하려 할 때 적합하다.
- 원추-직선 조절형 : 필요에 따라 직선형과 원추형으로 조절한다.

70

벼 룩

- 즐치벼룩 : 개벼룩, 고양이벼룩, 유럽쥐벼룩, 생쥐벼룩
- 무즐치벼룩 : 사람벼룩, 닭벼룩, 모래벼룩, 열대쥐벼룩

71

집파리

집파리 성충의 몸길이는 4~8mm이고, 체색은 진한 회색빛을 띠고 있다. 흉부는 진한 회색에 4개의 검은 종선을 중흉배판에 가지고 있고 복부는 폭이 넓은 난형이고 회색 바탕에 엷은 오렌지색 무늬가 제1·2 복절에 있다. 유충은 10~14mm 크기이며, 거의 백색이다. 알은 0.8~1.0mm 길이의 바나나형이고 흰 크림색으로 배면에 두 줄의 융기선이 있다.

72

말피기관은 절지동물인 거미류, 노래기와 지네와 같은 다지류 및 곤충류에서 볼 수 있는 독특한 배설기관으로 노폐물을 여과한다.

73

발진티푸스, 재귀열, 참호열 등은 이 매개 감염병으로 겨울에 많이 발생한다.

74

지하집모기(Culex pipiens molestus)

도심의 지하공간, 정화조, 물 저장고 등에서 서식하며, 지하공간에서는 월동을 하지 않아 1년 내내 방제를 해야 한다. 대부분의 모기와 달리 흡혈을 하지 않아도 산란이 가능한 특징을 보인다.

75

곤충강의 분류

- 파리목(쌍시목) : 파리, 모기, 등에
- 이목 : 이
- 벼룩목(은시목) : 벼룩
- 바퀴목 : 바퀴
- 노린재목 : 노린재, 매미, 빈대
- 벌목(막시목) : 벌, 개미
- 나비목(인시목) : 나비, 나방
- 진드기목 : 진드기

76

빈 대

베드버그(bedbug)라고도 불리며, 주로 고가구에 숨어 있다가 밤에 활동을 한다. 해외여행 시 가방을 통해서 국내로 유입되는 경우가 많다.

77

극미량연무

- 방제약품 원제를 50μm 이하의 입자(가열연막보단 조금 큼, 5~50μm)로 방출한다.
- 희석용매 불필요(비용절감), 장시간 살포 가능, 살충효과 우수, 교통사고 위험이 없다.

78

살충제 라벨의 안전정보

- 위험-독극물(DANGER-POISON) : 고독성, 가장 치명적, 해골 기호
- 위험(DANGER) : 고독성, 피부와 눈에 심각한 손상
- 경고(WARNING) : 보통독성
- 주의(CAUTION) : 저독성

79

①·③·④ 모기가 매개하는 질병이며, ⑤ 모래파리가 매개하는 질병이다.

80

저항성
- 생태적 저항성 : 살충제에 대한 습성이 발달한 것으로 치사량의 접촉을 피하는 경우
- 생리적 저항성 : 치사량 이상의 살충제가 작용했음에도 방제가 안 되는 경우로 일반적으로 저항성이라 말하는 것
- 교차 저항성 : 어떠한 약제에 대해 이미 저항성일 때 다른 약제에도 자동적으로 저항성을 나타내는 현상
- 대사 저항성 : 살충제가 해충 체내에서 효소의 작용으로 분해되어 독성을 잃게 되는 것

3과목 | 위생관계법령

81

위생사의 업무범위(법 제8조의2)
- 공중위생영업소, 공중이용시설 및 위생용품의 위생관리
- 음료수의 처리 및 위생관리
- 쓰레기, 분뇨, 하수, 그 밖의 폐기물의 처리
- 식품·식품첨가물과 이에 관련된 기구·용기 및 포장의 제조와 가공에 관한 위생관리
- 유해 곤충·설치류 및 매개체 관리
- 그 밖에 보건위생에 영향을 미치는 것으로서 대통령령으로 정하는 업무(소독업무, 보건관리업무)

82

청문(법 제12조)
보건복지부장관 또는 시장·군수·구청장은 다음에 해당하는 처분을 하려면 청문을 하여야 한다.
- 이용사와 미용사의 면허취소 또는 면허정지
- 위생사의 면허취소
- 영업정지명령, 일부 시설의 사용중지명령 또는 영업소 폐쇄명령

83

위생관리등급의 구분(시행규칙 제21조)
- 최우수업소 : 녹색 등급
- 우수업소 : 황색 등급
- 일반관리대상 업소 : 백색 등급

84

- 공중위생영업자는 매년 위생교육을 받아야 한다(법 제17조 제1항).
- 위생교육은 집합교육과 온라인 교육을 병행하여 실시하되, 교육시간은 3시간으로 한다(시행규칙 제23조 제1항).

85

다른 사람에게 위생사의 면허증을 빌려주거나 빌린 사람, 위생사의 면허증을 빌려주거나 빌리는 것을 알선한 사람은 300만원 이하의 벌금에 처한다(법 제20조 제4항).

86

소해면상뇌증, 탄저병, 가금 인플루엔자에 걸린 동물을 사용하여 판매할 목적으로 식품 또는 식품첨가물을 제조·가공·수입 또는 조리한 자는 3년 이상의 징역에 처한다(법 제93조 제1항).

87

집단급식소를 설치·운영하는 자는 조리·제공한 식품(병원의 경우에는 일반식만 해당)의 매회 1인분 분량을 섭씨 영하 18도 이하에서 144시간 이상 보관해야 한다(시행규칙 제95조 제1항).

88

건강진단을 받아야 하는 영업자 및 그 종업원은 영업 시작 전 또는 영업에 종사하기 전에 미리 건강진단을 받아야 한다(시행규칙 제49조 제2항).

89

조리사, 영양사, 위생사 면허를 받은 자가 식품접객업을 하려는 경우에는 식품위생교육을 받지 아니하여도 된다(법 제41조 제4항).

90

허가를 받아야 하는 영업 및 허가관청(시행령 제23조)

- 식품조사처리업 : 식품의약품안전처장
- 단란주점영업, 유흥주점영업 : 특별자치시장 · 특별자치도지사 또는 시장 · 군수 · 구청장

91

식중독 환자나 식중독이 의심되는 자를 진단하였거나 그 사체를 검안한 의사 또는 한의사는 지체 없이 관할 특별자치시장 · 시장 · 군수 · 구청장에게 보고하여야 한다(법 제86조 제1항 제1호).

92

식품안전정보원의 사업(법 제68조)

- 국내외 식품안전정보의 수집 · 분석 · 정보제공 등
- 식품안전정책 수립을 지원하기 위한 조사 · 연구 등
- 식품안전정보의 수집 · 분석 및 식품이력추적관리 등을 위한 정보시스템의 구축 · 운영 등
- 식품이력추적관리의 등록 · 관리 등
- 식품이력추적관리에 관한 교육 및 홍보
- 식품사고가 발생한 때 사고의 신속한 원인규명과 해당 식품의 회수 · 폐기 등을 위한 정보제공
- 식품위해정보의 공동활용 및 대응을 위한 기관 · 단체 · 소비자단체 등과의 협력 네트워크 구축 · 운영
- 소비자 식품안전 관련 신고의 안내 · 접수 · 상담 등을 위한 지원
- 그 밖에 식품안전정보 및 식품이력추적관리에 관한 사항으로서 식품의약품안전처장이 정하는 사업

93

생물테러감염병(법 제2조 제9호)

탄저, 보툴리눔독소증, 페스트, 마버그열, 에볼라바이러스병, 라싸열, 두창, 야토병

94

예방접종에 관한 역학조사(법 제29조)

- 질병관리청장 : 예방접종의 효과 및 예방접종 후 이상반응에 관한 조사
- 시 · 도지사 또는 시장 · 군수 · 구청장 : 예방접종 후 이상반응에 관한 조사

95

업무 종사의 일시 제한(시행규칙 제33조 제1항)

일시적으로 업무 종사의 제한을 받는 감염병환자 등은 콜레라, 장티푸스, 파라티푸스, 세균성이질, 장출혈성대장균감염증, A형간염에 해당하는 감염병환자 등으로 하고, 그 제한 기간은 감염력이 소멸되는 날까지로 한다.

96

소독업자는 소독실시대장에 소독에 관한 사항을 기록하고, 이를 2년간 보존하여야 한다(시행규칙 제40조 제3항).

97

예방위원의 직무(시행규칙 제44조 제2항)

- 역학조사에 관한 사항
- 감염병 발생의 정보 수집 및 판단에 관한 사항
- 위생교육에 관한 사항
- 감염병환자 등의 관리 및 치료에 관한 기술자문에 관한 사항
- 그 밖에 감염병 예방을 위하여 필요한 사항

98

질병관리청장은 보건복지부장관과 협의하여 감염병의 예방 및 관리에 관한 기본계획(이하 "기본계획"이라 한다)을 5년마다 수립 · 시행하여야 한다(법 제7조 제1항).

99

대통령령으로 정하는 규모 이상의 샘물 또는 염지하수를 개발하려는 자는 환경부령으로 정하는 바에 따라 시 · 도지사의 허가를 받아야 한다(법 제9조 제1항).

100

샘물보전구역의 지정(법 제8조의3 제1항)

시 · 도지사는 샘물의 수질보전을 위하여 다음의 어느 하나에 해당하는 지역 및 그 주변지역을 샘물보전구역으로 지정할 수 있다.

- 인체에 이로운 무기물질이 많이 들어있어 먹는샘물의 원수로 이용가치가 높은 샘물이 부존되어 있는 지역
- 샘물의 수량이 풍부하게 부존되어 있는 지역
- 그 밖에 샘물의 수질보전을 위하여 필요한 지역으로서 대통령령으로 정하는 지역

101

샘물 등의 개발허가의 유효기간은 5년으로 한다(법 제12조 제1항).

102

먹는샘물 등의 제조업에 종사하지 못하는 질병의 종류는 장티푸스, 파라티푸스, 세균성이질 병원체의 감염 및 소화기계통 전염병으로 한다(법 제29조 제3항).

103

심미적 영향물질에 관한 기준(먹는물 수질기준 및 검사 등에 관한 규칙 별표 1)

경도, 과망간산칼륨, 냄새와 맛, 동, 색도, 세제, 수소이온농도, 아연, 염소이온, 증발잔류물, 철, 망간, 탁도, 황산이온, 알루미늄

104

의료폐기물의 종류(시행령 별표 2)

- 격리의료폐기물 : 감염병으로부터 타인을 보호하기 위하여 격리된 사람에 대한 의료행위에서 발생한 일체의 폐기물
- 위해의료폐기물
  - 조직물류폐기물 : 인체 또는 동물의 조직·장기·기관·신체의 일부, 동물의 사체, 혈액·고름 및 혈액생성물(혈청, 혈장, 혈액제제)
  - 병리계폐기물 : 시험·검사 등에 사용된 배양액, 배양용기, 보관균주, 폐시험관, 슬라이드, 커버글라스, 폐배지, 폐장갑
  - 손상성폐기물 : 주사바늘, 봉합바늘, 수술용 칼날, 한방침, 치과용침, 파손된 유리재질의 시험기구
  - 생물·화학폐기물 : 폐백신, 폐항암제, 폐화학치료제
  - 혈액오염폐기물 : 폐혈액백, 혈액투석 시 사용된 폐기물, 그 밖에 혈액이 유출될 정도로 포함되어 있어 특별한 관리가 필요한 폐기물
- 일반의료폐기물 : 혈액·체액·분비물·배설물이 함유되어 있는 탈지면, 붕대, 거즈, 일회용 기저귀, 생리대, 일회용 주사기, 수액세트

105

분뇨처리시설의 방류수수질기준(시행규칙 별표 2)

생물화학적 산소요구량 (BOD) (mg/L)	총유기탄소량 (TOC) (mg/L)	부유물질 (SS) (mg/L)	총대장균군수 (개수/mL)	총질소 (T-N) (mg/L)	총인 (T-P) (mg/L)
30 이하	30 이하	30 이하	3,000 이하	60 이하	8 이하

01	02	03	04	05	06	07	08	09	10
④	④	①	④	①	③	①	①	④	②
11	12	13	14	15	16	17	18	19	20
②	④	②	④	①	②	⑤	③	③	⑤
21	22	23	24	25	26	27	28	29	30
②	④	⑤	⑤	②	④	③	④	③	②
31	32	33	34	35	36	37	38	39	40
④	⑤	④	①	②	③	⑤	⑤	②	②
41	42	43	44	45	46	47	48	49	50
④	②	③	②	⑤	⑤	①	②	①	①
51	52	53	54	55	56	57	58	59	60
④	③	④	④	③	①	④	⑤	③	③
61	62	63	64	65	66	67	68	69	70
②	③	②	①	④	⑤	⑤	②	①	②
71	72	73	74	75					
③	⑤	①	②	①					

1과목 | 공중보건학

01

학교보건사업에서 가장 먼저 시행해야 하는 것은 학교 환경위생관리를 하는 것이다. 이는 학교의 안팎을 모두 하는 것으로 외부로는 절대보호구역, 상대보호구역이 있다.

02

근대(1850~1900년) : 확립기(감염병 예방의 시대)
- 뢴트겐(Roentgen) : X-선 발견
- 페텐코퍼(Pettenkofer) : 환경위생학 실시
- 파스퇴르(Pasteur) : 미생물설 주장(질병의 자연발생설 부인)
- 리스터(Lister) : 소독법(석탄산살균법, 기계 · 기구 · 의복의 고온멸균)을 발명하여 면역학 체계의 확립
- 존 스노우(John Snow) : 콜레라에 관한 역학조사보고서는 장기설을 뒤집고, 감염병 감염설을 입증하는 동기 마련(인간의 상호왕래, 콜레라 환자와 접촉, 빈곤자와 군집생활, 위장계 침범 등의 원인)
- 코흐(Koch) : 각종 소독법(승홍수 소독, 유통증기소독) 개발, 파상풍균 및 결핵균을 발견하여 미생물설 확립, 콜레라균(1883) 발견
- 비스마르크(Bismarch) : 질병보험과 산업재해보상 · 상해보험 등 실시(1883년)

03

② 브레인스토밍 : 자유로운 분위기에서 여러 사람이 생각나는 대로 마구 아이디어를 쏟아내는 방법
③ 강의법 : 어떤 주제에 대해 전문가가 설명하고, 참가자가 그 내용을 경청하는 방법
④ 역할극 : 청중 앞에서 실연함으로써 보건교육의 효과를 얻는 방법
⑤ 버즈세션 : 먼저 여섯 사람씩 짝지어 분단을 만들고, 6분간 자유롭게 의견을 나눈 뒤에 그 결과를 가지고 전체가 토의하는 방법

04

조선시대 의료담당기관
- 전형사 : 의약 담당
- 내의원 : 왕실의료 담당
- 전의감 : 보건행정 담당(일반의료행정 및 의과고시)
- 혜민서 : 서민의료 담당
- 활인서 : 감염병환자 담당
- 광혜원(1886) : 최초의 서양식 병원 → 선교사 Allen 설립
- 고종 31년(1894) : 서양의학 최초 도입

05

건강생활 실천 사업분야의 중점과제

금연, 절주, 신체활동, 영양, 구강건강

06

건강생활지원센터

보건소의 업무 중에서 특별히 지역주민의 만성질환 예방 및 건강한 생활습관 형성을 지원하기 위하여 읍·면·동(보건소가 설치된 읍·면·동 제외)마다 1개씩 설치할 수 있다.

07

WHO의 주요 기능

- 국제적인 보건사업의 지휘 및 조정을 한다.
- 회원국에 대하여 기술지원 및 자료공급을 한다.
- 전문가 파견에 의한 기술자문 활동을 한다.

08

산재보험은 공업화가 진전되면서 급격히 증가하는 산업재해 근로자를 보호하기 위하여 1964년에 도입된 우리나라 최초의 사회보험제도이다.

09

제1자(피보험자 = 보험가입자), 제2자(의료기관), 제3자(보험자 = 보험관리공단)로 우리나라는 제3자 지불제를 채택하였다.

10

장티푸스, 디프테리아, 인플루엔자는 추세변화에 해당하고, 홍역, 백일해는 순환변화에 해당한다.

11

행위별 수가제

- 행위별 수가제는 진료수가가 진료행위의 내역에 의하여 결정되는 방식으로 진료내역이라 함은 진료내용과 진료의 양을 의미한다. 즉, 제공된 의료서비스의 단위당 가격에 서비스의 양을 곱한 만큼 보상하는 방식이다.
- 한국, 미국, 일본 등 자유경쟁 시장주의 국가가 채용하고 있다.

- 장점
  - 의료인과 환자 간의 신뢰가 높다.
  - 의료인의 환자에 대한 책임감이 높다.
  - 의료인의 자율성이 보장된다.
  - 의료의 수준이 높고 의학발전을 촉진시킨다.
  - 의료인의 근무시간이 길어 서비스를 받을 기회가 증가한다.
- 단점
  - 과잉진료로 의료비가 상승할 수 있다.
  - 단가가 높은 고급의료에 치중하게 된다.
  - 환자를 계속해서 치료하려고 한다.
  - 행정적으로 복잡하여 관리비가 많이 든다.
  - 의료의 자본주의화를 초래한다.
  - 유형적인 진료에 치중하게 된다.
  - 인기·비인기 진료과목이 생긴다.

12

경제, 문화, 국민성 등의 수준이 높아짐에 따라 사회적 여건과 관계가 깊은 성병, 감염성 간염과 같은 사회질병이 증가하는 추세이다.

13

- 매독 : 모체의 태반을 통하여 피부점막, 혈액으로 침입하여 발병한다.
- 풍진 : 임신 초기에 이환되었을 때 태아에게 영향을 미친다.

14

① 감수성 : 질병에 열려있는 상태, 감염될 수 있는 능력
② 감염 : 병원체가 숙주 안에서 발육 또는 증식하여 생기는 병리학적인 상태
③ 감염기 : 병원체가 숙주의 몸에서 밖으로 탈출을 시작하고부터 탈출이 끝난 때까지의 기간
④ 공생 : 두 생물이 서로 피해를 주지 않고 근접한 환경에서 살아가는 관계

15

발진열과 발진티푸스는 리케치아(Richettsia)에 의하여 나타나는 질병으로 쥐나 이의 분변으로 감염된다.

16

질병발생의 3대 요소

병인, 숙주, 환경

17

역학의 시간적 현상

- 추세적(장기적) 변화 : 수십 년 이상의 주기로 유행
- 순환적(주기적) 변화 : 수년의 주기로 반복 유행
- 계절적 변화 : 1년을 주기로 반복 유행
- 불규칙적 변화 : 외래감염병이 국내 침입 시 돌발적으로 유행
- 단기적 변화 : 시간별, 날짜별, 주 단위로 변화하는 것

18

표준정규분포의 평균치는 0이고 표준편차는 1이다.

19

인공능동면역(백신 접종 후 면역)

- 생균백신 : 두창, 홍역, 탄저, 광견병, 결핵, 황열, 폴리오(Sabin)
- 사균백신 : 장티푸스, 파라티푸스, 콜레라, 백일해, 일본뇌염, 폴리오(Salk)
- 톡소이드 : 디프테리아, 파상풍

20

질병명과 매개체

- 모기 : 말라리아, 뎅기열, 유행성뇌염, 황열, 사상충 등
- 파리 : 장티푸스, 파라티푸스, 이질, 콜레라, 디스토마, 화농성 질환, 나병, 기생충병 등
- 벼룩 : 페스트, 발진열 등
- 이 : 발진티푸스, 재귀열, 참호열 등
- 진드기 : 야토병, 록키산홍반열(참진드기), 쯔쯔가무시증(털진드기)

21

결핵 집단검진의 순서

X-선 간접 촬영 → X-선 직접 촬영 → 객담검사 및 각종 검사

22

재생산율

여자가 평생 낳는 여자아이의 평균수를 재생산이라 하고, 어머니의 사망률을 무시하는 재생산율을 총재생산율이라 하며, 사망을 고려하는 경우에는 순재생산율이라 한다.

23

① 교토의정서 : 기후변화협약에 따른 온실가스 배출감축 권고 협약
② 파리협정 : 2020년 이후 적용할 새로운 기후협약으로 1997년 채택한 교토의정서를 대체하는 것
③ 바젤협약 : 유해폐기물 처리의 국제 간 이동처리 규제에 관한 국제협약
④ 몬트리올의정서 : 오존층 파괴물질에 관한 협약

24

인구의 배가연수 : $\dfrac{70}{\gamma} = \dfrac{70}{7} = 10$

25

세계적으로 최초의 국세조사는 1749년 스웨덴에서 실시되었고, 우리나라는 1925년에 간이국세조사를 시작하였다(5년마다 실시).

26

우리나라는 5년마다 11월 1일을 기준으로 인구주택총조사를 실시하고 있다.

27

학교는 지역사회의 중심체이고, 학생들은 보건교육의 대상으로서 가장 능률적이며, 학부형에게도 간접적으로 보건교육을 실시할 수 있다.

28

성 비(Sex Ratio)

여자 100명에 대한 남자의 비율을 말한다.

- 1차 성비 : 태아 성비
- 2차 성비 : 출생 성비
- 3차 성비 : 현재 인구의 성비

29

모집단이란 조사대상의 전체를 말한다.

30

① PPBS : 계획 – 사업 – 예산 – 체계
② SA : 체계분석
④ PERT : 사업 – 평가 – 검열 – 기술
⑤ POSDCORB : 기획 – 조직 – 인사 – 지휘 – 조정
 – 보고 – 예산

31

칼슘(Ca)

체내 무기질 중 인체에 가장 많으며, 골격과 치아 형성, 혈액 항상성 유지, 혈액 응고 등에 관여한다. 결핍 시 성장 정지, 골격의 약화, 치아의 기형화, 구루병, 골다공증 등을 유발한다.

32

영아사망률

연간 영아사망수 / 연간 출생아수 × 1,000

33

부양비 = (비생산층인구 ÷ 생산층인구) × 100
　　　 = (60÷100) × 100 = 60

34

우리나라는 1949년에 65번째 가입국으로 WHO 서태평양지역의 소속이 되었다. WHO의 지역본부는 필리핀의 마닐라에 있고, 소속국은 한국, 중국, 호주, 일본, 말레이시아 등이다.

35

2021년 암발생 현황(2023년 12월 발표)

• 전체 : 갑상선암 > 대장암 > 폐암 > 위암 > 유방암
• 남자 : 폐암 > 위암 > 대장암 > 전립선암 > 간암
• 여자 : 유방암 > 갑상선암 > 대장암 > 폐암 > 위암

36

식품 보관방법

• 통조림 : 상온 보관
• 간장, 식초, 액젓 : 서늘한 곳
• 올리브유, 들기름 : 냉장실
• 마요네즈 : 여름 – 냉장실, 다른 계절 : 상온 보관
• 빵, 떡, 밥 : 냉동실
• 열대과일 : 서늘한 곳
• 뿌리채소 : 구멍 뚫린 망에 담아 서늘한 곳

37

방사선 투과력과 살균력

강한 순서 : γ선 > β선 > α선

38

식품의 보존법

• 화학적 보존법 : 염장법, 당장법, 산저장법(pH 조절), 화학물질 첨가
• 물리적 보존법 : 냉동 · 냉장법, 가열살균법, 탈수건조법, 자외선 조사, 방사선조사, 밀봉법

39

노스 곡선은 우유 성분 중 열에 가장 쉽게 파괴되는 크림선에는 영향을 미치지 않고 우유 중에 혼입된 병원미생물 중 열에 저항력이 강한 결핵균을 파괴할 수 있는 온도와 시간의 관계이다.

40

Enterococcus faecalis

장내구균 속에 속하는 그람양성 구균으로, 식품의 동결과 건조 시 잘 죽지 않는다는 점이 냉동식품과 건조식품의 분변오염 지표균으로 이용된다.

41

초기 부패로 판정할 수 있는 세균수는 식품 1g당 $10^{7\sim8}$ ($10^{7\sim8}$/g)이다.

42

HACCP 7원칙

위해요소(HA) 분석 → 중요관리점(CCP) 결정 → CCP 한계기준 설정 → CCP 모니터링체계 확립 → 개선조치 방법 수립 → 검증절차 및 방법 수립 → 문서화, 기록유지 방법 설정

43

브루셀라증

불규칙적인 발열이 특징으로, 파상열이라고도 한다. 인수공통감염병의 하나로 오염된 동물의 유즙이나 고기를 통해 감염되며 동물에게는 감염성 유산을 일으키고 사람에게는 열성 질환을 나타낸다.

44

바실러스(Bacillus)속

• 그람양성, 호기성, 내열성, 포자 형성, 간균이다.
• 토양을 중심으로 하여 자연계에 널리 분포한다.
• 식품의 오염균 중 대표적인 균이다.
• 전분 분해작용과 단백질 분해작용을 한다.

45

Rhizopus(리조푸스)속은 빵·곡류·과일 등에 번식하는 곰팡이로 알코올 발효공업에 이용하며 원예작물의 부패에 관여한다.

46

육류 부패 시의 pH는 산성(사후강직) → 중성(자기소화) → 알칼리성(부패)으로 변화된다.

47

요코가와흡충

다슬기를 제1중간숙주로, 담수어(잉어, 붕어, 은어)를 제2중간숙주로 하여 자란다.

48

보툴리누스균 식중독

• 1800년 독일 Kerner는 소시지 식중독에서 원인균 발견
• 균체는 열에 강하나(100℃에서 수 시간) 독소는 열에 약함(80℃에서 30분)
• 포자 형성, 주모성 편모, 혐기성 세균
• 세균성 식중독 중 치사율이 가장 높음
• 독소는 면역학적인 성질에 따라 A, B, C, D, E, F, G형의 7형으로 분류(식중독 유발 : A, B, E)

49

① 바실러스 세레우스 식중독은 독소형 식중독이다.
② · ③ · ④ · ⑤ 감염형 식중독이다.

50

장티푸스균은 주로 환자나 보균자의 배설물, 타액 등에 의해서 감염이 된다. 열에 약하고 예방접종으로 예방할 수 있다. 건강보균자의 담낭에서 서식하며 균을 퍼트린다.

51

포름알데히드(Formaldehyd)

• 무색의 기체이며 독성이 강하다.
• 단백질 변성작용으로 살균·방부 작용(0.1% 용액 : 포자 억제, 0.002% 용액 : 세균 억제)을 한다.
• 중독 시 두통, 위통, 구토 증상을 보인다.

52

Mycotoxin(곰팡이독, 진균독소)

곰팡이 대사산물로 독소는 내열성이 강하며, 식품을 오염시켜 가축이나 사람에게 식중독을 일으키는 발암성 물질이다.

53

황색포도상구균(Staphylococcus aureus)

식중독의 원인물질인 장독소 엔테로톡신을 생성하며 내열성이 강해 120℃에서 30분간 처리해도 파괴되지 않는다.

54

Morganella morganii

Histidine decarboxylase를 가지고 있어 Histidine을 분해시켜 축적한다. Morganella morganii가 축적시킨 Histamine은 알레르기성 식중독을 유발시킨다.

55

① 데히드로초산나트륨 : 보존제
② 차아염소산나트륨 : 살균제
③ 아질산나트륨 : 발색제
⑤ 규소수지 : 소포제

56

부 패

식품 중 단백질과 질소화합물을 함유한 식품성분이 혐기적인 조건에서 미생물의 작용으로 분해되어 악취와 유해물질을 생성하여 식품 가치를 잃어버리는 현상이다.

57

② Shigella dysenteriae : 세균성이질
③ Bordetella pertussis : 백일해
④ Mycobacterium tuberculosis : 결핵
⑤ Brucella suis : 브루셀라증

58

황변미독

• Penicillum속의 곰팡이가 저장 중인 쌀에 번식할 때 생성하는 독소이다.
• 종류 : Penicillium citreoviride, Penicillium islandicum, Penicillium citrinum 등

59

회 충

• 대변에서 나온 충란에 감염
• 음식과 함께 인체로 들어가서 장에서 약 15시간 안에 탈피하여 장간막을 뚫고 간으로 침입
• 증 상
  – 심한 때에는 복통, 권태, 피로감, 두통, 발열 발생
  – 어린이는 이미증을 나타내며, 맹장이나 수담관 등에 침입하여 장폐색증, 복막염 발생

60

돼지고기의 섭취로 감염되는 기생충에는 톡소플라스마, 선모충, 유구조충 등이 있다.

61

포도상구균 식중독의 원인균은 황색포도상구균이다. 이는 엔테로톡신이라는 장독소로 인해 발생한다. 우유, 크림, 버터 등 유가공품, 떡, 콩가루, 김밥 등 조리식품이 원인식품이다. 잠복기는 1~6시간으로 짧은 편이다.

62

경구감염병의 분류

• 세균성 : 세균성이질, 장티푸스, 파라티푸스, 콜레라, 성홍열, 디프테리아, 브루셀라증 등
• 바이러스성 : 유행성간염, 급성회백수염(폴리오), 전염성설사증, 인플루엔자 등

63

요 충

• 성충은 장에서 나와 항문 주위에 산란하는데 주로 밤에 출몰(주로 맹장 주위에 기생)
• 증상 : 항문 주위의 가려움, 긁힘, 습진, 피부염, 불면증, 신경증
• 검사 : 스카치테이프 검출법 사용

64

장염비브리오균(Vibrio parahaemolyticus)

• 해수세균의 일종(3~5% 소금물 생육)
• 그람음성, 무포자, 간균, 통성혐기성, 단모성 편모, 호염성
• 생육 최적 온도 30~37℃, 최적 pH 7~8

65

용혈성요독증후군(HUS)을 유발하며, O157:H7균으로 유명한 것은 장관출혈성 대장균(EHEC)이다.

66

일반적으로 식품 중의 생균수 $10^7 \sim 10^8$/g, 트리메틸아민 함량 3~4mg% 이상, 휘발성 염기질소량 30mg/100g이면 초기부패 단계로 본다.

67

아크릴아마이드

- 1997년 스웨덴에서 철도터널공사 노동자들에게 공해병으로 처음 발생
- 음식물에서 발견된 화학물질 중 가장 발암성이 높음
- 감자나 식빵같은 탄수화물을 굽거나 튀길 때 발생(일반적으로 120℃ 이상)

68

자비소독법

대상 물품을 100℃가 넘지 않는 물에서 15~20분간 처리하는 방법으로, 끓는 물이 100℃를 넘지 않으므로 완전 멸균을 기대할 수는 없다.

69

아질산나트륨, 질산나트륨, 질산칼륨은 식육가공품에서 0.07g/kg 이상 남지 않도록 사용해야 한다.

70

① 미치광이풀, ③ 모시조개, 바지락, 굴, ④ 독버섯, ⑤ 복어독에 해당한다.

71

글리실리진산2나트륨은 간장과 된장에만 허용된다.

72

① 말토리진 : Aspergillus속이 생성하는 신경독이다.
② 아플라톡신 : Aspergillus속이 생성하는 간장독이다.
③ 오크라톡신 : Aspergillus속이 생성하는 간장독이다.
④ 제랄레논 : Fusarium속이 생성하는 독소로 가축의 이상발정 증세를 초래한다.

73

Co-60

식품에서 발아억제, 살충, 숙도조절 등을 목적으로 사용되는 동위원소이다.

74

치즈, 버터, 마가린에 허용된 방부제는 DHA이며, 된장, 고추장, 식육은 Sorbic acid, 청량음료는 Benzoic acid을 방부제로 허용하고 있다.

75

② Muscarine : 독버섯
③ Gossypol : 면실유
④ Amygdalin : 청매실
⑤ Cicutoxin : 독미나리

4회 | 3교시 정답 및 해설

01	02	03	04	05	06	07	08	09	10
②	④	③	②	③	③	②	③	②	③
11	12	13	14	15	16	17	18	19	20
④	①	⑤	④	④	⑤	③	④	②	⑤
21	22	23	24	25	26	27	28	29	30
③	③	②	①	③	⑤	②	⑤	③	⑤
31	32	33	34	35	36	37	38	39	40
④	①	②	①	⑤	⑤	⑤	②	③	④

01

대기오염공정시험기준에서 연소시설, 폐기물소각시설 및 기타 산업공정의 배출시설을 대상으로 굴뚝 배출가스의 입자상 물질 중 공기역학적 직경이 10μm(PM-10)와 2.5μm(PM-2.5) 이하인 미세먼지에 대한 측정을 수행하는 경우에 대하여 규정한다.

02

소음계 측정 시 일반지역의 경우에는 가능한 한 측정점 반경 3.5m 이내에 장애물(담, 건물, 기타 반사성 구조물 등)이 없는 지점의 지면 위 1.2~1.5m로 한다.

03

원자흡수분광광도법

- 시료를 중성원자로 증기화하여 생긴 바닥상태의 원자가 이 원자 증기층을 투과하는 특유 파장의 빛을 흡수하는 현상을 이용하여 광전측광과 같은 개개의 특유 파장에 대한 흡광도를 측정하여 시료 중의 원소 농도를 정량하는 방법이다.
- 측정장치 : 광원부 → 시료원자화부 → 단색화부 → 측광부

04

스토크스의 법칙(Stokes' Law)

미립자의 침강속도와 그에 영향을 주는 요소와의 관계에 대한 식으로, 완만하고 일정한 흐름의 유체 속에 있는 미립자의 유체로부터 받는 저항력에 관한 법칙이다.

05

① 응집 : 액체 또는 기체 중에 분산해 있는 미립자가 결합해서 큰 입자를 만드는 현상
② 중화 : 산과 염기가 당량씩 반응하여 산 및 염기로서의 성질을 잃는 현상
④ 탈착 : 흡착 상태의 물질이 흡착 계면에서 이탈하는 현상
⑤ 침전 : 액체 속에 존재하는 작은 고체가 액체 바닥에 가라앉아 쌓이는 현상

06

링겔만차트

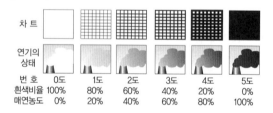

07

96dB(A) − 93dB(A) = 3dB(A)이므로, 표에서 측정소음도와 암소음의 차 3은 보정치가 −3이다. 따라서 보정대상소음은 96dB(A) − 3dB(A) = 93dB(A)이다.

08

역성비누(양성비누)

- 원액(10% 용액)을 200~400배로 희석해서 5~10분간 처리
- 결핵균에는 살균력이 떨어지고, 보통비누와 같이 사용하면 효력이 떨어짐
- 손이나 식기의 소독에 이용
- 4급 암모늄염이 주성분

09

소음계와 측정자와의 거리는 0.5m(50cm)가 적당하다.

10

세균여과법

가열멸균이 되지 않은 액체에서 세균을 분리시키는 여과장치(bacterial filter)를 이용하여 살균하는 방법이다.

11

용존산소(DO) 측정순서

시료 300mL → $MnSO_4$과 아지드용액 → 황산(H_2SO_4) → 검수 200mL → 티오황산나트륨($Na_2S_2O_3$) → 전분액 → 티오황산나트륨으로 청색에서 무색이 될 때까지 적정하여 계산한다.

12

로우볼륨에어샘플러(Low Volume Air Sampler)는 직경이 10μm 이하(비산먼지)의 입자상 물질을 포집하는 데 사용한다.

13

① 사염화탄소는 0.002mg/L를 넘지 아니할 것
② 페놀은 0.005mg/L를 넘지 아니할 것
③ 벤젠은 0.01mg/L를 넘지 아니할 것
④ 톨루엔은 0.7mg/L를 넘지 아니할 것

14

프탈레이트(Phthalate)

플라스틱, 화장품, 장난감 등의 폴리염화비닐(PVC) 제품을 부드럽게 만들기 위해 사용하는 것으로 내분비계 교란을 일으키는 환경호르몬이다.

15

BOD란 수중의 오염원이 될 수 있는 물질이 미생물에 의해 산화되어 무기성의 산화물과 가스체가 될 때의 소비량을 ppm으로 계산한 것이다.

18

휘발성 염기질소(VBN)

단백질 식품은 신선도 저하와 함께 아민이나 암모니아 등을 생성한다. 어육과 식육의 신선도를 나타내는 지표로 이용되며 초기부패 어육에서는 30~40mg%이 검출된다.

19

벽의 설비

- 주방의 벽면은 매끈하고, 불침투성 재료와 밝은 색 사용
- 바닥에서 벽면 1.5m까지 내수성 자재의 설비 및 방균 페인트로 도색
- 창문 및 환기시설을 설치하고 창문과 벽면은 50°의 경사 유지

20

회 충

- 크기 : 암컷 20~35cm, 수컷 15~25cm
- 색 : 연한 분홍색 또는 누런빛을 띤 흰색
- 서식장소 : 소장
- 특징 : 경구침입, 장내 군거생활
- 예방 : 채소류를 흐르는 물에 3회 이상 씻은 후 섭취

21

통조림 표시법

MOYL	• MO : 품종 • Y : 조리방법 • L : 크기
LAAC	제조회사 고유번호
3D02	• 3 : 제조연도 • D : 제조월, December(12월) • 02 : 제조날짜

22

냉장고 보관

- 상 : 0~3℃(어류, 육류, 가금류)
- 중 : 5℃ 이하(알류, 유제품)
- 하 : 7~10℃(과실류, 채소류)

23

식품 자체 내의 위해요소 관리

- SSOP(Sanitation Standard Operating Procedures) : 일반위생관리기준, 식품의 취급 중 외부에서 오염원이 혼입되어 식품이 오염되는 것을 방지
- MP(Good Manufacturing Practice) : 적정제조기준, 최소한의 제조환경과 위생 및 공정에 대한 요구사항

24

황색포도상구균(Staphylococcus aureus)

- 잠복기 : 평균 3시간으로 세균성 식중독 중 잠복기가 가장 짧음
- 주요증상 : 구역질, 구토, 복통, 설사
- 예방 : 조리사의 위생관리, 화농성 환자의 식품 취급 금지

25

곤충의 두부형태

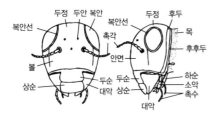

26

① 집파리, ② 침파리, ④ 쉬파리, ⑤ 빈대에 해당한다.

27

바 퀴

- 역삼각형의 작은 두부
- Y자형의 두 개 선
- 긴 편상의 촉각
- 저작형 구기

28

모기의 유충

- 학질모기아과 : 호흡관이 없고, 장상모가 있어 수면에 수평으로 뜬다.
- 보통모기아과 : 배 끝에 호흡관이 발달했으며, 수면에 수직으로 매달린다.

30

그림은 사람을 주로 흡혈하는 사람벼룩으로, 크기는 2~4mm 정도이고 중흉측선이 없다.

31

㉠ 흡수형(의기관의 면), ㉡ 컵형(의기관의 관), ㉢ 긁는형(전구치), ㉣ 직접섭취형(상순과 하인두)이다.

32

세균의 형태

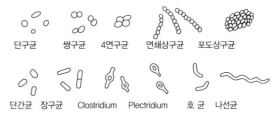

33

보툴리누스균

그람양성의 포자를 형성하는 편성혐기성 간균으로 균 자체에는 병원성이 없고 입을 통해 섭취해도 무해하다. 그러나 이 균의 포자가 햄이나 소시지, 통조림 등 혐기성 조건하에 있는 식품 속에서 발아·증식하면 균체 외 독소를 생성하는데, 이것을 먹으면 중증인 식중독을 일으킨다. 독소인 뉴로톡신은 80℃에서 30분 가열하면 파괴되어 무독화된다.

34

저작형 구기는 상순, 하순, 1쌍의 대악, 1쌍의 소악으로 이루어져 있으며, 바퀴는 전형적인 저작형 구기를 가지고 있다.

35

식품공전에 따른 살균법

- 저온장시간살균법 : 63~65℃에서 30분간
- 고온단시간살균법 : 72~75℃에서 15~20초간
- 초고온순간처리법 : 130~150℃에서 0.5~5초간

36

노즐의 종류

부채형　　직선형　　원추형　　중공원추형

37

벼룩의 형태

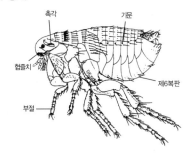

38

독나방

독나방의 날개 밑에 있는 가루나 유충의 독모가 피부에 닿으면 염증을 일으키게 된다. 따끔거림과 가려움증이 나타나고 그 뒤 마치 뿌려놓은 듯한 붉은 반점이 생긴다.

39

참진드기는 세계적으로 널리 분포하고 있는 대형 진드기로, 등면에 순판을 가지고 있어 공주진드기와 구별된다. 크기는 종류에 따라 1~9mm이고, 암컷과 수컷 모두 흡혈한다. 록키산홍반열, 라임병 등을 전파한다.

40

사면발니는 원형의 형태로 가슴이 넓고 다리가 좌우로 뻗어 게를 닮았다. 사람의 음모, 겨드랑이털, 눈썹 등에 서식하며, 감염된 환자는 극심한 가려움을 느낀다.

01	02	03	04	05	06	07	08	09	10
④	①	④	①	④	①	⑤	⑤	⑤	③
11	12	13	14	15	16	17	18	19	20
②	①	①	③	②	③	①	②	②	⑤
21	22	23	24	25	26	27	28	29	30
②	③	②	⑤	③	④	③	⑤	②	⑤
31	32	33	34	35	36	37	38	39	40
②	①	②	①	④	③	①	③	③	①
41	42	43	44	45	46	47	48	49	50
⑤	③	①	③	②	⑤	③	①	①	⑤
51	52	53	54	55	56	57	58	59	60
①	②	③	③	①	④	①	⑤	⑤	①
61	62	63	64	65	66	67	68	69	70
③	②	⑤	①	⑤	③	⑤	⑤	②	④
71	72	73	74	75	76	77	78	79	80
④	④	③	⑤	④	①	⑤	①	①	②
81	82	83	84	85	86	87	88	89	90
⑤	⑤	③	⑤	⑤	②	⑤	②	⑤	②
91	92	93	94	95	96	97	98	99	100
②	①	②	③	④	①	①	③	①	②
101	102	103	104	105					
⑤	②	④	⑤	⑤					

1과목 | 환경위생학

01

산성비란 대기 중에 방출된 산성물질들이 강우와 함께 내려 pH 5.6 이하의 비를 말한다.

02

감각온도란 온도, 습도(100%), 기류(무풍)의 3가지 인자에 의해 이루어지는 체감온도를 말한다. 예를 들어 온도 18℃, 습도 100%, 무기류에서의 감각온도는 18℃이다.

03

상대(비교)습도

현재 공기 1m³가 포화상태에서 함유할 수 있는 수증기량과 그중에 함유되어 있는 수증기량과의 비를 %로 표시한 것을 말한다. 보통 공기 중의 절대습도는 절대온도의 상승에 따라 상승하나 상대(비교)습도는 기온변화와 반대이며, 안정 시 적당한 착의 상태에서 가장 쾌감을 느낄 수 있는 것은 온도 18℃, 습도 60~65% 정도이다. (절대습도÷포화습도)×100으로 표시한다.

04

군집독을 일으키는 가스의 변화

CO_2 증가, O_2 감소, 악취 증가, 기타 가스의 증가

05

공기의 자정작용

인간의 호흡작용과 활동, 물질의 연소, 부패 등으로 CO_2는 자연계로 배출된다. 식물에서는 반대로 대기 중의 CO_2를 탄소동화작용을 이용하여 O_2를 방출하는 등의 작용으로 대기는 다음과 같은 자정작용이 일어난다.
- 공기 자체의 희석작용
- 강우에 의한 세정작용
- 산소(O_2), 오존(O_3) 및 과산화수소(H_2O_2) 등에 의한 산화작용
- 태양광선 중 자외선에 의한 살균작용
- 식물의 탄소동화작용에 의한 CO_2와 O_2의 교환작용
- 중력에 의한 침강작용

06

표준대기압
- 0℃의 상태에서 표준 중력일 때에 높이 760mm의 수은주가 그 밑면에 가하는 압력에 해당하는 기압이며, 이것을 1기압(1atm)으로 한다.
- 1atm = 1013.25hPa = 1013.25mb = 760mmHg

07

집진장치의 제진 효율
- 중력 집진장치 : 40~60%
- 관성력 집진장치 : 50~70%
- 원심력 집진장치 : 85~95%
- 세정 집진장치 : 85~95%
- 여과 집진장치 : 90~99%
- 전기 집진장치 : 90~99.9%

08

일산화탄소 중독의 이중 작용
CO의 Hb에 대한 결합력은 O_2에 비해 200~300배나 강하며, Hb이 O_2와 결합하는 것을 방해하여 혈중 O_2 농도가 저하됨으로써 조직 세포에 공급할 O_2의 부족을 초래한다.

09

목욕장 욕수의 수질기준
- 원 수
  - 색도 : 5도 이하
  - 탁도 : 1NTU 이하
  - 수소이온농도 : 5.8 이상 8.6 이하
  - 과망간산칼륨 소비량 : 10mg/L 이하
  - 총대장균군 : 100mL 중 검출 ×
- 욕조수
  - 탁도 : 1.6NTU 이하
  - 과망간산칼륨 소비량 : 25mg/L 이하
  - 대장균군 : 1mL 중 1개 초과 검출 ×

10

살균력 순서
오존(O_3) > HOCl > OCl⁻ > Chloramine

11

질소산화물이나 탄화수소가 자외선에 의해 분해되어 발생하는 오존이 다시 탄화수소와 결합하여 광화학적 반응이 나타난다.

12

벨기에의 뮤즈계곡 사건, 미국의 도노라사건 및 런던 스모그 사건 모두 SO_2가 원인으로 작용한 대기오염 사건이다.

13

링겔만 차트(Ringelmann Chart)는 매연농도를 측정할 때 사용하는 기준표이다. 보통 가로 14cm, 세로 20cm의 백상지에 각각 0, 1.0, 2.3, 3.7, 5.5mm 선폭의 격자형 흑선을 그려 백상지의 흑선 부분이 전체의 0%, 20%, 40%, 60%, 80%, 100%를 차지하도록 하여 이 흑선과 연도에서 배출되는 검댕의 검은 정도를 비교하여 각각 0에서 5도까지 6종으로 분류한다.

14

①·②·④·⑤ 급속여과법에 해당한다.

완속여과법
영국식 여과법이며, 건설 시 광대한 면적이 필요하고, 건설비가 많이 든다. 저탁도에 적합하며, 모래층 청소는 사면대치에 의한다.

15

응집보조제는 황산실리카, 활성탄, 석회분말, 벤토나이트 등으로 사용되며, 이 중 활성탄, 벤토나이트는 천연응집제이다.

16

호기성 처리는 산소를 이용하는 미생물의 호기성 호흡을 이용하는 것으로, 유기물이 분해되어 이산화탄소와 물이 생성된다.

17

지표수

- 상수도의 원수로 이용된다.
- 원수는 우수에 의존한다.
- 오염되기 쉬운 미생물과 세균이 다량 번식한다.
- 부식성이 있고, 부유성 유기물을 다량 함유하고 있다.
- 비교적 심한 수질변동을 갖는다.
- 구성성분이 유동적이고, pH 변화가 심하다.

18

잠함병

깊은 바닷속은 수압이 매우 높기 때문에 호흡을 통해 몸 속으로 들어간 질소기체가 체외로 잘 빠져나가지 못하고 혈액 속에 녹게 된다. 그러다 수면 위로 빠르게 올라오면 체내에 녹아 있던 질소기체가 갑작스럽게 기포를 만들면서 혈액 속을 돌아다니게 된다. 이것이 몸에 통증을 유발하게 되며 마비증상이 발생한다. 질소는 지방 > 물 > 혈액 순으로 용해된다.

19

온열인자의 요소

기온, 기습, 기류, 복사열

20

1g의 라듐과 같은 양의 방사선을 방출하는 라듐의 양은 Curie이다.

21

쓰레기 처리법

- 소각 : 태울 수 있는 것은 모두 태우는 방법
- 투기 : 적당한 지면이나 바다에 버리는 비위생적인 방법
- 가축사료 : 부엌쓰레기를 가축의 사료로 사용하는 방법
- 매립 : 저습지나 얕은 해안을 한쪽부터 순차로 매립해 가는 방법
- 위생적 매립 : 쓰레기의 두께를 3m가 넘지 않을 정도로 매립하고 흙을 15~30cm 또는 60~100cm 두께로 덮는 방법
- 퇴비화 : 유기성 물질을 호기성 내지 반호기성 조건으로 퇴적하여 미생물에 의해 부패시켜 퇴비로 이용하는 방법

22

① 건수율, ② 강도율, ⑤ 중독률에 해당한다.

23

손상성폐기물

주사바늘, 봉합바늘, 수술용 칼날, 한방침, 치과용침, 파손된 유리재질의 시험기구

24

비스페놀 A(bisphenol A)

- 에폭시수지, 폴리카보네이트 등 플라스틱 제조의 주원료로 사용한다.
- 통조림 캔·수도관 내장 코팅제, 종이영수증, 치과레진, 생수용기 등에 포함된 물질이다.

25

고압증기멸균법

- Autoclave에서 121℃, 15~20분간 실시
- 포자형성균의 멸균

포자형성균

열과 화학물질에 대한 저항성이 매우 높아 100℃에서 몇 시간이 지나도 파괴되지 않으며 소독제에 대해서도 저항성이 강하다.

26

승홍은 살균력이 강하여 0.1%(1,000배 희석)로 사용한다.

27

의복의 방한력의 단위는 클로(CLO)이다. 기온이 8.8℃ 하강할 때마다 1CLO의 피복이 필요하다.

28

연(납, Pb) 중독

- 직업 : 자동차의 배출가스, 노후 페인트, 농약, 인쇄소, 용접작업
- 무기연의 피해 : 안면창백 현상, 사지의 신경마비 등
- 유기연의 피해 : 빈혈, 불면증, 체온저하, 혈압저하 등

29

크레졸에 대한 설명이다. 이성체 중 M-크레졸의 살균력이 가장 강하고 독성은 가장 약하다.

30

⑤ 광속(lumen) : 광원으로부터 단위시간당 단위면적에서 나오는 빛의 양

① 반사율(reflection) : 반사광의 에너지와 입사광의 에너지의 비율

② 조도(illumination) : 빛에 조사되는 단위면적의 밝기

③ 휘도(luminance) : 광원의 단위면적당의 광도

④ 광도(candela) : 광원에서 나오는 빛의 강도

31

① 크롬(Cr^{6+}) 중독 : 비중격천공

③ 비소(As) 중독 : 흑피증

④ 연(납, Pb, Lead) 중독 : 조혈기능 장애

⑤ 수은(Hg) 중독 : 미나마타병

32

분뇨 정화조

부패조 → 예비 여과조 → 산화조 → 소독조이며, 호기성균이 가장 활발한 곳은 산화조이다.

33

응집(Coagulation)

진흙, 입자, 유기물, 세균, 조류, 색소, 콜로이드 등 탁도를 유발하는 불순물을 제거하기 위해 사용되며, 맛과 냄새의 제거도 가능하다.

34

먹는물에서 총대장균군은 100mL(샘물·먹는샘물, 염지하수·먹는염지하수 및 먹는해양심층수의 경우에는 250mL)에서 검출되지 아니하여야 한다.

35

분뇨 악취 발생의 원인이 되는 가스로 NH_3, H_2S 등이 있다.

36

점오염원

가정하수·산업폐수·축산폐수 등 오염의 발생원을 특정할 수 있는 경우를 말한다.

37

간접조명

빛의 전부를 천장이나 벽면에 투사하여 그 반사광으로 조명하는 방법이다. 눈의 피로가 가장 적으며 온화한 조명을 얻을 수 있고, 음영이나 현휘도 생기지 않는다.

38

기관지 침착률이 가장 큰 입자의 크기는 0.5~5μm(마이크로미터)이다. 따라서 0.5μm 이하의 입자는 호흡을 통해 밖으로 배출되며, 5μm 이상의 입자는 기관지 점막에 침착하여 객담과 함께 배출되거나 식도를 통해 위 속으로 넘어가 배설된다.

39

우리 몸에서 가장 많은 열을 생산하는 곳은 골격근(근육)이다. 골격근은 뼈에 붙어 있는 근육으로, 전체 열 생산량 중 가장 많은 부분을 차지하고, 그다음으로는 간이 차지한다.

40

태양광선의 파장

γ-선 < X-선 < 자외선 < 가시광선 < 적외선

41

도노선(Dorno-ray)의 파장은 2,800~3,200Å이다.

42

하수 처리의 경우 혐기성 미생물을 사용하여 유기물을 분해시키므로 메탄(CH_4)이 많이 발생한다.

43

물의 자정 작용

• 물리적 작용 : 희석, 확산, 혼합, 여과, 침전, 흡착
• 화학적 작용 : 중화, 응집, 산화·환원작용
• 생물학적 작용 : 주로 호기성 미생물에 의한 유기물질 분해작용

44

염소 소독은 파괴점(Break Point) 이상으로 염소를 주입한다.

45

육체적 작업강도의 지표로서 에너지 대사율(RMR ; Relative Metabolic Rate)이 사용된다.

46

경도(hardness)는 물속에 용해되어 있는 Ca^{2+}, Mg^{2+} 등의 2가 양이온 금속이온에 의하여 발생하며 이에 대응하는 $CaCO_3$ppm으로 환산 표시한 값으로, 물의 세기를 나타낸다. 물의 경도는 주로 토양과 암석층을 통과한 물에서 얻어지므로, 지하수는 일반적으로 지표수보다 경도가 높다.

47

부영양화

질소(N), 인(P), 탄소(C) 등은 조류의 영양분이 되며, 저수지나 호수에 축적되고 유입될 때 부영양화 현상이 일어난다.

48

채광 효율을 높이기 위한 방법

• 거실의 안쪽 길이는 바닥에서 창틀 윗부분의 1.5배 이하인 것이 좋다.
• 창은 남향이 좋다.
• 채광과 환기를 위해 세로로 된 높은 창이 좋다.
• 창의 면적은 바닥 면적의 1/7~1/5 이상 되는 것이 좋다.
• 개각(가시각)은 4~5° 이상, 입사각(앙각)은 27~28° 이상이 좋다.

49

산업피로

• 외부적 요인 : 작업환경조건, 작업부하, 작업편성과 작업시간, 대인관계, 통근, 가정의 생활조건
• 내부적 요인 : 성별, 연령, 숙련도, 영양상태, 육체적·정신적 건강상태

50

용존산소가 증가하는 조건

• 기압이 높을수록
• 수온이 낮을수록
• 난류가 클수록
• 유속이 빠를수록
• 하천의 경사가 급할수록
• 염분이 낮을수록(담수의 DO가 해수의 DO보다 높은 이유는 염도가 낮기 때문이다)

2과목 | 위생곤충학

51

뉴슨스는 질병을 매개하지 않고 단순히 사람에게 불쾌감, 혐오감 등을 주는 곤충으로 깔따구, 노린재, 귀뚜라미, 하루살이 등이 있다. 이런 감정은 주관적인 것으로 사람마다 다르다. 농촌에서는 문제가 되지 않는 곤충이 도시에서는 영업 방해, 악취 등 문제를 일으키고 있다.

52

변 태

• 완전변태 : 알 - 유충 - 번데기 - 성충(벼룩, 파리, 모기, 나방, 등에 등)
• 불완전변태 : 알 - 유충 - 성충(이, 바퀴, 빈대, 진드기 등)

53

발육증식형

곤충이 병원균 감염 시에 발육과 증식을 함께 하는 것으로 말라리아, 수면병이 속한다.

54

모기과는 학질모기아과, 보통모기아과, 왕모기아과로 분류되며 학질모기아과에는 얼룩날개모기속, 보통모기아과에는 숲모기속·집모기속·늪모기속이 있다.

55

모기의 발생원

• 중국얼룩날개모기 : 대형정지수(논, 개울, 연못)와 흐르는 물
• 빨간집모기 : 인가 주변의 인공용기, 고인 물, 웅덩이, 배수지, 하수도, 정화조
• 작은빨간집모기 : 대형정지수(논, 개울, 연못, 늪지대, 호수)
• 토고숲모기 : 해변가의 바위나 웅덩이에 고인 빗물이나 바닷물(염수+빗물 또는 담수)

56

깔따구

• 구기가 퇴화되었으며, 날개는 1쌍이고, 날개나 몸에 비늘이 전혀 없다.
• 알레르기성 질환인 기관지 천식, 아토피성 피부염 및 비염을 일으키는 알레르기원(Allergen)이 된다.

57

빈대는 불완전변태를 하는 곤충으로, 약충과 성충의 서식지가 같다.

58

작은소참진드기

• 진드기아강, 참진드기목, 참진드기과, 엉에참진드기속이다.
• 한국, 일본, 러시아, 중국, 오스트레일리아, 뉴질랜드에 분포한다.
• 성충 기준으로 3mm 정도의 크기를 가지며, 흡혈할 경우 10mm까지 커진다.
• 물릴 경우 중증열성혈소판감소증후군(SFTS)을 감염시킨다.

59

마이크로캡슐(Microcapsule)

• 기존 약제의 결점을 보완하기 위해 살충제 입자에 피막을 씌우는 것이다.
• 입자크기는 20~30μm인 것이 좋다.
• 장점 : 안정성이 높음, 잔류기간 연장 가능, 냄새 없음, 기피성 감소

60

바퀴의 특성

바퀴는 다른 해충보다 면역성이 강하고 군거성이며 높은 온도(30℃ 이상)를 선호한다. 주로 야간에 활동하며, 번식력이 강하고 몸은 납작하며 어두운 곳을 좋아한다. 감염병인 콜레라·이질·소아마비·식중독의 병원체를 매개시키는 해충이다.

61

바퀴벌레의 종류 및 특성

구 분	독일바퀴	이질바퀴	먹바퀴	집바퀴
분 포	전국적	남부지방	제주도지방	중부지방
체 장	10~15mm	35~40mm	30~38mm	20~25mm
체 색	밝은 황색	광택 있는 적갈색	광택 있는 암갈색	흑갈색
전흉배판	2줄 흑색 종대	가장자리 황색윤상	×	×
날 개	• 암컷 : 복부선단까지 덮고 있음 • 수컷 : 복부선단이 약간 노출	• 암컷 : 복부와 길이가 같음 • 수컷 : 복부선단이 약간 노출	암수 길이가 같음	• 암컷 : 복부 반까지 덮고 있음 • 수컷 : 복부 끝까지 덮고 있음
알의 부화기간	3주	30~45일	40~60일	24~35일
알의 수	37~44개 (평균 40개)	14~18개 (평균 16개)	18~27개	12~17개
난협 산출수	4~8개	21~59개	20개 내외	14개
자충탈피 횟수	5~7회	7~13회	9~12회	9회
자충기간	30~60일	7~13개월	10~14개월	6개월
수 명	100일	1년	1년	3~4개월

62

매개체와 질병명

- 파 리
  - 소화기계 감염병 : 장티푸스, 파라티푸스, 콜레라, 세균성 및 아메바성이질, 살모넬라증 등
  - 그 밖에 결핵균, 나균, 화농균, 소아마비 등
- 모기 : 말라리아, 일본뇌염, 사상충증, 황열, 뎅기열 등
- 바퀴 : 이질, 콜레라, 장티푸스, 살모넬라, 소아마비 등
- 벼룩 : 페스트, 발진열 등
- 이 : 발진티푸스, 참호열, 재귀열 등
- 쥐
  - 세균성 질환 : 페스트, 렙토스피라증, 서교증, 이질, 살모넬라증 등
  - 리케치아 질환 : 발진열, 쯔쯔가무시증
  - 바이러스 질환 : 유행성출혈열
  - 기생충 질환 : 아메바성이질

63

독나방

독나방은 군서성으로, 연 1회(성충은 7월 중순~8월 상순) 발생한다. 종령기에 가장 많은 독모가 있으며, 야간 활동성을 보이며, 성충의 수명은 7~9일이다. 독모가 복부 털에 부착되어 있으며, 접촉하면 피부염을 유발한다.

64

땅 벌

땅 속에 여러 층의 집을 짓는 특성이 있으며 사람들이 모르고 벌집을 건드렸다가는 독침에 물리는 피해를 입기도 한다.

65

시궁쥐(집쥐)

- 다른 쥐에 비해 몸이 약간 크며, 몸무게는 300~600g이다.
- 몸통에 비하여 꼬리가 약간 짧고 굵으며 귀와 눈이 몸집에 비해 작다.
- 보통 야간에 부엌, 목욕탕, 변소, 축사, 하수구 등에 출현한다.
- 땅을 파고 서식하며 흑색, 갈색 등의 색깔을 띤다.
- 1회 평균 출산수는 8~12마리이다.

66

구충 · 구서의 원칙

우선적으로 발생원(서식처)을 제거하여 쥐의 서식처를 제공하지 않도록 하고, 쥐가 먹을 수 있는 음식이나 곡물의 관리를 철저히 한다.

67

가열연막 소독

- 새벽과 저녁에만 살포 가능하다.
- 대기오염을 일으킬 수 있다.
- 분사구(노즐)는 45° 하향한다.
- 바람을 등지고 살포한다.
- 지형이나 도로 조건에 따라 살포폭을 조정한다.

68

① 토고숲모기 : 사상충증
② 흰줄숲모기 : 뎅기열, 황열
③ 중국얼룩날개모기 : 말라리아
④ 작은빨간집모기 : 일본뇌염

69

먹파리는 기생충증의 일종인 회선사상충증을 매개한다.

70

집바퀴(일본바퀴)

- 저온에 적응한 바퀴로 북방에 서식하는 특이종이다.
- 체색이 무광택이다.
- 앞가슴 등판에 요철 있다.
- 옥외서식 개체는 겨울에 동면한다.

71

들쥐는 주로 농작물의 피해나 유행성출혈열 전파와 관계가 있다.

72

① 중국얼룩날개모기 – 말라리아 – 발육증식형
② 작은빨간집모기 – 일본뇌염 – 증식형
③ 진드기 – 쯔쯔가무시증 – 경란형
⑤ 토고숲모기 – 사상충증 – 발육형

73

디트(DEET)

- 전세계적으로 널리 사용하고 있는 기피제 성분으로, 해충 퇴치 효과가 뛰어나지만 안전성 논란이 있어 연령, 빈도, 사용함량 등을 제한하고 있다.
- 모기, 진드기, 이, 벼룩, 파리, 빈대 등에 유효하다

74

피레트로이드계(합성 제충국계)

- 일반적으로 저독성, 속효성이다.
- 잔류기간이 짧고 온혈동물에 위해성이 낮다.
- 가정, 식품공장, 목장, 창고, 온실 등에 사용한다.
- 최근에는 모기와 곤충에까지 사용량이 점차 증가된다.

75

교차 저항성

화학구조가 유사한 다른 약제에 대하여 자동적으로 저항성을 나타내는 경우로 그 종류로는 디엘드린 계통의 염소화 환상화합물, 유기염소제, 피레트로이드계 등이 있다.

76

유기염소제 살충제에는 DDT, γ-HCH, Chlordane, Dieldrin 등이 있으며, 이들은 살충력이 높고 잔효기간이 길다.

77

수화제

DDT, 클로르덴 등의 혼합물에 유화제를 가한 것으로 물에 섞어 사용한다. 물에 잘 녹지 않기 때문에 흔적이 남는다. 잔류효과에 적합하고 분무 시 흔적이 생기기 때문에 미관상 좋지 않다.

78

기생벌은 파리의 알을 먹어서 파리의 개체 수를 줄인다.

79

유기인계 살충제

- 종류와 실용적인 면에서 가장 우수하다.
- 살충력이 강하고 적용해충의 범위가 넓다.
- 유효성분이 신속하게 분해되어 잔류문제가 없다.
- 신경계에 영향을 미친다.
- 아세틸콜린에스터라아제 활성을 억제한다.

80

말라리아

매개체는 모기이며, 예방책으로는 모기를 박멸하거나 서식처 등을 소독을 하는 것(DDT 살포)이 있다.

3과목 | 위생관계법령

81

위생사의 면허 등(법 제6조의2)

위생사가 되려는 사람은 다음의 어느 하나에 해당하는 사람으로서 위생사 국가시험에 합격한 후 보건복지부장관의 면허를 받아야 한다.

- 전문대학이나 이와 같은 수준 이상에 해당된다고 교육부장관이 인정하는 학교에서 보건 또는 위생에 관한 교육과정을 이수한 사람
- 학점인정 등에 관한 법률에 따라 전문대학을 졸업한 사람과 같은 수준 이상의 학력이 있는 것으로 인정되어 보건 또는 위생에 관한 학위를 취득한 사람
- 외국의 위생사 면허 또는 자격을 가진 사람

82

영업신고 전에 위생교육을 받아야 하는 자 중 부득이한 사유로 미리 교육을 받을 수 없는 경우에는 영업개시 후 6개월 이내에 위생교육을 받을 수 있다(법 제17조 제2항).

83

위생교육 실시단체의 장은 위생교육을 수료한 자에게 수료증을 교부하고, 교육실시 결과를 교육 후 1개월 이내에 시장·군수·구청장에게 통보하여야 하며, 수료증 교부대장 등 교육에 관한 기록을 2년 이상 보관·관리하여야 한다(시행규칙 제23조 제10항).

84

위반사실의 공표 사항(시행령 제7조의5 제1항)
- 「공중위생관리법」 위반사실의 공표라는 내용의 표제
- 공중위생영업의 종류
- 영업소의 명칭 및 소재지와 대표자 성명
- 위반 내용(위반행위의 구체적 내용과 근거 법령을 포함한다)
- 행정처분의 내용, 처분일 및 처분기간
- 그 밖에 보건복지부장관이 특히 공표할 필요가 있다고 인정하는 사항

85

위생사의 업무범위(법 제8조의2)
- 공중위생영업소, 공중이용시설 및 위생용품의 위생관리
- 음료수의 처리 및 위생관리
- 쓰레기, 분뇨, 하수, 그 밖의 폐기물의 처리
- 식품·식품첨가물과 이에 관련된 기구·용기 및 포장의 제조와 가공에 관한 위생관리
- 유해 곤충·설치류 및 매개체 관리
- 그 밖에 보건위생에 영향을 미치는 것으로서 대통령령으로 정하는 업무(소독업무, 보건관리업무)

86

판매 등이 금지되는 병든 동물 고기 등(시행규칙 제4조)
- 도축이 금지되는 가축전염병
- 리스테리아병, 살모넬라병, 파스튜렐라병 및 선모충증

87

허가를 받아야 하는 영업 및 허가관청(시행령 제23조)
- 식품조사처리업 : 식품의약품안전처장
- 단란주점영업, 유흥주점영업 : 특별자치시장·특별자치도지사 또는 시장·군수·구청장

88

집단급식소는 1회 50명 이상에게 식사를 제공하는 급식소를 말한다(시행령 제2조).

89

식품안전관리인증기준 대상 식품(시행규칙 제62조)
어묵·어육소시지, 냉동 어류·연체류·조미가공품, 피자류·만두류·면류, 과자·캔디류·빵류·떡류, 빙과, 음료류(다류 및 커피류는 제외한다), 레토르트식품, 김치, 초콜릿류, 생면·숙면·건면, 특수용도식품, 즉석섭취식품, 순대, 식품제조·가공업의 영업소 중 전년도 총 매출액이 100억 원 이상인 영업소에서 제조·가공하는 식품

90

"영업"이란 식품 또는 식품첨가물을 채취·제조·가공·조리·저장·소분·운반 또는 판매하거나 기구 또는 용기·포장을 제조·운반·판매하는 업(농업과 수산업에 속하는 식품 채취업은 제외한다)을 말한다. 이 경우 공유주방을 운영하는 업과 공유주방에서 식품제조업 등을 영위하는 업을 포함한다(법 제2조 제9호).

91

식품의약품안전처장은 식품이력추적관리기준에 따라 등록한 식품을 제조·가공 또는 판매하는 자에 대하여 식품이력추적관리기준의 준수 여부 등을 3년마다 조사·평가하여야 한다. 다만, 영유아 식품을 제조·가공 또는 판매하는 자에 대하여는 2년마다 조사·평가하여야 한다(법 제49조 제5항).

92

마황, 부자, 천오, 초오, 백부자, 섬수, 백선피, 사리풀을 원료 또는 성분으로 사용하여 판매할 목적으로 식품 또는 식품첨가물을 제조·가공·수입 또는 조리한 자는 1년 이상의 징역에 처한다(법 제93조 제2항).

93

질병관리청장, 시·도지사 또는 시장·군수·구청장은 감염병이 발생하여 유행할 우려가 있거나, 감염병 여부가 불분명하나 발병원인을 조사할 필요가 있다고 인정하면 지체 없이 역학조사를 하여야 하고, 그 결과에 관한 정보를 필요한 범위에서 해당 의료기관에 제공하여야 한다. 다만, 지역확산 방지 등을 위하여 필요한 경우 다른 의료기관에 제공하여야 한다(법 제18조 제1항).

94

역학조사의 내용(시행령 제12조)
- 감염병환자 등 및 감염병의심자의 인적 사항
- 감염병환자 등의 발병일 및 발병 장소
- 감염병의 감염원인 및 감염경로
- 감염병환자 등 및 감염병의심자에 관한 진료기록
- 그 밖에 감염병의 원인 규명과 관련된 사항

95

검역위원의 직무(시행규칙 제43조 제2항)
- 역학조사에 관한 사항
- 감염병병원체에 오염된 장소의 소독에 관한 사항
- 감염병환자 등의 추적, 입원치료 및 감시에 관한 사항
- 감염병병원체에 오염되거나 오염이 의심되는 물건 및 장소에 대한 수거, 파기, 매몰 또는 폐쇄에 관한 사항
- 검역의 공고에 관한 사항

96

감염병 실태조사에 포함되어야 할 사항(시행규칙 제15조 제1항 제2호)
- 감염병환자 등의 연령별·성별·지역별 분포 등에 관한 사항
- 감염병환자 등의 임상적 증상 및 경과 등에 관한 사항
- 감염병환자 등의 진단·검사·처방 등 진료정보에 관한 사항
- 감염병의 진료 및 연구와 관련된 인력·시설 및 장비 등에 관한 사항
- 감염병에 대한 각종 문헌 및 자료 등의 조사에 관한 사항
- 그 밖에 감염병의 관리를 위하여 질병관리청장이 특히 필요하다고 인정하는 사항

97

예방접종증명서(법 제27조 제1항)
질병관리청장, 특별자치시장·특별자치도지사 또는 시장·군수·구청장은 필수예방접종 또는 임시예방접종을 받은 사람 본인 또는 법정대리인에게 보건복지부령으로 정하는 바에 따라 예방접종증명서를 발급하여야 한다.

98

예방접종의 공고(법 제26조)
특별자치시장·특별자치도지사 또는 시장·군수·구청장은 임시예방접종을 할 경우에는 예방접종의 일시 및 장소, 예방접종의 종류, 예방접종을 받을 사람의 범위를 정하여 미리 인터넷 홈페이지에 공고하여야 한다. 다만, 예방접종의 실시기준 등이 변경될 경우에는 그 변경 사항을 미리 인터넷 홈페이지에 공고하여야 한다.

99

② 납 : 0.01mg/L
③ 페놀 : 0.005mg/L
④ 암모니아성 질소 : 0.5mg/L
⑤ 카바릴 : 0.07mg/L

100

환경부장관은 먹는샘물 등, 수처리제, 정수기 또는 그 용기의 종류, 성능, 제조방법, 보존방법, 유통기한, 사후관리 등에 관한 기준과 성분에 관한 규격을 정하여 고시할 수 있다(법 제36조 제1항).

101

일반수도사업자, 전용상수도 설치자 및 소규모급수시설을 관할하거나 먹는물공동시설을 관리하는 시장·군수·구청장은 수질검사결과를 3년간 보존하여야 한다(먹는물 수질기준 및 검사 등에 관한 규칙 제7조 제1항).

102

먹는샘물 등의 제조업자, 수처리제 제조업자, 정수기 제조업자는 품질관리인을 두어야 한다. 다만, 개인인 먹는샘물 등의 제조업자, 수처리제 제조업자 또는 정수기 제조업자가 품질관리인의 자격을 갖추고 업무를 직접 수행하는 경우에는 품질관리인을 따로 두지 아니할 수 있다(법 제27조 제1항).

103

환경부장관은 공공의 지하수자원을 보호하고 먹는물의 수질개선에 이바지하도록 샘물 등의 개발허가를 받은 자, 먹는샘물 등의 제조업자 및 수입판매업자에게 수질개선부담금을 부과 · 징수할 수 있다(법 제31조 제1항).

104

일반의료폐기물(시행령 별표 2)
혈액 · 체액 · 분비물 · 배설물이 함유되어 있는 탈지면, 붕대, 거즈, 일회용 기저귀, 생리대, 일회용 주사기, 수액세트

105

개인하수처리시설을 설치하거나 그 시설의 규모 · 처리방법 등 대통령령으로 정하는 중요한 사항을 변경하려는 자는 환경부령으로 정하는 바에 따라 미리 특별자치시장 · 특별자치도지사 · 시장 · 군수 · 구청장에게 신고하여야 한다(법 제34조 제2항).

01	02	03	04	05	06	07	08	09	10
②	②	②	③	④	①	③	②	③	⑤

11	12	13	14	15	16	17	18	19	20
②	④	⑤	②	②	①	⑤	①	⑤	②

21	22	23	24	25	26	27	28	29	30
⑤	⑤	①	②	⑤	②	①	③	②	④

31	32	33	34	35	36	37	38	39	40
④	②	④	⑤	②	④	①	②	③	②

41	42	43	44	45	46	47	48	49	50
⑤	⑤	③	⑤	①	②	②	③	④	④

51	52	53	54	55	56	57	58	59	60
④	①	②	③	③	①	④	④	②	②

61	62	63	64	65	66	67	68	69	70
①	④	②	④	③	④	④	⑤	⑤	①

71	72	73	74	75					
⑤	④	③	②	⑤					

1과목 | 공중보건학

01
건강보험제도는 국민의 질병·부상에 대한 예방, 진단, 치료, 재활과 출산·사망 및 건강증진에 대하여 보험서비스를 제공하여 궁극적으로 국민건강을 증진시키기 위함이다.

02
토착적(풍토적, Endemic)
특정한 지역에 한정하여 비교적 꾸준히 발생하는 질병으로, 풍토병이라고도 한다.

03
보건복지부장관은 국민건강증진종합계획을 5년마다 수립하여야 한다.

04
보건행정의 동적 단계
보건문제 발견 → 역학적 조사 실시 → 기술적인 사회적 조치 결정(조직, 인원, 자재, 시설 등) → 재정적 뒷받침과 관계 행정기관의 지도와 협조 필요

05
역학의 분류
- 기술역학(1단계) : 질병의 발생분포와 발생경향 파악
- 분석역학(2단계) : 가설을 증명하기 위하여 관찰을 통해 특정요인과 특정질병 간의 인과관계를 알아낼 수 있도록 설계
- 이론역학(3단계) : 수학, 통계학적 입장
- 실험역학 : 실험군과 대조군으로 나누어 조사
- 작전역학 : 옴란(Omran)이 소개한 것으로, 지역사회 보건의료서비스의 운영에 관한 계통적 연구를 통해 서비스의 향상을 목적으로 함

06
보건소의 설치기준
- 시·군·구에 1개소씩 설치
- 읍·면에 보건지소 설치
- 리·동에 보건진료소 설치

07
공개테러 발생 시 112 또는 119로 신고 일원화를 원칙으로 하고 있다. 이유는 수사기관이나 응급구조기관에 연락하는 경우가 가장 많기 때문에 신고를 받은 경찰과 소방서는 현장을 보존하고 주민과 차량을 통제한다.

08

인구증가 = 자연증가 + 사회증가

09

건강보험은 1977년에 처음 시행된 후 1989년 전국민에게 적용하였고, 2000년부터 국민건강 보험공단에서 통합 운영하고 있다.

10

세계보건기구 지역사무소 본부
- 아프리카 : 콩고 브라자빌
- 아메리카 : 미국 워싱턴
- 동남아시아 : 인도 뉴델리
- 유럽 : 덴마크 코펜하겐
- 중동 : 이집트 알렉산드리아
- 서태평양 : 필리핀 마닐라

11

건강보균자는 병원체에 감염되어도 처음부터 증상이 나타나지 않기 때문에 보건관리가 가장 어렵다(디프테리아, 소아마비, 일본뇌염 등).

12

일본뇌염의 현성감염 대 불현성감염은 1 : 500 ~ 1,000이다.

13

질병과 매개체
- 모기 : 말라리아, 뎅기열, 유행성뇌염, 황열, 사상충증 등
- 파리 : 장티푸스, 파라티푸스, 이질, 콜레라, 디스토마, 화농성 질환, 나병, 기생충병 등
- 벼룩 : 페스트, 발진열 등
- 이 : 발진티푸스, 재귀열, 참호열 등
- 진드기 : 야토병, 록키산홍반열, 쯔쯔가무시증

14

세계보건기구(WHO)에서 1980년에 두창 박멸(근절)을 공식 선언하였지만 생물테러감염병의 병원체로서 이용되고 있다.

15

감염병 생성 6가지 과정
- 병원체 : 세균, 바이러스, 클라미디아, 진균, 리케치아, 기생충
- 병원소 : 인간 · 동물 · 기타 병원소
- 병원소로부터 병원체 탈출
- 전파 : 직접전파(접촉, 기침, 재채기의 비말핵에 의한 전파 등), 간접전파
- 신숙주에의 침입 : 소화기, 호흡기, 점막 등
- 숙주의 감수성 및 면역성

16

교육환경보호구역
- 절대보호구역 : 출입문으로부터 50m까지
- 상대보호구역 : 학교경계등(학교경계 또는 학교설립 예정지 경계)으로부터 200m까지인 지역 중 절대보호구역을 제외한 지역

17

만성질환의 특성
- 질병 진행에 개인차가 크다.
- 여러 위험인자들이 복합적으로 작용하여 발생한다.
- 연령 증가에 따라 유병률이 증가한다.
- 질병 경과가 길다.
- 생활습관이 영향을 미친다.

18

비말감염은 밀집된 군중에서 전파력을 갖고 있다.

19

영아사망률
- 영아의 사망은 그 나라의 위생상태, 특히 모자보건 상태를 반영하며 건강수준이 향상되면 영아사망률이 감소한다.
- 연간 영아사망수 / 연간 출생아수 × 1,000

20

위생과

1910년의 한일병합과 함께 전국의 공중보건사업을 총독부 경무총감부의 위생과에서 관장하고, 도나 군에서는 각각 경찰국 위생과와 위생계에서 관장하게 되어 정부의 공중보건 활동이 경찰에 의한 위생행정 체계로 바뀌게 되었다.

21

역학조사의 역할

질병발생의 원인 규명, 보건사업계획 수립 시 정보 제공, 질병의 자연사 알기

22

① 감수성 : 병원체에 대항하여 감염 혹은 발병을 막을 수 있는 능력에 못 미치는 상태
② 면역력 : 외부에서 들어오는 병원균에 저항하는 힘
③ 병원력 : 병원체가 숙주에게 현성질환을 일으키는 능력
④ 감염력 : 병원체가 감염을 일으키는 능력

23

모집단과 표본

• 모집단 : 어느 집단의 관측이나 조사대상의 전체
• 표본 : 조사대상의 일부

24

$$\mathrm{BMI} = \frac{체중\mathrm{kg}}{신장\mathrm{m}^2} = \frac{체중\mathrm{kg}}{신장\mathrm{m} \times 신장\mathrm{m}} = \frac{100}{2 \times 2} = 25$$

25

수동(피동)면역

• 자연수동면역 : 모체면역(태반면역, 모유면역)
• 인공수동면역 : 항독소, 감마글로불린, 면역혈청 접종 후 면역

26

집단접촉방법

• 버즈세션(Buzz Session) : 분단토의, 6-6법
• 강연회 : 일방적인 의사전달방법
• 집단토론(Group Discussion) : 10~20명으로 구성되어 각자 의견 종합(가장 효과적임)
• 심포지엄(Symposium) : 여러 사람의 전문가가 강연하며 청중도 전문지식 필요(학술대회)
• 패널토의(Panel Discussion) : 사회자의 진행 아래 몇 사람의 전문가가 청중 앞에서 자유롭게 토론(심야토론)
• 롤 플레잉(Role Playing, 실연) : 청중 앞에서 실현함으로써 보건교육의 효과를 얻는 방법 → 시청각 교육 방법 중 가장 효율적임

27

합계출산율

출산 가능한 여성의 나이인 15세부터 49세까지를 기준으로, 한 여성이 일생 동안 낳을 것으로 예상되는 평균 출생아 수를 나타낸다.

28

뢰러지수는 학동기 어린이의 비만 판정법, 브로카지수는 자신의 신장으로 표준체중을 구하고 실제체중과 비교해서 비만도를 측정하는 방법이다.

29

풍진은 비말·공기감염으로 전파되며, 임신 초기에 감염되면 태아에게 선천성 기형(풍진 증후군)을 일으키는 법정 제2급감염병이다.

30

질병의 예방활동

• 1차 예방 : 예방접종, 환경위생관리, 생활개선, 보건교육, 모자보건사업 등
• 2차 예방 : 조기건강진단, 조기치료, 질병의 진행감소, 후유증의 방지 등
• 3차 예방 : 재활치료(신체적·정신적), 사회생활 복귀 등

31

평가시기에 따른 교육평가

- 진단평가 : 보건교육 전 학습대상자의 수준과 특성을 진단하기 위해 실시하는 평가
- 형성평가 : 보건교육 중 교육의 문제점을 파악하여 교육방법이나 내용을 개선하기 위해 실시하는 평가
- 총괄평가 : 보건교육 후 학습대상자가 성취수준을 달성했는지 측정하기 위한 평가

32

$$유병률 = \frac{조사시점(기간)의\ 환자수}{조사\ 시\ 인구(시점인구)} \times 1,000$$

33

① 분산 : 편차의 제곱을 평균한 값(산포의 정도)
② 변이계수 : 표준편차를 평균으로 나눈 값
③ 평균편차 : 편차의 절대치의 평균
⑤ 사분위편차 : 변량 전체를 크기의 순으로 벌여 놓아 작은 쪽에서 1/4, 3/4인 위치에 있는 변량의 차이를 2로 나눈 값

34

본인일부부담금

요양급여를 받는 자가 비용의 일부를 본인이 부담하는 것으로, 의료이용의 남용을 방지하여 건강보험의 재정 안정성을 도모할 수 있다.

35

보건행정의 특성

- 공공성과 사회성 : 지역사회 전체 집단의 건강을 추구함
- 봉사성 : 국민에게 적극적으로 서비스를 제공함
- 조장성과 교육성 : 지역사회 주민의 자발적인 참여 없이는 성과를 기대하기 어려우므로 조장 및 교육을 실시하여 목적을 달성함
- 과학성과 기술성 : 과학행정인 동시에 기술행정임

36

열경화성 수지

- 정의 : 열을 가하여 경화 성형하면 다시 열을 가해도 형태가 변하지 않는 수지
- 종류 : 페놀수지, 멜라민수지, 요소수지
- 문제점 : 뜨거운 음식을 담았을 때 포름알데하이드 용출

37

Bacillus cereus

- 그람양성, 간균, 주모성 편모, 통성혐기성
- 장독소(enterotoxin) 생성(설사독소와 구토독소)
- 원인식품 : 동·식물성 단백질 식품, 수프, 소스, 전분질 식품
- 예방 : 식품 즉시 섭취, 냉장 또는 60℃ 보온 유지

38

PCB는 수중에 혼입되면 분해되지 않고 생물체내의 지방질에 축적된다. 자연계에서 수명이 길고 생물체에서 측정량이 증가하여 마침내는 중독을 일으킬 위험성이 있다고 생각되었기 때문에 생산·사용을 금지한다.

39

대장균의 정성시험법의 순서는 추정 - 확정 - 완전시험이다.

40

소독제의 종류

- 3~5% 석탄산 : 실내벽, 실험대, 기차, 선박 등
- 3% 크레졸 : 배설물 소독
- 생석회(CaO) : 화장실 소독
- 0.1% 승홍 : 손소독
- 2.5~3.5% 과산화수소 : 상처 소독, 구내염, 인두염, 입안 세척 등
- 70~75% 알코올 : 건강한 피부

41

Campylobater jejuni

그람음성의 미호기성 세균으로, 42℃에서 생육이 잘 된다. 오염된 닭고기에 의한 감염이 많이 발생하며, 적절한 가열살균이 가장 중요하다.

42

Listeria monocytoge

- 그람양성, 통성혐기성, 간균이다.
- 저온(5℃) 및 염분이 높은 조건에서도 증식할 수 있다.
- 감염 시 패혈증이나 유산을 유발하기도 한다.

43

미생물의 생육을 억제할 수 있는 당의 농도는 50% 이상이다.

44

Bacillus속

쌀밥 보관 중에 바실러스균이 증식하여 독소를 생산하면 조리하여도 독소는 불활성화되지 않으므로, 이 독소를 사람이 먹고 식중독이 발생한다.

45

세균 & 곰팡이

- 세균 : Bacillus, Micrococcus, Pseudomonas, Vibrio, Staphylococcus, Escherichia, Clostridium, Salmonella, Proteus
- 곰팡이 : Aspergillus, Fusarium, Penicillium, Rhizopus

46

채소류를 통한 매개 기생충

동양모양선충, 요충, 회충, 십이지장충, 편충

47

발육 최적온도

- 저온균 : 10℃ 내외
- 중온균 : 25~37℃
- 고온균 : 60~70℃

48

독소형 식중독균

포도상구균, 보툴리누스균, 바실러스 세레우스균

49

식품 중의 생균수를 측정하는 목적은 신선도를 알기 위해서이다. 식품 중의 생균수를 측정하여 1g당 $10^{7\sim8}$ 이상이면 신선하지 않은 상태다.

50

Phosphatase 시험

우유 중 포스타파아제(phosphatase)는 61.7℃, 30분 가열로 대부분 활성을 잃으며, 62.8℃, 30분 가열로는 완전히 활성을 잃는다. 이 조건이 우유 살균효과와 대략 일치하므로 phosphatase 시험으로 음성이면 저온살균이 완전하게 되었다는 것을 의미한다.

51

식품은 미생물 증식의 지적온도대인 20~40℃에 보존해서는 안 되며, 적어도 10℃ 이하의 냉장온도(식육류 등 동물성 식품은 4℃ 이하)에 두거나, 영하 15℃ 이하의 냉동상태를 유지시켜야 한다.

52

연기 속에는 포름알데하이드, 아세톤, 개미산 등의 성분이 있어 살균작용을 한다.

53

유기염소제

- 종류 : DDT, BHC 등의 살충제와 2,4-D, PCP 등의 제초제
- 중독 증상 : 신경중추의 지방조직에 축적되어 신경계의 이상증상, 복통, 설사, 구토, 두통, 시력감퇴, 전신권태, 손발의 경련마비
- 가장 긴 잔류성

54

Vibrio parahaemolyticus(호염세균)에 의한 식중독 예방은 가열조리하고 민물에 씻는 것이다.

55

Clostridium botulinum

- 그람양성, 간균, 주모성 편모, 내열성의 포자 형성, 편성혐기성이다.
- 신경독소(neurotoxin)를 생성하는 독소형 식중독균이다.

56

아플라톡신(Aflatoxin)

- Aspergillus flavus, Asp. parasiticus에 의하여 생성되는 형광성 물질로 간암을 유발하는 발암물질이다.
- 기질수분 16% 이상, 상대습도 80% 이상, 온도 25~30℃인 봄~여름 또는 열대지방 환경의 전분질 곡류에서 aflatoxin이 잘 생성된다.
- 열에 안정해서 270~280℃ 이상 가열 시 분해된다.
- $B_1 > M_1 > G_1 > M_2 > B_2 > G_2$ 순으로 독성이 강하다.

57

① 검증 : HACCP 관리계획의 유효성과 실행 여부를 정기적으로 평가하는 일련의 활동

② 위해요소 분석 : 식품·축산물 안전에 영향을 줄 수 있는 위해요소와 이를 유발할 수 있는 조건이 존재하는지의 여부를 판별하기 위하여 필요한 정보를 수집하고 평가하는 일련의 과정

③ 개선조치 : 모니터링 결과 중요관리점의 한계기준을 이탈할 경우에 취하는 일련의 조치

⑤ 위해요소 : 인체의 건강을 해할 우려가 있는 생물학적, 화학적 또는 물리적 인자나 조건

58

베네루핀(Venerupin)

- 모시조개, 바지락, 굴 등의 이매패에 의하여 일어나는 식중독이다.
- 중독증상은 불쾌감, 권태감, 식욕부진, 복통, 오심, 구토, 변비 등이고 피하에 반드시 출혈반점이 나타난다.

59

복어독

- 독성 물질 : 테트로도톡신(Tetrodotoxin)
  - 복어의 알과 생식선(난소·고환), 간, 내장, 피부 등에 함유되어 있다.
  - 독성이 강하고 물에 녹지 않으며 열에 안정적이다.
- 중독 증상
  - 식후 30분~5시간 만에 발병한다.
  - 중독 증상이 단계적으로 진행(혀의 지각마비, 구토, 감각둔화, 보행곤란)된다.
  - 골격근의 마비, 호흡곤란, 의식혼탁, 의식불명, 호흡이 정지되어 사망한다.
  - 진행속도가 빠르고 해독제가 없으며 치사율이 높다(60%).
- 예방법
  - 전문조리사만이 요리하도록 한다.
  - 난소·간·내장 부위는 먹지 않도록 한다.
  - 독이 가장 많은 산란 직전(5~6월)에는 특히 주의한다.
  - 유독부의 폐기를 철저히 한다.

60

자외선

- 살균력이 강한 파장은 2,650Å이다.
- 사용이 간편하다.
- 균에 내성을 주지 않는다.
- 식품품질의 변화가 없다(식품 내부까지는 살균이 되지 않음 → 표면살균처리).
- 잔류효과가 없다.

61

② Venerupin : 모시조개, 바지락, 굴

③ Tetrodotoxin : 복어

④ Ergotoxin : 맥각

⑤ Sepsine : 부패한 감자

62

맥각 중독

- 맥각균이 보리 · 밀 · 호밀 등의 개화기에 씨방에 기생
- 에르고톡신(Ergotoxin) · 에르고타민(Ergotamine) 등의 독소를 생성
- 인체에 간장독 발병
- 많이 섭취할 경우 구토 · 복통 · 설사 유발
- 임산부에게는 유산 · 조산을 일으킴

63

식품의 위해요소

- 내인성 : 자연독(동물성, 식물성), 생리작용 성분
- 외인성
  - 생물학적 인자 : 식중독균, 경구감염병, 곰팡이독, 기생충
  - 유해한 화학물질 : 방사성 물질, 유해첨가물, 잔류 농약, 포장재 · 용기 용출물
- 유기성 : 아크릴아마이드, 벤조피렌, 나이트로사민, 지질과산화물

64

경구감염병과 세균성 식중독

구 분	경구감염병	세균성 식중독
균의 양	미량으로도 감염	다량이어야 발생
독 력	강함	약함
2차 감염	많고, 파상적	거의 없고 최종감염은 사람 (살모넬라, 장염비브리오 제외)
잠복기	김	비교적 짧음
면역성	있는 경우가 많음	일반적으로 없음
음료수와의 관계	흔히 일어남	비교적 관계없음

65

아우라민(Auramine)

저렴하고 착색성이 좋아 단무지와 카레가루 등에 사용되었던 염기성 황색 색소로 발암성 등 화학적 식중독 유발 가능성이 커 사용이 금지되고 있다.

66

세균수가 식품 1g 또는 1mL당 10^5인 때를 안전한계, $10^{7 \sim 8}$인 때를 초기부패 단계로 본다.

67

피막제

- 정의 : 과일 · 채소류의 신선도를 장기간 유지시키기 위해 표면에 피막을 만들어 호흡 작용을 제한하여 수분의 증발을 방지하기 위한 목적으로 사용하는 것
- 허용 피막제 : 모르포린지방산염, 초산비닐수지

68

선별 및 검사구역 작업장 등은 육안확인이 필요한 경우 조도 540Lux 이상을 유지해야 한다.

69

미국식품의약청(FDA)이 최초로 승인하여 판매가 허용된 식품은 토마토이다.

70

소포제란 식품의 제조공정에서 생기는 거품을 소멸 · 억제시키는 물질로, 대표적으로 사용하는 것은 규소수지이다.

71

카드뮴

- 도자기, 법랑용기의 안료
- 도금합금 공장, 광산 폐수에 의한 어패류와 농작물의 오염
- 이타이이타이병 : 신장장애, 폐기종, 골연화증, 단백뇨 등

72

버터는 지방이므로 산화방지제의 효과가 가장 크게 발휘된다.

73

① 회충 : 채소류 감염, 경구감염

② 요충 : 채소류 감염, 집단감염, 스카치테이프 검출법

④ 편충 : 채소류 감염, 경구감염, 채찍 모양

⑤ 선모충 : 육류(돼지고기) 감염

74

Vibrio parahaemolyticus

- 해수세균의 일종(3~5% 소금물 생육)
- 그람음성, 무포자, 간균, 통성혐기성, 단모성 편모, 호염성
- 생육 최적 온도 30~37℃, 최적 pH 7~8

75

파상열은 브루셀라증(Brucellosis)이라고도 하며, 가축에게는 유산과 불임증, 사람에게는 피로 · 권태감 · 두통 · 열병 등의 증세가 나타난다.

01	02	03	04	05	06	07	08	09	10
④	③	⑤	④	④	③	①	③	①	③
11	12	13	14	15	16	17	18	19	20
④	①	②	①	②	②	④	②	④	③
21	22	23	24	25	26	27	28	29	30
②	⑤	③	④	①	①	②	④	②	④
31	32	33	34	35	36	37	38	39	40
⑤	①	⑤	④	①	⑤	③	④	③	①

01

건열멸균기

삼각플라스크 등 초자기구를 160~170℃에서 1~2시간 멸균하는 기기로, 고압증기살균과는 달리 기내가 건조상태를 유지하므로 세척 후에는 기구를 건조시키는 기능도 있다.

02

작업장 내벽은 바닥으로부터 1.5미터까지 밝은색의 내수성으로 설비하거나 세균방지용 페인트로 도색하여야 한다.

03

풍차풍속계는 풍차의 회전수에 의해 측정하는 것으로 작은 풍속에 이용하는 기구이다.

04

데포지 게이지는 한 달 이상 강하먼지를 방치하여 그 지역의 침강물질의 평균측정치를 얻는 데 사용한다.

05

반간접조명은 빛을 대부분 상향으로 내지만, 하향으로도 빛을 내어 대상을 직접 비추는 방법으로 간접조명의 결점을 보완한 것이다.

06

㉠ 유리판, ㉡ 금속의 얇은 막, ㉢ 셀렌, ㉣ 철판, ㉤ 빛에 해당한다. 빛을 전류로 바꾸는 것은 셀렌이다.

08

불연속점은 ㉢이다. 염소주입곡선에서 살균을 목적으로 할 때는 불연속점 이상에서 염소를 주입한다.

09

사진은 로우볼륨에어샘플러로 저용량공기포집기, 저용량에어샘플러 등으로 불리며, 직경이 $10\mu m$ 이하(비산먼지)의 입자상 물질을 포집하는 데 사용된다. 하이볼륨에어샘플러보다 흡입유량은 적지만 흡입구가 막히지 않고 30일 이상 연속 가동할 수 있는 장점이 있다.

10

간흡충(간디스토마)

- 중간숙주 : 제1중간숙주 → 왜우렁, 제2중간숙주 → 민물고기(붕어, 잉어 등)
- 증상 : 간 및 비장의 비대, 복수, 부종, 설사, 황달, 빈혈 등

11

가스크로마토그래피법

- 이동상에 기체를 사용하여 혼합기체시료를 그 성분기체의 열전도율의 차를 이용하여 검출·정량하는 기기분석법이다.
- 기본구성 : 운반가스 → 압력조절부 → 시료도입부 → 분리관 → 검출기

12

브루셀라증

불규칙한 발열이 특징으로, 파상열이라도 하며, 가축유산의 원인이 되기도 한다.

13

DO 측정시험 시 용존산소 측정병의 용액 200mL를 정확히 취하여 황색이 될 때까지 0.025N-티오황산나트륨 용액으로 적정한 다음, 전분용액 1mL를 넣고 청색의 용액이 무색으로 될 때까지 적정한다.

14

피토관(Pitot tube)은 부유물질이 많이 흐르는 폐하수에서는 사용이 곤란하고 부유물질이 적은 대형관에서 효율적인 유량측정기이다.

15

잔류염소의 곡선변화

- A~B구간에서는 염소가 수중의 환원제와 결합하므로 잔류염소의 양이 없거나 극히 적다.
- 염소를 계속 주입하면 클로라민이 형성되어 잔류염소의 양이 B~C구간에서와 같이 증가한다.
- C점을 넘으면 주입된 염소가 클로라민을 NO, N_2 등으로 파괴시키는 데 소모되므로 곡선 C~D구간과 같이 염소와 잔류염소량이 급격히 떨어진다.
- D점을 지나 염소를 계속 주입하면 더 이상 염소와 결합할 물질이 없으므로 주입된 염소량만큼 잔류염소량으로 남게 된다. 이 과정에서의 D점을 파괴점이라 한다.

16

부유물질(SS ; Suspended Solids)

- 2mm 이하의 입자로 물에 용해되지 않는 물질이다.
- 시료를 여과시켜서 고형물을 포집 · 건조시킨 후 전후의 무게차에 의해서 고형물의 농도를 구하고 mg/L 또는 ppm으로 나타낸다.
- 유리섬유여지(GF/C)를 105~110℃의 건조기 안에서 2시간 건조시켜 황산데시케이터에 넣고 방냉한 후 항량으로 하여 무게를 단다.

17

감각온도는 온도, 습도, 기류의 3인자가 종합하여 인체에 주는 온감을 지수로 표시한 것으로, 그림은 상의를 입었을 때 및 가벼운 운동 시 감각온도 도표이다.

18

원자흡수분광광도법은 시료 중의 유해중금속 및 기타 원소를 분석하는 방법으로, 잔류염소는 측정할 수 없다.

19

폐디스토마(폐흡충)의 제1중간숙주는 다슬기, 제2중간숙주는 게 · 가재이다.

20

중금속 식중독

- 카드뮴 : 법랑제품이나 도기의 유약 성분, 광산폐수에 오염된 어패류 및 농작물, 이타이이타이병 유발
- 비소 : 식품첨가물 중의 불순물로 혼입
- 납 : 통조림의 땜납, 도기의 유약 성분, 법랑제품의 유약 성분
- 구리 : 녹색채소 가공품을 발색제로 남용하는 경우
- 수은 : 콩나물의 배양 시 소독제로 오용, 공장폐수에 오염된 어패류 및 농작물, 미나마타병 유발
- 주석 : 주석을 도금한 용기의 과일통조림
- 안티몬 및 아연 : 에나멜을 코팅한 기구로 산성식품을 제조할 때

21

② Rhizopus속 : 거미줄곰팡이, 빵 · 곡류 · 과일, 알코올 발효공업에 이용

① Mucor속 : 털곰팡이, 흙 · 마분

③ Aspergillus속 : 누룩곰팡이, 간장 · 된장 · 양조공업

④ Penicillium속 : 푸른색곰팡이, 페니실린 · 항생물질 제조, 치즈숙성

⑤ Neurospora속 : 붉은빵곰팡이

24

① 디프테리아균

② 세균성이질균

③ 장티푸스균

⑤ 결핵균

25

세균의 증식 곡선

- 유도기(Lag Phase) : 분열·증식을 준비하는 시기
- 대수증식기(Log Phase) : 최대의 분열속도로 증식하는 시기
- 정체기(Stationary Phase) : 대수증식기 중 왕성한 세포 분열을 한 결과 영양분과 산소가 결핍되며, 대사산물이 축적되어 균의 증식 세포수와 사멸 세포수가 같아지는 시기
- 사멸기(Death Phase) : 생균수가 감소하는 시기

26

총균수 검사

- 우유를 브리드 슬라이드상의 일정 면적에 도말하고, 건조·염색·검경하여 염색된 세균의 수를 측정, 현미경 시야의 면적과의 관계에서 시료 중에 존재하는 세균수를 추정
- 우유를 적당한 농도로 희석 → 일정량을 Petri Dish(직경 9~10cm)를 사용하여 표준한천배지에서 30℃로 72시간 배양하여 검사 → 집락수 계산 → 희석률을 곱하여 우유 중에 존재하는 세균수로 측정

27

평판한천배지의 접종순서

28

폐디스토마(폐흡충)는 사람 및 포유류의 폐에 기생하며 제1중간숙주는 다슬기, 제2중간숙주는 게·가재이다.

29

노스(North) 곡선

우유 성분 중 열에 가장 쉽게 파괴되는 크림선에는 영향을 미치지 않고 우유 중에 혼입된 병원미생물 중 열에 저항력이 강한 결핵균을 파괴할 수 있는 온도와 시간의 관계이다.

30

장티푸스는 균체의 주위에 많은 편모가 분포되어 있는 주모성 편모이며, 막대 모양의 간균이다.

31

숲모기 유충의 미절(측면)에 해당한다.

32

㉠ 온도가 높아 서식이 부적당한 곳, ㉡ 지상, ㉢ 흙, ㉣ 유충의 주 서식장소, ㉤ 흙이 부드러워 유충이 파고 들어가는 곳에 해당한다.

34

빈대는 5mm 내외의 크기로 몸은 넓고 평평하다. 밤에 주로 활동하며 사람의 피를 빨아먹지만 사람에게 질병은 옮기지 않는다. 주거환경이 청결해지면서 볼 수 없는 해충이 되었다.

35

깔따구 유충은 핏속에 적혈구가 있어서 몸 전체가 붉은 색을 띤다.

36

말벌은 몸길이는 20~25mm이고, 몸색깔은 흑갈색이며 황갈색과 적갈색의 무늬가 있다. 머리 부위는 황갈색이고, 정수리에는 흑갈색의 마름모꼴 무늬가 있다.

37

독나방은 유충기에 몸을 보호하기 위하여 몸에 털이 많이 있는데, 번데기가 되고 성충이 되면 독모가 된다. 독모는 피하에 있는 독샘과 연결되어 있어 이것이 사람의 피부에 닿으면 독작용을 일으킨다.

38

털진드기

- 생활사 : 알 → 유충 → 약충 → 성충
- 약충·성충은 자유생활을 하며, 유충은 포유동물에 기생하여 흡혈한다.
- 매개질병 : 쯔쯔가무시증

39

유문등은 빛에 곤충이 모여드는 성질을 이용하여 채집하는 방법으로, 분류 및 개체군 밀도조사 등에 사용된다.

40

학질모기아과는 하나씩 낱개로 산란하고, 그 알은 좌우에 공기주머니(부낭)가 있어 수면 위로 뜬다.

좋은 책을 만드는 길, 독자님과 함께 하겠습니다.

2024 SD에듀 위생사 최종모의고사

개정15판1쇄 발행	2024년 06월 20일 (인쇄 2024년 04월 25일)
초 판 발 행	2008년 07월 03일 (인쇄 2008년 07월 03일)
발 행 인	박영일
책 임 편 집	이해욱
편 저	국민건강교육학회
편 집 진 행	노윤재 · 윤소진
표지디자인	박수영
편집디자인	하한우 · 박지은
발 행 처	(주)시대고시기획
출 판 등 록	제 10-1521호
주 소	서울시 마포구 큰우물로 75 [도화동 538 성지 B/D] 9F
전 화	1600-3600
팩 스	02-701-8823
홈 페 이 지	www.sdedu.co.kr

I S B N	979-11-383-6985-5 (13590)
정 가	24,000원

Since 2003 22년간 12.4만 독자들의 선택

Sanitarian
SD에듀

위생사

최종모의고사